KB002070

플라이룸

초파리, 사회 그리고 두 생물학

플라이룸

1판 1쇄 발행 2018. 12. 12.
1판 2쇄 발행 2019. 12. 10.

지은이 김우재

발행인 고세규
편집 이승환 | 디자인 윤석진
발행처 김영사
등록 1979년 5월 17일(제406-2003-036호)
주소 경기도 파주시 문발로 197(문발동) 우편번호 10881
전화 마케팅부 031)955-3100, 편집부 031)955-3200, 팩스 031)955-3111

값은 뒤표지에 있습니다.
ISBN 978-89-349-8436-8 03470

홈페이지 www.gimmyoung.com 블로그 blog.naver.com/gybook
페이스북 facebook.com/gybooks 이메일 bestbook@gimmyoung.com

좋은 독자가 좋은 책을 만듭니다.
김영사는 독자 여러분의 의견에 항상 귀 기울이고 있습니다.

이 도서의 국립중앙도서관 출판시도서목록(CIP)은 서지정보유통지원시스템 홈페이지(http://seoji.nl.go.kr)와 국가자료공동목록시스템(http://www.nl.go.kr/kolisnet)에서 이용하실 수 있습니다.(CIP제어번호 : CIP2018038469)

초파리, 사회 그리고
두 생물학

플라이룸

FLY ROOM

김우재

김영사

일러두기

1 주석은 모두 저자 주이다. 본문의 내용과 밀접한 관련이 있어 함께 읽으면 좋은 주석은 각주로, 출처 등 문헌의 서지사항만 있는 경우는 후주로 처리했다.

2 참고문헌은 따로 모아 넣지 않고 본문이나 주석에 함께 표기했다.

3 일부 사진은 저작권자의 허락을 얻고자 노력하였으나 인쇄일까지 연락이 닿지 않았다. 저작권자와 연락이 닿는 대로 정식으로 게재 허가 절차를 밟고 사용료를 지불할 예정이다.

사랑하는 아내 이건애와
세상에서 무엇과도 바꿀 수 없는
나의 유전적 계승자, 김시아에게

차례

3장 역사: 초파리, 생물학의 두 날개

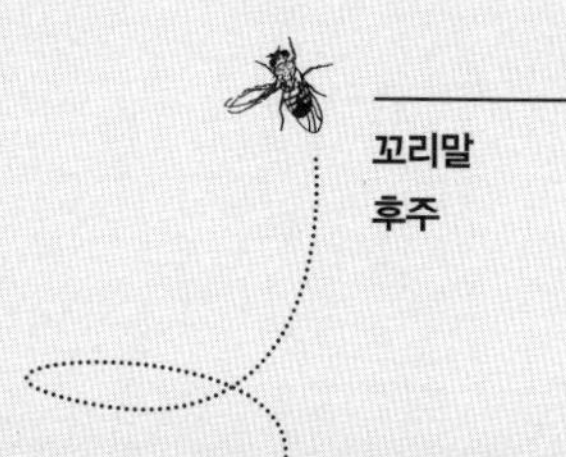

인간의 기원은 아프리카 동부의 초원이다. 노랑초파리*Drosophila melanogaster*도 인간과 동향이다. 인간이 아프리카를 떠나 전 세계로 서식지를 넓히면서, 초파리도 함께 전 세계로 퍼져나갔다. 특히, 노랑초파리는 인간의 서식지에서 나오는 음식 주변에 머무는 잡식성 곤충이다. 썩은 과일과 썩은 음식이 있는 곳이라면, 전 세계 어디서나 초파리를 발견할 수 있다. 인간과 초파리는, 인간과 개보다 더 오래된 동반자다. 물론 초파리는 개와 같은 반려동물의 지위를 획득하는 데는 실패했다. 보통 사람들에게 초파리는 부엌에서 자연발생하는 귀찮은 곤충이다.

초파리를 가장 먼저 발견한 사람은 독일의 아마추어 곤충학자 요한 빌헬름 마이겐Johann Wilhelm Meigen으로, 1830년 학계에 노랑초파리의 존재를 보고했다. 그는 1845년 81세의 나이로, 죽기 두 달 전에 박사학위를 받았다(찰스 다윈은 박사학위도 없었다). 미국의 아마추어 곤충학자였던 조지프 앨버트 린트너Joseph Albert Lintner가 1875년 처음으로 미국 뉴욕에서 노랑초파리의 존재를 보고했다. 그는 45세에 뉴욕

주립 자연사박물관의 조교 자리에서 시작해 62세가 돼서야 명예 박사 학위를 받았다. 초파리가 번식하기 가장 좋은 과일은 바나나다. 컬럼비아 대학의 토머스 헌트 모건Thomas Hunt Morgan의 실험실에서도 처음엔 바나나가 들어 있는 우유병에다 초파리를 키웠다. 미국에 서식하는 초파리 종들 중 9종이 아프리카 근방에서 기원했지만, 오직 노랑초파리와 어리노랑초파리*D. simulans*만 인간을 따라 퍼져나갔다.[1] 최근엔 다윈의 핀치가 서식하는 갈라파고스에서도 노랑초파리가 발견됐다. 초파리는 인간이 먹는 음식에 놓인 알을 통해 세계 각지로 퍼져나간다. 초파리는 인간을 닮았고, 인간과 함께 살아온 종이다.

노랑초파리를 실험동물로 처음 사용한 과학자는 윌리엄 캐슬William E. Castle로, 그 시작은 1901년으로 거슬러 올라간다. 그는 지속적인 근친교배inbreeding를 통해 현재 대부분의 생물학자들이 사용하는 실험실 초파리 계통을 확립했고, 바나나를 기반으로 하는 초파리 배양기법을 시작했다. 이후 초파리는 모건의 실험실에서 역사의 주인공이 되는데, 초파리를 잘 몰랐던 모건에게 초파리를 소개해준 인물은 캐슬의 제자, 페르난더스 페인Fernandus Payne이라는 동물학자로, 그는 초파리를 이용해 라마르크식 진화를 발견하려 했다.[2] 모건이 훗날 초파리를 이용해 멘델의 법칙을 다시 증명하고, 이를 확장시켜 염색체에 근거한 다윈의 자연선택설에 도움을 주었으니, 라마르크주의자가 초파리를 모건에게 전해주었다는 사실은 재미있는 역사의 아이러니이기도 하다. 하긴, 책을 쓰는 지금 미국 최악의 대통령과 북한의 지도자가 만나 평화를 이야기하고 있으니, 과학사뿐 아니라, 역사 전체가 아이러니의 누적물일지 모른다.

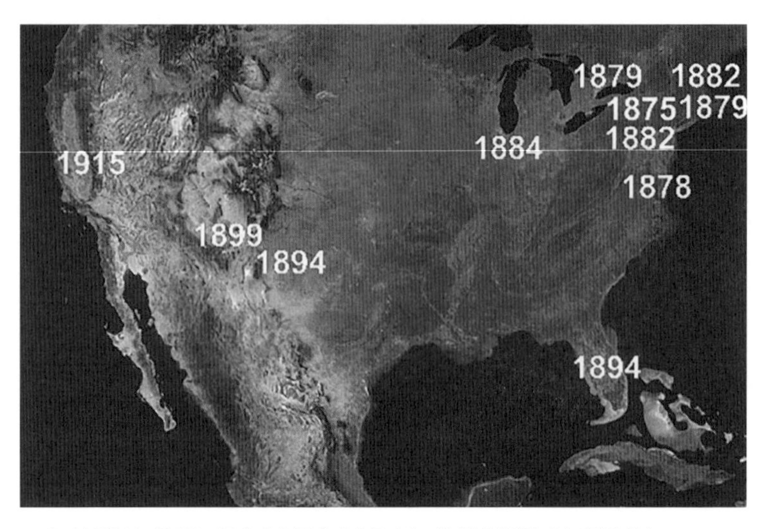

ㅇ 1875년 처음 보고된 이후 미국에 퍼져나간 초파리. 초파리도 서부시대 인간을 따라 여행을 했다.
출처 | Keller, A. (2007). "Drosophila melanogaster's history as a human commensal", *Current Biology*, 17(3), R77–R81.

책을 쓰는 데 오랜 시간이 걸렸다. 타이밍도 좋지 않았지만, 마음의 여유가 없었다. 특히 토종 한국 박사가 캐나다라는 다른 문화권에서 교수로 적응하는 건 결코 쉬운 일이 아니었다. 연구비 심사에서 고전했고, 실험실을 운영하는 것도 쉽지 않았다. 책을 쓰는 모든 사람이 성공한 사람은 아닐 것이다. 나도 그렇다. 2장에서 다룰 내 연구가 매혹적으로 보일지도 모르겠지만, 현실에서 그 연구는 그다지 유명하지도, 대단하지도 않다. 뉴스에선 언제나—그것도 과학을 다루는 경우는 거의 없지만—대단한 과학자의 논문과 발견만이 보도되고, 노벨상이 발표되는 10월이 되어야 대중은 간혹, 그것도 노벨상을 받은 과학자가 누구인지 정도만 과학에 관심을 갖는 세상에서, 보통 과학자의 평범한 연구가 주목을 받을 일은 없다. 이 세상 과학자의 99%가 보통 과학자일 텐데도, 그들의 이야기를 다룬 책은 거의 없다. 누군가는 그런 과학자의 이야기를 써도 될 것이다. 과학자 공동체도, 과학의 역사와 철학을 다루는 인문학자들도 모두 과학의 영웅들의 이야기로 과학의 이미지를 채워나가고 있는 상황에서, 누군가는 치열하게 하루하루를 사는 평범한 과학자의 이야기를 해도 될 것이다.

자넬리아의 초파리 행동유전학 연구를 처음 봤을 때 절망해야 했다. 2014년이었고, 이제 막 교수로 임명된 후였다. 물론 시작도 해보지 않고 포기할 순 없었다. 그래도 링에 오르기 전부터 이미 석패했다는 생각엔 변함이 없었다. 어차피 일류 과학자도 아니었지만 그리고 생물학자의 삶이 풍족한 적은 없었지만, 내 연구에 대한 열정만큼은 누구에게도 지지 않는다고, 그 열정 하나로 버텨온 세월에 좌절감을 선사할 만큼, 그 발표 하나가 보여준 광경은 압도적이었다. 어쩌면 자넬리아의 연구는 초파리에 대한 나의 열정을 저 멀리 밀쳐냈는지 모른다. 이런 상황에서 초파리 행동 연구를 하는 이유는 무엇인지 고민해야 했다. 점점 일등만 기억하는 더러운 세상이 되어가는 과학계에서, 초파리 행동유전학으로 이들의 연구를 이길 방도는 전혀 없다. 그것은 불가능하다. 투입되는 자본과 인적 자원 그리고 연구의 질적 수준 모두에서 나는 절대 이들의 연구를 능가할 수 없다. 과학이 천편일률적이고 돈이면 모두 해결되는 요즘 같은 세상에선 확실히 그렇다. 다행히 나는 과학이 백 미터 달리기라고 생각하는 유치한 과학자는 아니지만, 나만 그렇게 살아간다고 경쟁에 찌든 과학계가 변하는 것은 아니다. 나는 유행에 민감한 과학자도 아니다. 지도교수 유넝Yuh Nung Jan은 막스 델브뤼크Max Delbrück의 "유행하는 과학을 하지 말라Don't do fashionable science"라는 말을 연구의 지침으로 삼았다. 나도 그렇다. 다양한 과학이 가능하고, 모든 과학연구엔 의미가 있다. 그렇다고 절망이 사라지는 건 아니다. 유넝과 막스는 일류 과학자니까. 바로 그 자넬리아의 이야기를 책의 초반부에 다뤘다. 처음엔 유넝이 내 연구를 발표하기 위해 초대받은 자리에 대타로, 두 번째는 구두 발표도 아닌 포스터 발표로 겨우 자넬리아를 방문해 그들의 모임과 문화를 경험할 수 있었지만, 내가 느낀 그 압도적인 감정은 아마 쉽게 사라지지 않을 것이다(이 책의 1장은 그러니까 자넬리아 연구소를 통해 고민해보는 기초과학의 '미래'인 셈이다). 혹시라도 한국에 자넬리아처럼 매혹적인 연구소를 세울 생각은 하지 않았으면 좋겠다. 불가능한 일이다. 아마 100년 동안은 그럴 것이다.

책을 쓰기도 전에 먼저 썼던 서문에서 나는 건방지게도 '유전학의 재발견'을 이야기하고 있었다.[3] 성공을 장담할 수 없지만, 이 책은 단 하나의 논증을 목표로 한다. 초파리라는 유전학의 모델생물은 생물학의 두 전통, 필자가 두 생물학two biologies이라고 부르는 진화생물학과 분자생물학의 중계자 역할을 해왔으며, 특히 유전학이라는 학문의 역사를 중심으로 두 생물학 전통을 모두 잉태하고 숙성시켜 다양한 생물학의 시대를 열었다는 점에서 더욱 주목해야 한다는 것이다. 분자생물학자로 훈련받았던 8년의 경험과, 이후 행동유전학자로 연구했던 10년의 경험, 더불어 대학생 시절부터 교양 수준과 조금은 전문적인 수준까지 읽어왔던 진화생물학의 이론들을 모두 하나로 녹여내는 작업이 이 책의 핵심이다(이런 내용을 담은 2장은 나의 '현재'이기도 하다). 특히, 15년이 넘게 써온 과학과 과학의 주변 학문에 관한 글들에, 이 책이 다루는 주제들이 산발적으로 펼쳐져 있다. 독자들은 인터넷에 공개된 필자의 글들과 이 책을 연결시켜 읽을 수 있다. 특히, 〈한겨레 사이언스온〉에 2010년 2월부터 4월에 걸쳐 연재했던 '파리의 사생활' 여섯 편의 글은 책을 읽기 전에 훑어보면 도움이 된다. 주를 달기 위해 많은 노력을 했다. 주를 읽는 재미를, 독자들이 깨달을 수 있길 바란다.

진화생물학과 분자생물학의 개념과, 그 역사를 모두 일별하기엔 지면이 너무 좁다. 그래서 이 책은 유전학의 가장 오래된 모델생물인 초파리를 유전학의 중심에 두고, 그 초파리를 둘러싸고 벌어졌고, 또 벌어지고 있는 두 생물학의 긴장관계와 상호작용을 다루려고 노력했다(이런 내용을 담은 3장은 생물학의 역사, 그러니까 '과거'라고 할 수 있다). 만약 두 생물학에 대한 제대로 된 책을 써야 한다면, 그건 아주 오랜 후의 일이 될 것이다. 여전히 많은 책과 논문을 읽지 못하며, 겨우겨우 소화해내는 책들도 겉핥기로 읽기 마련인 상황에서, 과학자들도, 철학자들도, 또 역사학자들도 제대로 포착하지 못하고 일별만 하고 있는 생물학의 큰 두 전통의 긴장관계와 그 역학을 쓰려면, 정말 많은 공부와 시간이 필요할 것이다. 나는 과학철학자나 과학사가가 아니다. 그들과 많은 교류를 하며 공부해왔지만, 전문적인 훈련을 받아본 적은 없다. 모든 문헌을 일괄해 책을 쓰는 건 내가 할 수 있는 일도, 해야 할 일도 아니다. 따라서 이 책을 전문적인 과학철학이나 과학사의 관점에서 판단하려는 시도는 그다지 좋은 생각은 아니다. 다만, 나는 이 책에 현장지, 즉 과학의 현장에서 얻어진 지식을 담으려 노력했다. 그리고 그 현장의 경험이 이끄는 결론을 정당화하는 방식으로 문헌을 찾아나갔다. 책에서도 이야기하듯, 현장을 모르는 과학사가나 과학철학자의 저술처럼 공허한 건 없다. 꼭 과학자가 될 필요는 없지만, 과학자를 틀에 가두는 강단학자가 되어서도 안 될 것이다. 이 책은 생물학의 두 전통 모두를 경험할 수 있었던 현장지에서부터 출발한다. 진화생물학자가 되고 싶었지만 현실에서 좌절했고, 분자생물학자로 고된 훈련을 거쳐 결국 행동유전학을 통해 다시 진화생물학의 전통을 만난 과학자의 경험이, 그 자신의 경험과 의문을 풀기 위해 찾고 또 읽어냈던 논문과 책들을 통해 쓰인 것이다. 나는 그런 책을 많이 알지 못한다.

과학사에서 시작해 현장의 과학과 최신 논문들까지를 모두 일별한다는 게 한 개인이 해내기에 쉬운 일은 아니다. 당연히 이 책이 놓치고 있는 많은 분야와 논문 그리고 저술이 있을 것이다. 지난 8년, 시간이 날 때마다 조금씩 찾아왔지만, 그 문헌들을 모두 읽을 수도, 모두 담을 수도 없었다. 특히 이 책은 유전학의 또 하나의 중요한 흐름이며, 현대 유전체학의 발전과 맞물려 엄청나게 발전하고 있는 유전통계학statistical genetics 그리고 집단유전학population genetics의 전통을 제대로 포착하지 못했다. 그 분야에 몸담고 있는 이들이나 과학사가의 도움이 있다면, 언젠가 함께 그 전통과 이 책에서 다룬 전통의 상호작용에 대해 연구해볼 수 있을 것이다. 또한 초파리라는, 미국에서 시작된 과학을 다룬 탓에, 유럽에서 두 생물학은 어떤 길을 걸었는지 자세히 논구할 수 없었다. 그 일부는 필자의 졸고 〈미르 이야기〉와 〈꿈의 분자〉에서 이미 다뤘지만, 유럽에서 벌어진 두 생물학의 상호작용과 갈등은, 특히 라마르크와 다윈을 중심으로, 프랑스와 영국 그리고 독일의 기라성 같은 과학자들이 등장하는 한 편의 영화와 같다. 그 이야기를 할 수 있는 기회가 주어지길 바란다.

이미 말했지만, 현장의 경험에서 나온 과학책을 쓰고 싶었다. 자신의 연구 주제와는 동떨어진 해외 유명 과학자들의 이야기가 아니라, 유명한 과학자는 아니지만, 스스로 경험했고 또 공부했던 이야기들을 쓰는 것이 한국 과학교양 도서의 다음 단계라고 생각했다. 이 책은 그런 고민의 산물이다. 한국에 활짝 열린 과학교양의 전성시대 덕분에, 유명하고 글 잘 쓰고 강연도 잘하는 과학자들이 많이 나타났다. 행복한 일이다. 과학의 대중화에 대한 생각이 조금 다르지만, 그래도 과학의 불모지에서, 과학에 대한 열등감이 가득한 나라에서, 게다가 선배 과학자들이 독재자의 비위를 맞추며 과학의 첫 단추를 완전히 잘못 끼워버린 곳에서, 젊은 과학자들이 스스로 자라 이제 과학자가 당당한 사회의 일원임을 이야기하고 있다는 건 정말 행복한 일이다. 다만, 자신의 연구를 이야기하는 과학자를 보고 싶었다. 유럽과 미국 과학자들의 영웅적 이야기가 아니라, 한국 과학자의 연구가 다른 과학자들의 이야기와 어울려 펼쳐지는 이야기를 듣고 싶었다. 하지만 아무도 하지 않기에, 부족한 필력으로 그 이야기에 도전해본다. 과학을 쉽게 이야기하는 책이 아닌, 자신의 연구에 학문의 역사와, 연구에 담긴 철학적 의미를 담고 그 연구의 사회적 공명을 고민한, 그런 과학책이 가능할지 알 수 없지만, 이 책은 그 고민의 결과이기도 하다. 우습지만, 이 책은 정말 쓰기 싫었다. 과학자로서의 삶이 위협받고 있기 때문이다. 토종 박사가, 가뜩이나 어려워지고 있는 연구환경에서, 그것도 문화와 제도가 다른 캐나다에서 버틴다는 게 쉬운 일은 아니다. 하지만 기록을 남길 필요는 있을지 모른다. 지금도 페이스북에 쓰고 있지만, 영어도 잘 못하던 한국 토종 박사가 미국과 캐나다에서 고군분투하며 살아가는 이야기, 어쩌면 그런 이야기에도 의미는 있으리라. 이미 말했지만, 모든 과학자가 노벨상을 탈 수 있는 건 아니다. 과학자의 대부분은 그냥 평범한 사람들이다. 나머지 과학자들에게도 삶의 의미는 분명히 있으리라. 인간 모두에겐 삶의 의미가 있으리라. 이 책은 그 의미를 찾는 여정이기도 하다.

한 가지 꼭 당부하고 싶은 말이 있다. 이 책은 독자에게 친절하지 않다. 최대한 전문적인 용어를 피하려고 노력했지만, 책에서 다루고자 하는 주제를 소개하려면, 어쩔 수 없이 직접 원서를 소개하고 그 내용을 풀어야 했다. 대중서와 잡지를 소개하는 일도 있겠지만, 대부분 직접 논문을 소개하거나 어려운 용어의 경우에도 꼭 필요하지 않다 싶으면 독자가 직접 인터넷을 통해 검색하게 만들려고 했다. 구글은 모든 것을 알고 있다. 특히 영어로 된 웹페이지의 임계다양성은, 이미 극한에 이르렀다. 원하는 모든 이야기를 그곳에서 찾을 수 있다. 책 안에 머물지 말고, 랩톱이든 스마트폰이든, 함께 들고 읽어주길 바란다. 그러다 책을 버리고 더 재미있는 이야기를 찾게 되거든, 거기 머물며 공부하길 바란다. 그것이 이 책을 진지하게 읽을 극소수의 독자에게 내가 해주고 싶은 말이다. 그리고 꼭, 그 공부를 자신의 현장과, 또 사회와 연결시켜주기를 바란다. 한국 과학교양 도서 시장은 이미 질적으로 성장했고, 과학을 쉽게 소개하는 것만이 독자를 위한 배려라고 생각하지 않는다. 질적으로 성장한 독자에게 조금은 어려운 임무를 쥐여주는 것도 저자의 몫이라고 생각한다. 누구나 과학자가 될 수 있다. 이 책이 어렵다면, 그건 내가 독자를 존중하기 때문이다. 이 책이 이야기하는 바를 완벽하게 이해하는 독자는 별로 없을 것이다. 그건 독자의 잘못이 아니라 작가의 잘못이며, 또한 과학교양 책이 모두 말랑말랑한 이야기로 가득 채워진 탓이기도 하다. 그러니, 그런 과학서적에 길들여진 독자가 이 책을 마주하고 앉았다면, 나는 그에게 한번 도전해보라고 권하고 싶다. 클래식 애호가들이 점점 어려운 현대음악을 찾아 듣듯이, 과학의 애호가들도 더 어렵고 전문적인 책에 도전해볼 가치가 있다. 난해하고 지루하고 유머라곤 조금도 없는 책을 싫어한다면, 여기서 책을 내려놓아도 된다.

또 한 가지 이 책이 마주하고 있는 어려움은, 여기서 하고 싶은 이야기의 상당수를 이미 다른 매체를 통해 해왔다는 점이다. 이미 언급했듯이, 이 책의 1장이 되어야 했을, 초파리 유전학에 관한 상당히 전문적인 글은 〈한겨레 사이언스온〉을 통해 이미 2010년에 공개됐다. 과학과 사회에 대한 이야기는, 〈한겨레〉 신문을 통해 벌써 5년째 해오고 있다. 지금은 감옥에 가 있는 두 대통령의 시대였고, 그 둘은 과학을 존중하는 권력자가 아니었다. 〈한겨레〉를 통해 내 글을 접한 독자들이 나를 무서워한다는 이야기를 들었다. 그럴 필요 없다. 아나키스트는 권력을 지닌 사람에게만 독이 든 칼을 꽂는다. 그 외에도 월간 〈과학과 기술〉을 통해 2011년부터 2013년까지 매달 모델생물에 관한 글을 써왔다. 그 글의 마지막을 초파리로 장식하려고 했는데, 그러지 못했다. 이 책이 거기에 못다 실린 마지막 연재를 대체할 수 있길 바란다. 인터넷이 한국에 보급된 이후, 여기저기 많은 글을 썼고, 기고했고, 또 블로그를 통해 과학을 알려왔다. 그런 흔적들이 이 책을 쓰는 데 큰 도움이 됐다.* 블로그heterosis.net를 유지하고 있지만, 많은 글을 쓰지 못한다. 만약 다른 책을 또 쓰게 된다면, 그 책을 쓰기 위한 공부의 흔적들을 남기는 용도로 사용해보리라는 생각을 한다. 아마 나와 독자 모두에게 도움이 될 것이다.

2018년 11월

김우재

* heterosis.net/publications에서 모두 볼 수 있다.

1장

사회:

기초과학의 지표,

초파리

△

1장에서 우리는 초파리 유전학을 신경과학의 최전선에 올려놓은 일련의 사건들을 살펴볼 것이다. 미국의 한 부자가 남긴 돈이 흘러들어가 초파리 유전학자들에겐 천국이 된 한 연구소에서 초파리 유전학은 새로운 전성기를 맞았다. 하지만 그 역사를 면밀히 관찰해보면, 이런 해피엔딩이 지속가능하고 다른 국가에도 적용가능한 모델인지 고민하게 된다. 초파리 유전학은 무섭도록 빠르게 전진 중이다. 하지만 그 발전의 방향이 바람직한 것인지는 알 수 없다. 역설적으로, 전성기를 누리고 있는 초파리 유전학은 기초과학의 운명에 의문을 던진다. 기초과학은 도대체 왜 그리고 어떤 방식으로 지속가능성을 획득하고 또 해야 하는가? 미국에서 또 한국에서 기초과학이 유지되고 유지되어야 할 방식에 대해, 초파리 유전학은 하나의 답을 보여줄 수 있을지 모른다.

그들의 연구는 압도적이다.* 아마 생물학자 대부분이 비슷한 생각을 하고 있을 것이다. 도저히 이길 수 없을 것 같은 상대를 만났을 때, 우리는 죽을 각오로 싸우거나 도망칠 생각을 해야 한다. 하지만 대부분의 과학자는 자신의 연구 분야에서만큼은 누구에게도 지기 싫어하는 경향이 있다. 아무리 유명한 과학자를 만나더라도, 과학자들은 자신만의 칼을 숨기고 연구의 약점을 찾아 공격한다. '조직적 회의주의 organized skepticism', 과학사회학자 로버트 머튼Robert Merton이 근대 과학자 사회가 지닌 규범 중 마지막으로 꼽았던 과학자들의 문화다.

과학자들은 과학적 주장에 대한 어떤 외부적 권위도 인정하지 않으며, 오직 과학적 증거에만 입각해 연구를 판단한다.** 따라서 노벨상 수상자도 갓 대학에 입학한 학생의 날카로운 질문에 과학적 증거로만 대답해야 한다. 과학의 권위란 노벨상이나 논문의 숫자에서 주어지는 것이 아니라, 오직 과학적으로 판단할 수 있는 증거들로만 획득된다.*** 결국, 과학자 대부분이 다른 과학자를 존중하면서도 의심하는

* 필자가 경험한 이 압도적 연구에 대해서는 뒷장에서 자세히 기술될 것이다. Robie, A. A., Hirokawa, J., Edwards, A. W., Umayam, L. A., Lee, A., Phillips, M. L., Card, G.M., Korff, W., Rubin, G.M., Simpson, J.H., Reiser, M.B., Branson, K. M. (2017). "Mapping the neural substrates of behavior". *Cell*, 170(2), 393-406.

** 물론 현대사회에서 변질된 과학은 머튼의 규범을 따르지 않는다. 머튼의 규범은 과학이 자본주의나 정치체제 등의 외부요인에 방해받지 않은 상황을 가정했을 때, 가장 이상적인 형태의 과학자 공동체에서 볼 수 있는 문화라고 생각하는 편이 좋다.

*** 예를 들어, '작은 황우석 사건'이라고도 불리는, 숭실대 배명진 교수 관련 보도

독특한 문화 속에서 살아가고, 누구도 예외는 아니다. 하지만 어떤 연구는 아예 그런 비판을 무력화할 수도 있다. 자넬리아 연구소Janelia Research Campus의 행동유전학 연구가 그렇다.[1]

미국 워싱턴 DC 근교의 애시번Ashburn, 하워드휴스의학연구소Howard Hughs Medical Institute, HHMI에서 설립한 자넬리아 연구소가 위치한 곳이다. 자넬리아에 처음 도착한 과학자는 우선 그 건물의 위용에 압도당한다. 호수를 마주한 1층과 2층은 모두 자넬리아의 방문객을 위한 객실로, 호수의 곡면을 따라 마치 비싼 휴양지의 호텔처럼 지어졌다. 연구소 내부에는 다윈에서 시작해 왓슨과 크릭까지 이어지는 유명한 생물학자들의 초상이 벽 한 면을 가득 채우고 있다. 자넬리아의 연구소 건축엔 창의적 연구환경에 대한 깊은 고민의 흔적이 남아 있다.

많이 인용되는 선진국 과학자들의 이야기 중에, 점심시간의 티타임 그리고 다양한 학자들과의 활발한 교류가 앞서가는 연구의 기틀이 되었다는 전설이 있다. 실제로 창의적인 아이디어는 연구 분야가 다른 과학자들 간의 엉뚱하고 기발한 교류에 의해 촉발되는 경우가 많다. 자넬리아는 한 지붕 아래서 생물학자, 물리학자, 엔지니어, 화학자가 함께 일할 수 있는 구조로 연구소를 구성했다. 물리적 환경이 인간의 사고를 제어하는 경우가 있다. 예를 들어, 초등학교 교실을 생각해보

를 다룬 〈피디수첩〉을 보아도 알 수 있듯이, 과학의 권위를 노벨상이나 경력 등으로 얼버무리려 하는 이들은 모두 가짜 과학자다. 김우재. (2018). 배명진, 노벨상, 25년 그리고 칼텍. 〈BRIC〉.

머튼 명제에 대한 자세한 논구는 다음 필자의 졸고를 참고할 것. 김우재. (2016). 과학이 삶에 봉사하는 방식에 대해: '과학적 삶의 양식'에 대한 소고 1. 〈과학동아〉 5월호.

○ 자넬리아는 연구소 건물에 연구의 철학을 녹여냈다. 여기에선 생물학자와 엔지니어, 물리학자가 한 지붕 아래서 진짜 융합연구를 수행한다.

면 된다. 교탁을 향해 줄 세워져 있는 산업화시대의 한국 초등학교 교실과, 여기저기 모둠별로 원형 테이블이 흩어져 있는 오늘날 캐나다의 교실에서, 학생들은 전혀 다른 사고방식을 익힌다. 초등학교 교실이 그렇다면, 그보다 더 창의적인 연구환경이 필요한 과학연구소는 더 공간에 의존적일 것이다.* 그런 의미에서 한국의 위계적이고 폐쇄적인 상자갑 같은 연구소 모델은, 과학이라는 창의적 활동에 어울리지 않는다.**

자넬리아의 건축은 공동연구를 촉진하는 구조를 핵심으로 하여 과학자들에게 최대한의 휴식과 여유를 보장한다. 그래서 자넬리아 연구소 1층엔 커다란 술집이 밤늦게까지 영업하고 있다. 연구소 내부에 술집이 있고, 그 술집에서 과학자들은 밤늦게까지 술도 마시고, 스포츠 중계도 함께 관람하고, 공동연구 주제를 토론하고, 격렬한 논쟁을 벌이기도 한다. 자넬리아에서 주최하는 컨퍼런스에 초대된 손님 모두에겐 20달러가 든 카드가 지급되는데, 컨퍼런스 기간 동안 맥주를 사 마시라고 공짜로 주는 돈이다. 더 재미있는 건, 자넬리아에선 고급 원두 커피가 1년 내내 무료로 제공된다는 사실이다. 커피는 사람들을 모으

* 어포던스affordance 혹은 '행동유도성'이라는 개념이 있다. 원탁 테이블은 평등한 토론이라는 어포던스를 제공한다. 실제로 공간의 구조 자체가 문화의 형성에 영향을 주는 경우는 비일비재하다. 자동차를 탈 때, 앞자리에 앉느냐 뒷자리 중 왼쪽 혹은 오른쪽에 앉느냐가 한 사람의 지위를 나타내는 경우가 생기는 이유는, 공간이 인간의 심리와 나아가 문화에 영향을 미치는 경우가 우리 일상에서 너무나 많기 때문이다.

** 들리는 소식으로 기초과학연구원IBS 본원의 설계에 자넬리아의 건축이 참고되었다고 하니, 한국 과학정책에서 연구소의 건축에도 관심을 기울이는 계기가 되길 바란다. 기초과학연구원 본원의 설계를 고민한 건축가들의 작품을 다룬 논문을 소개한다. IBS 본원이 어떤 식으로 설계되고 있는지 모른다. 하지만 아래 논문에서 다룬 여러 연구소들의 장점들을 취합했기를 바란다. 그 중간에 관료들의 편의로 인해 이 계획이 어그러지지 않았기를 바랄 뿐이다. 김도년, 양성민, 김대성. (2013). 창의적 연구환경을 위한 공용공간 계획방법에 관한 연구. 〈한국도시설계학회지 도시설계〉 14(3), 45-65.

고, 대화를 유도한다.*** 맥주도 마찬가지다. 물리적 공간이 협업을 유도하듯이, 아주 작은 장치가 엉뚱한 공동연구를 촉발할 수 있다.

혁신적인 연구는 재능 있는 연구자만으로 가능한 게 아니다. 코펜하겐 그룹부터 스티브 잡스의 창고까지, 혁신은 적절한 공간의 배열을 전제로 한다. 인적 교류가 자유로운 주변부의 공간에서 혁신이 일어나는 것도, 비틀즈처럼 위대한 그룹이 모두 한 학교에 다니고 있었다는 것도 실은 우연은 아니다. 공간은 사람의 사회적 관계를 규정하고, 사회적 관계망 속에서 혁신이 나타나기 때문이다.

자넬리아 연구소에 처음 가본 이들은, 그 공간의 구성에 놀라게 된다. 연구자들이 연구에 몰입하고, 자유롭게 교류하고, 심지어 술까지 마시도록 설계된 이곳은, 실제로 컴퓨터 과학자, 물리학자, 생물학자들이 한 지붕 아래서 일하는 것을 목표로, 연구소장이자 초파리 유전학자인 게리 루빈Gerry Rubbin이 심혈을 기울여 만든 작품이기도 하다. 단 10분 거리를 차로 달려가야 하는 곳이라도, 공동연구자들에게 그 거리가 10분이 아니라 10시간이 될 수 있다.

공짜 커피와 연구소 내의 술집 그리고 협업을 고려해 디자인된 연구소 건축, 창의적인 연구소의 배후엔 실은 아주 간단한 문화적 장벽이 놓여 있다. 아직까지 연구소 내에 술집을 만든 한국 대학을 보지 못했다. 아마 한국의 유교적 관습이 그런 간단한 혁명적 장치를 가로막고 있을 것이다. 혁명은 아주 가까운 곳에서 찾아올 수 있다. 과학은

*** 자넬리아의 무상커피가 창의적 연구에 미치는 영향에 대해서는 필자의 졸고를 참고할 것. 김우재. (2014). 무상커피와 과학. 〈한겨레〉.

보편적 원리를 찾는 학문이지만, 과학자 공동체는 해당 국가의 문화에 큰 영향을 받는다. 한국 대학과 연구소의 공간 구성은 낡았다. 그곳엔 대학원생을 위한 휴게공간과 교류의 장소가 없고, 맘 놓고 음식을 먹을 공간조차 없다. 학생들은 휴게실도 없이 구석에 숨어 쉬는데, 교수 휴게실은 모든 대학에 당연히 있고, 교수들은 거기서 눕고 놀고 잡담한다. 한국이 자넬리아와 같은 창의적 연구환경을 원한다면, 한국사회 전반에 깊게 뿌리내린 유교적 권위를 어떻게 하면 과학자 공동체에서 완화시킬 수 있을지 고민해야 한다.*

문화를 바꾸기 어렵다면, 건물을 바꾸면 된다. 아니 그렇게라도 해봐야 한다.

* 한국과 미국 그리고 캐나다까지 과학 공동체를 모두 경험해온 필자의 견해로는, 유교적 위계만큼 한국 과학계의 발전을 가로막고 있는 장애물은 없다. 권위에 저항해야 할 과학자들이 권위에 복종하고 있다면, 그곳에서 나타나는 과학이란 결코 창의적일 수 없다. 이에 관해 다룬 필자의 졸고 참조. 김우재. (2010). 진정한 과학자는 권위에 저항한다—과학의 진정한 본성은 독단과 권위에 대한 도전. 〈사이언스타임즈〉.

자넬리아의 철학

자넬리아 연구소의 설립은 1989년 노벨상 수상자이자 HHMI 의장후보였던 토머스 체크Thomas Cech와 초파리 유전학자 게리 루빈의 만남으로 이루어졌다. 계속해서 응용연구 혹은 질병연구 중심으로 흘러가는 미국의 생명과학에서 특히 기초 분야의 생존에 필수적인 역할을 해왔던 HHMI는, 과학의 가장 최첨단에서 이뤄질 수 있는 모험적 연구가, 연구자들이 연구비나 잡무에 쓰는 노력으로 인해 위축되어가고 있는 현실을 바꾸고 싶어 했다.** 자넬리아는 바로 그런 목표에서 설립된 기초과학 연구소로, 이곳에서 연구자들은 5년간 연구비에서 완전히 자유로운 상태로, 다양한 분야의 과학자들과 협업할 수 있다. 2002년 게리 루빈이 총책임자로 임명되었고, 그는 세계에서 가장 창의적이고 지속적인 연구 성과를 내는 연구소들, 예를 들어 영국의 분자생물학연구소Medical Research Council Laboratory of Molecular Biology, MRC LMB와 미국의 벨연구소AT&T's Bell Labs 등을 방문해 몇 가지 핵심적인 요소들을 연구소 설립의 지침서로 만든다.***

루빈이 추려낸 창의적 연구소의 핵심은 몇 가지로 요약된다.

첫째, 소그룹 연구다. 일반화하기는 어렵지만, 실제로 과학사에서 위대하고 혁명적인 발견들이 소그룹에서 시작된 건 사실이다. 실제로

** HHMI 웹사이트 www.hhmi.org를 통해 그들의 철학을 확인할 수 있다.

*** 루빈이 직접 쓴 다음의 논문이 자넬리아 연구소의 철학을 살펴볼 수 있는 가장 좋은 지침서다. Rubin, G. M. (2006). "Janelia Farm: An Experiment in Scientific Culture", *Cell*, 125(2), 209-212. doi.org/10.1016/j.cell.2006.04.005

소그룹이 발견했거나 고안한 이론, 개념, 플랫폼이 세계사의 흐름을 바꿔왔다.* 또한 이들 소그룹은 세계의 중심이 아닌 주변부에서 시작되는 경우가 빈번했다. 20세기 초반엔 덴마크의 코펜하겐에서 닐스 보어Niels Bohr를 주축으로 하는 '코펜하겐 그룹'이 양자역학의 핵심적인 아이디어의 대부분을 발표했다. 미국이 유럽의 주변부에 불과하던 19세기 말, 매사추세츠 케임브리지에서 만난 네 명의 지식인이 미국 사회의 근본 철학이 된 프래그머티즘Pragmatism, 즉 실용주의를 정초한다.** 멸망해가던 합스부르크 왕조 체제의 오스트리아 빈에서, 근대과학의 합리성을 고민하던 일군의 철학자들은 논리실증주의라고 불리는 철학의 사조를 만들어 향후 과학철학의 방향을 완전히 바꿨다.***

이들을 빈 학단Vienna circle이라고 부른다.**** 학자들의 소그룹이 피부로 와닿지 않는다면, 현대인의 생활 패턴을 완벽하게 바꾸어놓은

* 이에 대한 더 자세한 논의는 필자의 졸고들을 참고할 것. 김우재. (2014). 소그룹과 창조경제. 〈한겨레〉; 김우재. (2008). 김빛내리, 소그룹의 혁명성 그리고 황우석. 〈사이언스타임즈〉.

** 다음 책을 참고할 것. 루이스 메넌드. (2006). 《메타피지컬 클럽》. 정주연 옮김. 민음사.

*** 세기말의 빈에선 단지 논리실증주의의 태동만 있었던 게 아니다. 현대 학문의 대부분이 세기말 빈을 기원으로 하고 있다. 그 풍경과 디테일에 관해선 두 권의 책을 추천한다. 칼 쇼르스케. (2007). 《세기말 비엔나》. 김병화 옮김. 생각의나무; 앨런 재닉·스티븐 툴민. (2005). 《빈, 비트겐슈타인, 그 세기말의 풍경》. 석기용 옮김. 이제이북스.

**** 빈 학단의 배경에 관해선 고인석의 논문을 참고할 것. 고인석. (2010). 빈 학단의 과학사상: 배경, 형성과정 그리고 변화, 〈과학철학〉13(1), 53-82. 과학을 중심으로 살펴본 빈 학단의 중요성에 관해선 필자의 졸고를 참고할 것. 김우재. (2010). 삶의 양식으로서의 과학—'문화로서의 과학'이 지니는 함의. 〈사이언스타임즈〉.

20세기 중반의 해커들을 소개하고 싶다. 1960~70년대 미국의 매사추세츠 공대MIT와 실리콘밸리에서 활동하던 해커 그룹은 카피레프트, 오픈소스, 리눅스 등의 공유 플랫폼을 만들었고, 스티브 잡스와 스티브 워즈니악이 차고에서 시작한 컴퓨터 조립이 현재의 애플을 만들었다.***** 과학기술 분야의 패러다임을 바꾼 연구와 발명의 상당수가 주변부의 소그룹에서 시작되었다는 사실은 우리에게 많은 시사점을 준다. 우리는 과연 한국형 과학이 미국이나 일본 혹은 독일의 정책을 따라갈 수 있는지 진지하게 물어야 한다. 자넬리아 연구소는 수십 개의 소그룹으로 나뉘어 있고, 한 그룹의 숫자는 다섯 명을 넘지 않는다.****** 둘째, 종신직tenured track을 제한하되, 연구비는 모두 연구소 내부에서 충족된다. 루빈은 현대사회의 많은 생물학자들이 정부 혹은 기업의 연구비를 수주하기 위해 지나치게 많은 시간을 사용하고 있음을 잘 아는, 현장에서 훈련된 과학자다. 또한 대학의 종신직 교수 자리가 안정적으로 연구에 몰입하게 한다는 기존의 취지와는 달리, 과학자들을 모험적인 연구에서 멀어지게 만든다는 사실도 잘 파악하고 있었다. 따라서 자넬리아의 모든 연구자들은 5년마다 재계약을 통해 연구를 지속할지 말지 결정하게 되며, 연구비 수주를 위한 시간을 아껴 오로지 연구에만 몰입할 수 있는 환경을 제공받는다.

***** 해커 그룹의 문화는 현재 생물학으로도 흘러들어와 DIY 생물학이라는 흐름을 만들었다. 이에 관한 필자의 글을 참고할 것. 김우재. (2018). 시민생물학과 한국의 과학. 〈메이커페어〉. makerfaire.co.kr/시민생물학과-한국의-과학/

****** 이에 비해 IBS가 얼마나 괴물처럼 운영되고 있는지 확인해보라.

셋째, 연구비 외에도 자넬리아는 최첨단 연구를 수행하는 데 필요한 대부분의 기자재를 제공하며, 최적의 공동연구환경을 통해 다양한 분야의 연구자들과 실질적인 학제 간 연구가 가능한 환경을 제공한다. 생물학자와 물리학자가 엔지니어와 한 지붕 아래에서 협업한다는 그들의 모토는 장식이 아니다.

넷째, 이런 환경을 제공하는 대가로 연구자들은 반드시 모험적이고 진취적이며 기존의 전통적인 연구환경에서는 불가능한 연구에 도전해야만 한다. 다른 곳에서도 할 수 있는 그저 그런 연구는 지양되고, 전통적인 연구환경에서 일하는 연구자들에게 연구의 기반을 제공할 수 있는 연구들, 예를 들어 엄청난 숫자의 초파리 계통strain을* 만들고, 신경회로 전체를 시각화하고 지도를 만드는 일들은 권장된다. 자넬리아 연구소가 시작되고 15년이 지난 지금, 전 세계 초파리 유전학자 대부분은 그들이 만든 초파리를 사용하고 있다.** 마지막으로 위에서 언급된 연구소 운영 철학의 대미는, 바로 교수급에 해당하는 그룹 리더

* 생물학에서 계통strain이란 실험실에서 특정한 목적으로 표준화해놓은 각종 식물, 바이러스, 박테리아를 일컫거나, 모델생물 연구에서는 서로 다른 유전형을 지닌 독립적인 계대line를 말한다. 예를 들어, 초파리 실험실들은 야생형 계통으로 Canton-S를 사용하거나 Oregon-R을 사용하는데, 바로 이 Canton-S 혹은 Oregon-R이라는 이름이 계통의 이름이다. 초파리 유전학에서는 돌연변이나 유전자 변형 초파리들도 각각 계통이라고 부른다. 현재 지구상에는 이렇게 계통으로 나눌 수 있는 초파리가 수십만 종이 넘는다.

** 자넬리아 연구소의 초파리 연구가, 때론 생물학적 질문과는 별 상관없는 무작위적인 초파리 계통을 생산하거나 대규모의 신경회로 지도 만들기에 집중하는 이유는, 게리 루빈의 과학 스타일 덕분이기도 하다. 뒤에서 게리 루빈의 과학 스타일과 초파리 유전학의 도덕경제와 공유 전통을 다루면서 이 문제를 더 자세히 다루기로 한다.

들조차 직접 실험실에서 실험할 것을 권유한다는 데 있다.

박사과정을 거쳐 박사후연구원 과정까지, 대부분의 생명과학자들은 실험 테이블에서 직접 일한다. 하지만 교수가 되는 순간, 대부분의 과학자들이 실험 테이블을 떠나 책상에서 서류작업에만 몰두하게 되는데, 자넬리아 연구소는 바로 그 현장에서의 탈출이 과학자의 생산성을 떨어뜨리는 주요 원인이라고 생각하는 것이다. 즉, 교수급의 그룹 리더에게서 잡무와 연구비 제출 그리고 학부생 강의 같은 모든 잡무를 제거해주는 대신, 연구의 일선으로 돌아가라고 요구하는 셈이다. 한국에서는 상상하기 어려운 상황이 자넬리아에서는 일상이 된다. 모든 교수들이 파이펫을 잡고, 현미경 앞에서 실험하고 연구원들과 자신의 오피스가 아닌 실험 테이블에서 토론하는 모습, 그것이 현재 가장 창의적이고 생산적인 생명과학연구소인 자넬리아가 유지하려는 철학의 핵심이다.

한국은 기초과학연구소Institute for Basic Science, IBS를 만들고, 독일 막스 플랑크 연구소를 한국형으로 수입해왔다. IBS가 과연 한국 기초과학의 견인차가 될지는 두고 봐야 할 일이지만, 위에서 언급한 소그룹, 종신직 제한, 진취적 연구의 권장, 교수의 실험 권유 등의 기준에서 볼 때 얼마나 창의적일 수 있을지는 의문이다. 한국형 과학의 모습이, 독일이나 미국식 거대 실험실의 모습이어야 할지, 아니면 다양한 소그룹들의 클러스터 형태일지는 한국 과학자들과 정책 입안자들이 결정할 일이다. 필자도 IBS가 잘되길 바란다. 하지만, 큰 기대는 하지 않는 것이 좋다. 2012년 본격적으로 연구단이 선정되기 시작했으니 이제 6년차에 접어드는 셈인데, 그동안 과학계의 부익부빈익빈을 조장한다는 비판엔 주먹구구식으로 대응해왔고,* 특히 과학 관료들의 관료주의가 과학자의 창의성을 저해하는 한국적 문화 속에서, 이 거대한 기초과학의 사활을 건 한국적 실험이 어디로 향하게 될지 솔직히 장담하기 어렵다.** 한 가지 확실한 사실은, 안 그래도 유교적 권위가 과학적 창의성을 가로막는 한국에서, 거대연구단이라는 극단적 권위가 들어섰다는 것이다. 그 권위가 만들어내는 여러 잡음이 들린다.[2] 자넬리아와 IBS, 그 사이 어딘가에 답이 있을 것이다.

* IBS에 대한 한국 과학자의 비판으로는 서울대학교 이일하 교수의 글을 권한다. 이일하. (2013). 기초과학연구원 '블랙홀'에, 기초과학 연구비 씨가 마른다. 〈한겨레 사이언스온〉.

** 한국의 과학 관료들의 무능함에 관해선 필자의 글을 참고할 것. 김우재. (2014). 사이언스 마피아. 〈한겨레〉.

게리 루빈의 초파리

세계에서 가장 화려하고 창의적이며 생산적인 연구소를 디자인한 과학자, 바로 그 사람이 초파리 유전학자 게리 루빈이다.*** 그의 영향력은 상상을 불허한다. 2018년 현재 루빈의 h-index****는 148, 필자는 6이다. 아마 현재 지구상에서 가장 유명한 초파리 유전학자가 게리 루빈일 것이다. 또한 자넬리아의 연구소장으로 그는 세계에서 가장 많은 연구비를 자유자재로 사용할 수 있는 가장 부유한 과학자일지 모른다. 따라서 그에게 연구란 더 이상 생존과 관계된 사항은 아니다.

게리는 한국전쟁이 발발한 1950년 미국 매사추세츠의 보스턴에서 태어나, MIT를 졸업하고 영국으로 건너가 케임브리지 대학교에서 박사학위를 마쳤다. 그는 1970년대 효모의 DNA 염기서열을 해독하는 것으로 과학자의 길에 들어섰다. 그가 영국 케임브리지에서 박사학위를 하던 1970년대는 분자생물학의 전성기였고, 그는 흔히 '노벨상 공장'이라고 불리던 영국의 LMB에서 효모의 리보솜 RNA의 시퀀스를 연구했다. 그의 스승은 시드니 브레너,***** 훗날 예쁜꼬마선충 연구로

*** 컴퓨터 업계에 스티브 잡스가 있다면, 생물학계에는 게리 루빈이 있다. 실제로 그는 검은색 폴라티를 즐겨 착용하며 정장을 잘 입지 않는다. 물론 잡스와 루빈 모두 인간에게 가장 실용적이며 유익한 플랫폼을 디자인하는 데 천부적인 재능이 있다는 점에서 둘을 비교해야겠지만.

**** 임팩트팩터가 저널의 영향력을, 피인용수가 논문의 영향력을 보여준다면, h-index는 연구자의 영향력을 보여주는 좋은 지표이다.

***** 예쁜꼬마선충을 모델생물로 만들어 노벨상을 받은 시드니 브레너에 대해선 필자의 졸고를 참고할 것. 김우재. (2008). 시드니 브레너의 벌레. 〈사이언스타임즈〉.

노벨상을 받게 되는 과학계의 모험가다. 막스 페루츠Max Perutz가 이끌던 LMB는 영국의 크릭과 미국의 왓슨으로 대변되는 1953년 DNA 이중나선 연구의 결과물을 계승 발전시킨 혁신의 심장으로 불리며, 루빈이 디자인한 자넬리아의 모델이 됐다.

이후 스탠퍼드의 호그네스 실험실에서 처음 초파리를 접하게 된 루빈은, 이후 1978년이 되면 초파리의 염기서열 분석으로 분야를 옮기고, 이후 초파리 염색체에 존재하는 다양한 트랜스포존, 즉 점핑 유전자jumping gene의 기능을 연구하다가, 1980년대에는 이를 이용해 대단위 초파리의 돌연변이를 만드는 일에 착수한다. 효모와 초파리 유전체에 관한 그의 연구는 유전체 해독이 유행했던 1990년대를 거치며 그를 초파리 유전체 해독의 선구자로 만들었다. 이때부터 그는 캘리포니아 버클리 대학에서 초파리의 유전체 해독을 진두지휘했고,* 초파리 유전체 정보를 일목요연하게 정리하고 연구자들을 위한 플랫폼을 만드는 일에 전념했으며,[3] 이후 계속해서 초파리 유전학 연구를 위한 여러 도구들을 디자인하고 만들어왔다.

예술에만 스타일이 있는 건 아니다. 과학에도 스타일이 있다. 게리 루빈은 도구장인tool-maker에 비유할 수 있다. 도구장인형 과학자들은 생물학적 질문을 깊이 파고드는 것보다, 그런 연구를 가능하게 하는 여러 도구들을 만드는 데서 과학자로서의 정체성을 획득하는 사람들이다. 루빈이 해왔고, 지금까지 하고 있는 일을 보면 도구장인 스타일의

* 다음의 웹페이지에서 초파리 유전체 해독의 의미를 읽을 수 있다. 김재성, 박준갑, 최조임. (2000). 인간 유전체의 축소판: 초파리 게놈—Drosophila melanogaster. www-2.kyungpook.ac.kr/~mmpl/2essay10.html

과학자가 어떤 부류인지 쉽게 알 수 있다. 그는 트랜스포존을 도구로 사용해 수많은 돌연변이 계통을 만들어 연구공동체에 보급했고, 초파리 유전체를 해독하고 유전자의 기능을 정렬해 모두가 그 정보에 접근할 수 있는 플랫폼을 건설했으며, 자넬리아 연구소를 건설한 후에도 다양한 초파리 계통과 신경유전학 연구를 위한 도구들, 나아가 초파리 신경회로를 시각화한 결과물과 빅데이터를 모두 연구공동체에 무료로 공유해왔다. 루빈은 자신의 과학자로서의 정체성을 목수에 비유한다.[4]

"나는 스스로를 도구장인이라고 생각합니다. 내 과학자로서의 경력에서 내가 가장 자랑스러워하는 건, 내가 만들고 발전시켜 온 도구와 실험방법들입니다."

또한 그는 자넬리아를 디자인하며 정한 원칙을 현장의 경험을 통해 증명했다. 1982년 트랜스포존을 이용해서 초파리 돌연변이 계통을 만드는 방법을 〈사이언스〉지에 두 편의 논문으로 발표했던 경험을 회고하며, 다음과 같이 말했다.

"우리(루빈과 앨런 스프래들링Allan Spradling)가 첫 성공을 거두는 데 1년이 걸렸고, 1982년에는 두 편의 논문을 썼습니다. 아주 위험하고 바보 같은 실험이었기 때문에 모든 실험을 (대학원생이나 박사후연구원이 아니라) 저희가 해야만 했죠!"[5]

위험한 실험을 대학원생이나 박사후연구원에게 시키지 않고 직접

했다는 말에서, 단지 과학 연구의 리더가 아니라 우리 사회의 리더 모두가 가져야 할 한 가지 소양을 찾아볼 수 있다. 그것은 바로 위험한 일은 리더가 직접 수행하고, 책임까지 진다는 자세다. 무슨 사건만 터지면 팀원과 부하직원에게 잘못을 돌리고 중간에서 꼬리 자르기에 몰두하는 권력층을 지닌 한국사회에선 부러운 리더의 자질이다.*

물론 그의 연구라고 완벽한 것은 아니다.** 루빈의 과학은 지나치게 자본에 의존적이다. 돈이 있다고 모두가 할 수 있는 건 아니겠지만, 그만큼 풍족한 자원이 없다면, 게리 루빈이 지금까지 추구해온 스타일의 과학은 불가능하다. 하지만 게리 루빈, 그는 스스로를 '도구 제작자'에 불과하다고 말했다. HHMI의 자넬리아 연구소 소장, 이 세상에서 가장 부유한 초파리 유전학자, 아니 어쩌면 이 세상에서 가장 연구비에서 자유로운 과학자가 스스로를 그렇게 낮춰 부른다는 건 쉬운 일이 아니다. 가끔 주변에서 이른 나이의 성공에 취해 모든 과학자들을 자신의 기준으로 재단하는 이들을 본다. 루빈의 발끝에도 못 미치는 이

* 앞에 인용된 게리 루빈의 인터뷰는 일독의 가치가 있다. 초파리 연구자들에게만 중요한 것이 아니라, 과학자 모두가 읽고, 도대체 한국 과학을 위해 우리에게 어떤 리더가 필요한지 따져물을 때 쓴다면 좋을 것이다.

** 필자의 멘토 렌은 전기뱀장어를 연구하는데, 언젠가 루빈의 한 논문을 읽고 이렇게 말한 적이 있다. "세상에, 이렇게 무책임하게 데이터만 늘어놓으면 나 같은 사람은 어떻게 하라는 거지?" 렌은 루빈의 논문을 모두 읽으려 하던 아마도 유일한 사람일 것이다. 필자조차 그 압도적인 길이와 방대한 데이터 앞에 멈춰야 했으니 말이다. 하지만 그 긴 논문을 읽고 난 후 렌의 반응도 흥미로웠다. 신경회로를 세포 단위에서 나열한 것 이외에, 어떤 과학적 인사이트가 없다는 것이다. 도구장인, 게리 루빈. 그의 과학 역시 완벽한 것은 아니다. 한 과학자의 과학은 완벽할 수 없다. 그것보다 아름다운 과학계의 진실은 없다. 누구나 과학에 기여할 수 있다. 단 한 명의 위대한 과학자란 존재하지 않기 때문이다.

들이다. 수준과 격의 차이란 그가 쓰는 글과 내뱉는 말에서 온다. 자신의 경험을 타인에게 일반화하기 전에, 책 한 줄, 역사의 현장 한 장면이라도 찾아보는 노력이 필요한 이유다.

루빈이 초파리 학계에서 차지하는 위치는 절대적이다. 그의 h-index는 148, 논문은 109,988번 인용되었다. 어떤 이들은 바로 이런 정량적 지표로만 과학자의 위대함을 평가하려 들지도 모른다. 현대를 살아가는 젊은 과학자들 중에도 그런 지표에 목매는 사람들은 많다. 그들의 잘못만은 아니다. 연구의 경쟁이 심화되고, 연구자를 기계 부속품처럼 취급하는 세상에서 살아남기 위해 발버둥 치는 그 모습을 탓하기는 어렵다. 경쟁에 지친 그들에겐 그 너머를 볼 여유가 없는 것이다. 과학이, 과학자가 언제까지나 지금과 같은 무한경쟁 체제 속에서 서로를 불신하고 타인을 찍어 누르며 살아가지는 않을 것이다.

과학이 스스로 자연의 질서를 찾듯이, 과학자 공동체도 뒤늦게나마 과학이 원래 서 있던 방식으로 혁신해가고 있다.* 과학자들은 과학의 공공도서관PLoS 등으로 촉발된 오픈 액세스Open Access 등의 열린 학술 출판 및 프리프린트 서버 bioRxiv 등을 자발적으로 조직하며 왜곡된

* 현대사회의 과학, 특히 의생명과학계가 지속불가능한 상태로 질주하고 있다는 사실은 이제 대부분의 과학자들에게는 상식에 가깝다. 심각한 부익부 빈익빈의 불균형, 피라미드 식의 위계적 실험실 시스템, 학술지의 불공정한 권위, 나눠먹기 식의 연구비 체계, 관료들의 억압, 정치인들의 무지, 과학자들의 이기심, 이 모든 적폐들이 의생명과학계를 위기로 몰아넣고 있다. 그런 시스템으로부터 이익을 취하던 거대 학술지들조차 과학자들에게 경고하고 있다. 다음의 논문들과 필자의 졸고를 참고할 것. Marc A. Kastner. (2015). "The Future Postponed", 135; Cyranoski, D., Gilbert, N., Ledford, H., Nayar, A., & Yahia, M. (2011). "Education: The PhD factory", *Nature*, 472(7343), 276-279; 김우재. (2017). 미국을 꿈꾸는 과학도에게. 〈한겨레〉; 김우재. (2018). 미국의 과학, 미국식 과학. 〈한겨레〉; 김우재. (2017). 마지막 과학세대. 〈한겨레〉.

과학의 건강성을 회복하기 위해 노력 중이다. 하지만 문제는 복합적이다. 특히 그 문제의 대부분이 미국적인 이유에서 등장하는 것들이다.

바로 그런 움직임의 종착역이 다가오면, 과학자의 공헌과 역할은 단지 그가 주요 학술지에 몇 편의 논문을 출판했는지만으로 결정되지는 않을 것이다. 왜냐하면 군사독재의 시대에 저항해야 했던 시대에 살았던 사람들을 평가할 때, 그 독재자의 구미에 맞는 모범생으로만 살아간 이들에게까지 우리가 존경을 보내지는 않기 때문이다. 과학계는 현재 비정상적인 궤도로 달리고 있고, 그 과학계를 정상적인 궤도로 보내려는 노력조차 과학자의 임무이며 평가의 기준이어야 한다. 바로 그런 의미에서도 루빈은 존경받아 마땅한 과학자다.

박테리아와 효모에서 시작해 초파리로 건너온 이 유전학자가 자신의 경험으로부터만 그 심오한 철학적 귀결에 이른 것은 아니다. 그는 초파리 유전학의 역사를 다룬 전문적인 연구서인 《파리의 제왕Lords of the Fly》[6]을 읽고, 더 나아가 토머스 헌트 모건이 직접 쓴 원전을 찾아 자신의 전통을 공부했다. 도구장인으로 살아온 그의 경험과, 모건의 시대부터 내려온 초파리 공동체의 전통은 묘하게 공명한다. 왜냐하면 《파리의 제왕》이 다루고 있는 주요 주제 중 하나가 초파리 연구공동체의 '도덕경제Moral Economy' 전통이기 때문이다.** 2015년 대중에 무료로 공개된 《초파리 책Fly Book》의 서문에서, 그는 토머스 헌트 모건을 직접 인용한다.

** 도덕경제에 대한 더 자세한 기술은 DGIST의 일반생명과학 교재인 《분자와 생명현상》에 부록으로 실린 '과학의 도덕경제'에서 읽을 수 있다.

"개방된 대화와 공유의 전통은 초파리 연구공동체와 100년을 함께해왔다. 1917년 모건은 다음과 같이 썼다. '우리가 보유하고 있는 모든 연구 재료를, 개인 혹은 연구공동체와 공유하는 일은 매우 중요하다. 공유의 대상은 우리가 연구해왔던 재료뿐 아니라, 아직 논문으로 출판되지 않았더라도 다른 연구자에게 도움이 될 재료들을 포함한다. 논문으로 출판할 때까지 연구 재료를 공개하지 않고 가둬두는 방식이라든가, 나에게 개인적인 흥미가 되지 않았던 연구 아이디어나 연구의 진척을 숨기는 방식은, 학생들에게도 해악이 될뿐더러 과학의 진보에도 전혀 도움이 되지 않는다. 과학의 진보야말로 우리가 가장 가슴에 담아두어야 할 정신임을 기억해야 한다.' 이 연구의 에토스야말로 왜 우리가 초파리 '연구공동체'라는 단어를 쓸 수 있는지에 대한 중요한 이유가 될 것이다. 또 다른 이유는, 우리의 운명이 누가 어떤 연구를 가장 먼저 발표했는지가 아니라, 초파리 분야의 연구 전체가 다른 연구자들에게 어떻게 보이지는지에 의해 오르락내리락하기 때문이기도 하다."[7]

루빈의 이 짧은 언급엔 많은 의미가 내포되어 있다. 우선 미국인으로는 드물게 그가 지닌 공동체주의자의 면모가 가장 두드러진다. 그는 우리가 초파리 연구공동체라는 말을 쓰기 위해서 필요한 에토스가 무엇인지 묻는다. 그것은 자신의 연구만을 최고의 가치로 여기는 이기적이고 경쟁적인 개인주의적 태도에서 찾아지는 것이 아니라, 초파리 유전학 전체가 초파리 분야 밖의 연구자들에게 보이는 이미지를 고려하고 반성하는 태도에서 나온다. 과학자 대부분은 교과서가 아니라 연구 현장에서 그런 암묵지暗默知를 습득한다. 과학은 공유하고 개방할수록 더 건강해지며, 과학의 결과물은 모두에게 공유되어야만 한다. 머튼이 정리한 과학자의 규범은 그런 공산주의적 태도야말로 과학자 사회의 가장 뚜렷한 특징이었다고 기술한다.*

문제는 현대의 생명과학자 대부분이 이기적이라는 데 있다. 표면상으로는 공동연구를 강조하고, 생명과학의 특성상 공동연구가 불가능한 환경 속에서 연구할 수밖에 없지만, 생명과학자 대부분은 이기적이다. 그 말은 자신의 연구 주제 너머에 존재하는 연구 분야의 건강한 발전, 사회적 의미 등을 전혀 고려하지 않고 연구에만 전념한다는 뜻이다. 특히 연구 주제가 의학적 응용에 가깝고 질병치료제나 줄기세포처럼 자본이 과도하게 투입된 분야의 연구자들은 아예 폐쇄적인 환경에서의 연구를 자랑처럼 이야기하는 게 현실이다. 즉, 자신의 연구가 인류의 숙원을 풀 너무나도 중요한 연구이기 때문에, 그 연구가 완결되기 전까지는 연구의 결과를 공개할 수 없다는 논리다. 어불성설이다. 결국 그 연구의 이익은 인류가 아니라 연구자 개인과 연구비를 투자한 기업에게만 돌아가게 된다.** 그것이 현대 의생명과학 분야에서 초

* 머튼 명제에 대한 자세한 논구는 다음 필자의 졸고를 참고할 것. 김우재. (2016). 과학이 삶에 봉사하는 방식에 대해: '과학적 삶의 양식'에 대한 소고 1. 〈과학동아〉 5월호.

** 과학의 상업화에 대한 필자의 간략한 글을 참고할 것. 김우재. (2018). 부자과학자의 탄생. 〈한겨레 21〉.

파리 연구공동체와 같은 공유의 전통이 흔들리고 사라져버린 이유다.*

초파리 유전학은 단지 질병치료를 위한 기초연구로서만 가치 있는 학문이 아니라, 과학공동체가 지켜야 할 규범과 에토스의 원형을 잘 간직하고 있는 연구공동체로서도 가치가 충분한 분야다. 게리 루빈은 초파리 유전학계에서 가장 영향력 있고, 가장 유명하지만, 도덕경제 전통의 수호자로 스스로를 자리매김한다. 바로 그가 세계에서 가장 창조적인 연구소를 운영하고 있다. 초파리 유전학자가 건강한 과학자의 모범이라고 감히 이야기하기는 어려울지 모른다. 하지만 자신의 학생들에게 연구의 비밀을 타인에게 절대 이야기하지 말고, 연구 재료들을 절대 공유하지 말라고 교육하는 줄기세포, 암, 치매 연구자들보다는, 초파리 유전학자가 더 나은 과학자의 모델이라는 건 확실하다.**

* 과학지식이 상업화되어가는 과정에 대한 좋은 책으로는 셸던 크림스키의 《부정한 동맹》 (김동광 옮김, 궁리, 2010)을 권하고, 다음의 논문을 읽어보기를 바란다. 김상현. (2010). 현대과학은 누구와 손을 맞잡는가: 셸던 크림스키 《부정한 동맹》. 〈창작과비평〉 38(3), 466-469.

** 초파리 연구공동체의 위대한 성과를 다룬 최근 종설논문으로 다음을 추천한다. Bilder, D. & Irvine, K. D. (2017). "Taking stock of the Drosophila research ecosystem", *Genetics*, 206(3), 1227-1236. doi.org/10.1534/genetics.117.202390

게리 루빈의 개방된 공유정신과 자넬리아의 모험적 과학연구는 어쩌면 HHMI라는 재단이 보유하고 있는 자산의 규모에서 비롯되는 것인지 모른다. 과학과 과학자에 대해 아인슈타인 혹은 다윈 정도의 고전적 이미지를 지녔다면, 현대과학의 축이 20세기 유럽에서 미국으로 넘어가면서 변화한 환경을 모르고 있는 독자일 가능성이 크다.*** 20세기 초중반의 미국에서, 특히 의생명과학 분야가 연구의 중심으로 떠오르면서, 과학은 자본을 투입한 만큼 성과가 나타나는 분야로 변화했다. 모든 의생명 분야가 그런 것은 아니다. 하지만 인간유전체 계획이 가장 극명한 사례다.**** 규모의 경제라는 말이 있듯, 이제 규모의

*** 미국 과학의 상징으로 흔히 원자폭탄의 아버지라고 불리는 오펜하이머를 들 수 있을 것 같다. 그에 관한 책이 '아메리칸 프로메테우스'라는 제목으로 출판되어 있다. 카이 버드·마틴 셔윈. (2010).《아메리칸 프로메테우스: 로버트 오펜하이머 평전》. 최형섭 옮김. 민음사. 특히 다음의 인터뷰를 참고할 것. 강양구. (2010). 핵에 홀린 한반도 "지금 우리는 모두 '개자식'이다!" 〈프레시안〉.

**** 인간유전체 계획은 초국가 간 협력을 추진했던 과학자 그룹과 기업체의 경쟁이기도 했다. 바로 이 사실이, 20세기 미국에서 벌어진 의생명과학의 비참한 현실을 알려주는 상징이기도 하다. 돈 많은 사람이 더 좋은 결과를 만든다. 생명과학의 많은 실험기법들이 자동화되면서 이 경향은 더욱 강해지고 있다. 미국을 중심으로 생겨난 인간유전체 계획이라는 거대한 생물학의 탄생에 대해선 다음의 논문을 참고할 것. Collins, F. S., Morgan, M. & Patrinos, A. (2003). "The Human Genome Project: lessons from large-scale biology", *Science*, 300(5617), 286-290. 인간유전체 계획을 주도했던 존 설스턴은 초파리 유전학에서 파생된 선충 유전학의 계보에 서 있는, 과학이 지닌 공유의 정신을 지녔던 인물이다. 그는 인간유전체 계획에 뒤늦게 뛰어든 자본주의에 물든 과학자 크레이그 벤터Craig Ventor와 경쟁하면서 인간유전체에 특허가 매겨질 위기로부터 우리를 구해냈다. 크레이그 벤터는 자신의 DNA를 레퍼런스로 사용했고, 존 설스턴은 무명인의 것을 사용했다.

과학이라는 말도 가능하다. 자넬리아가 소속된 HHMI는 하워드 휴스Howard Hughes가 남긴 수십조의 자산으로 운영되며, 이 말은 잘 운영만 한다면 아무리 써도 마르지 않을 정도의 돈이 있다는 뜻이다. HHMI는 미국 전역과 타 국가를 포함해 약 300여 명의 HHMI 연구위원을 위촉하고 이들이 지도하는 2,000여 명 이상의 인력을 지원한다. 이들이 한 해에 지출하는 돈은 수천억 원에 달한다.*

마블의 어벤저스가 돌풍을 일으키면서, 엄청난 부자이면서 엔지니어이기도 하고 또 슈퍼히어로이기까지 한 아이언맨의 현실 모델로, 일론 머스크Elon Musk 테슬라 회장이 거론된다. 하지만 하워드 휴스야말로 아이언맨의 이미지에 더 잘 어울리는 괴짜일지 모른다. 미국 역사에 기록된 부자들의 목록에서 가장 미치광이로 기억되는 한 인물, 르네상스맨 하워드 휴스의 재산이 현재 미국 의생명과학의 기초 분야를 생존시키는 밑거름이 되었다. 그렇다면 역사는 하워드 휴스를 기초과학에 가장 기여한 부자로 기억해야 할지도 모른다. 하지만 하워드 휴스라는 부자의 선한 의지가 의생명과학 분야에 그 막대한 돈을 쏟아붓게 한 동인은 아니다.**

이 두 사람이 과학을 바라보는 관점에는 엄청난 격차가 존재한다. 존 설스턴에 대해선 다음의 〈가디언〉 기사를 참고할 것. www.theguardian.com/science/2002/oct/09/genetics.science

* HHMI의 자세한 지원방식과 규모에 대해선 〈오마이뉴스〉의 다음 기사를 참고할 것. 정현희. (2009). 하워드휴스의학연구소의 연구지원 방법. 〈오마이뉴스〉.

** 하워드 휴스에 관한 쉬운 소개와 휴스 재단 이야기는 남궁석 박사의 블로그를 참고할 것. 남궁석. (2013). 하워드 휴스: 항공기 덕후에서 생명과학계의 영원한 물주까지. https://goo.gl/G6Hpwb

하워드 휴스는 항공기에 미친 인물이었다.*** 그는 한국적 의미에서 재벌이었고, 극적이고 또한 의도하지 않은 이유로, 하워드휴스의학연구소를 세워 미국 생명과학계의 과학적 건강성을 유지하는 데 기여하게 된다. 복잡한 소송의 역사가 있지만, 이야기를 단순화하자면 다음과 같다. 휴스는 세금을 내지 않을 목적으로 휴스 항공사가 지닌 대부분의 주식을 HHMI에 증여한다. 바로 이 행동 때문에 그는 죽기 직전까지 국세청과 싸워야 했다. 그런데 하워드 휴스는 유언장도 없이 죽었다. 더욱 중요한 건 그에게 유산을 물려줄 자식도 없었다는 사실이다. 갑자기 엄청난 자산을 보유하게 된 HHMI 재단은 소송을 제기한 휴스의 유족과 법정 다툼을 벌이게 되고, 미국 대법원은 재단의 손을 들어준다. 바로 이 판결로 재단이 휴스 항공사를 5조 원에 팔아치우면서 현재 HHMI의 역사가 시작되었다. 여기까지가 비행기에 미친 괴짜 부자 휴스의 돈이 미국 의생명과학의 민간기금으로 넘어오게 된 간략한 역사다.

HHMI를 지지하는 가장 중요한 철학은 한 줄로 요약될 수 있다.

"프로젝트가 아닌 사람에 투자한다People, not projects."

프로젝트에 투자하지 않는다는 말은, 어느 분야건 유행을 가리지 않고 투자한다는 뜻이다. 사람에 투자한다는 말은, 과학도 인간이 수행

*** 〈에비에이터The Aviator〉(2004)라는 영화는 비행기와 영화에 대한 하워드 휴스의 집착을 잘 그려내고 있다.

하는 활동이라는 뜻이 함축되어 있다. 국민의 세금이 투자되기 어려운 기초연구, 특히 장기적인 안목으로 투자해야 하는 모험적 연구를 시도하는 연구자에게 지원을 아끼지 않음으로써 젊고 재능있는 전 세계의 연구자들이 의생명연구에 뛰어들 수 있는 환경을 조성한다는 철학, 이 멋진 철학을 만든 인물이 누구인지는 그다지 잘 알려져 있지 않다. 한 가지 단서는 1976년 휴스가 죽고, 1985년 HHMI가 휴스 항공사를 팔아치우는 데 결정적 역할을 했던 인물이, 전직 미국 국립보건원NIH의 디렉터였던 도널드 프레드릭슨Donald S. Fredrickson이라는 사실이다.

프레드릭슨은 몇몇 잘나가는 과학자들에게만 집중되고 마치 마피아처럼 권력관계를 통해 유지되던 미국 연구비 시스템에서 탈피해, 적극적으로 우수한 연구자를 찾아나가는 시스템을 HHMI에 정착시킨 인물이다. 하지만 그는 1984년 디렉터에 임명된 후 3년 뒤 공금횡령 혐의를 받고 물러난다.* 지금도 HHMI의 공식 웹사이트에 그의 이름은 없다. 하지만 그는 HHMI를 미국 의생명과학계를 오래된 관료주의에 묶어두었던 올드보이들로부터 구해냈다. 이후 HHMI의 디렉터로

* 흥미로운 일이다. 현재 20조가 넘는 자산으로 한 해에 7,000억이 넘는 돈을 기초과학에 퍼붓는 민간재단의 건강한 철학을 만들었을 선구자 중의 한 명이, 결국은 공금 횡령으로 불명예스러운 퇴진을 했다는 사실은 도대체 무얼 말해줄까. HHMI 정도의 규모의 과학에선 누가 디렉터가 되건 과학적 성과를 낼 수 있는 운명이 아닌가 하는 그런 생각까지 들 정도다. 물론 그런 극단적인 규모의 과학이 적절한 리더십 없이 이루어질 수는 없을 것이다. 22조 원을 강에 처박고도 아무 진전이 없는 경우를 우린 봐왔으니까 말이다.
흥미로운 사실은 그의 아내가 HHMI 운영에 비선실세처럼 관여하면서 그의 연구소 운영에 대한 본격적인 조사가 이루어졌다는 것이다. 마치 최순실 사태를 떠올리게 한다. www.the-scientist.com/?articles.view/articleNo/8750/title/HHMI--Bitterness-Remains/

임명된 인물은 퍼넬 쇼핀Purnell W. Choppin이다. 퍼넬은 바이러스 학자였으며 HHMI의 과학자 수를 획기적으로 늘려가기 시작했다.[8] 이후 조지 손George Thorn 등의 디렉터를 거치며 지난 60여 년간 하워드휴스의학연구소는 의생명과학의 진보를 분명히 촉진시켜왔다.**

HHMI의 역사는 의생명과학의 혁신적인 발견이 단일한 경로가 아니라 다양한 방식으로 이루어질 수 있다는 사실을 분명히 보여준다. HHMI가 지난 60여 년간 기초연구를 지원하면서 발견한 가장 중요한 사실 중 하나는, 기초적이고 중요한 생물학적 질문에 매진했던 연구자들에게 지속적이고 안정적인 연구환경을 조성해주는 방법만이 혁신적 연구에 이르는 가장 확실한 길이라는 확신이다. HHMI의 의생명과학 분야 투자를 연구한 로버트 트잔Robert Tjian은 지난 HHMI의 실험을 다음처럼 요약했다.

> "지난 60여 년간 의생명과학을 지원하는 다양한 지원방법을 실험하면서, HHMI는 과학을 전진시키는 네 가지 주요한 전략에 초점을 맞춰왔다. 첫째, 사람을 고르고 지원하되 프로젝트는 신경쓰지 않는다. 바로 이 방법이 기존의 모델을 완전히 바꾸는 발견을 촉진시키고, 결국 인간 질병에 대한 더 깊은 이해와 치료에 이르게 하는 가장 효과적인 방책이었다. 둘째, 끊임없이 기초연구를 강조하고 지원하는 것이다. 근대 의학의 기초를 이

** 휴스의 죽음부터 HHMI가 운영된 간략한 역사는 다음 웹페이지를 참고할 것. bcmbnews.com/2012/11/02/an-enduring-accomplishment-the-founding-of-the-howard-hughes-medical-institute/

루는 모든 발견은 기초연구로부터 나왔기 때문이다. 생물학의 복잡한 과정과 인간 생리학을 이해하려면 더 많은 발견이 완벽하게 이루어져야 하며, 기초연구에 대한 지원은 계속되어야 한다. 셋째, 다양한 분야와 다양한 배경을 지닌 최고의 인재들이 의생명과학 분야에 진출할 수 있는 기반을 마련하는 것이다. 특히 21세기의 생명과학처럼 복잡한 문제들이 즐비한 상황에선 더욱 그렇다. 넷째, 더 많은 의학자들이 단지 환자를 돌보는 데서 그치지 않고 기초과학의 발견과 의학을 연결시켜 다음 세대의 의생명과학으로의 도약을 이루는 것이다."[9]

최근 HHMI는 버로스 웰컴 기금BWF와 함께, 생명과학 분야에 발을 디딘 연구자들의 생존가이드북을 만들어 배포하고 있다. 누구나 다운받아 볼 수 있는 이 전자책은 박사후연구원과 교수를 대상으로 대학에서 교수직을 수행하기 위해 필요한 생존기술을 알려준다. 이들이 만든 책, 《과학자가 올바른 방향으로 향하도록 훈련시키는 법Training Scientists to Make the Right Moves》는 정말 세밀하게 아무도 알려주지 않는 과학자들의 암묵지를 알려준다. 누군가와 공동연구를 할 때 필요한 기예들, 세미나 스피커를 소개하는 방법, 연구비를 운영하는 법, 학회를 조직하고 성공시키는 법, 대학원 과정에서 정식 과목으로 채택되지 않지만 과학자로 살아가기 위해 누구나 배워야 하는 일종의 매뉴얼 등 국가도 지도교수도 가르쳐주지 않는 일을 민간재단인 HHMI가 하고 있다.* 비록 하워드 휴스가 의생명과학 분야에 대한 이런 인간적인 철학을 가지고 그의 주식 모두를 증여한 건 아닐 테지만, 역사라는 우연으로 가득한 여행에선 선한 의지를 가진 과학자 집단이 욕망으로 가득한 부자의 실수를 축복으로 바꿀 수도 있는 것이다.

HHMI를 운영하는 철학의 깊이는, 자본주의적 욕망으로부터 기초학문을 지키기 위해 노력한 과학자들의 깊이와 같다. 바로 그 철학의 깊이가, 계획의 장대함을 추동한다. 자넬리아라는 거대한 계획은 그렇게 시작할 수 있었다. 그리고 21세기 초파리 유전학의 가장 핵심적인 진보는 이곳을 중심으로 벌어지고 있다.

* 다음 주소에서 내려받을 수 있다. www.hhmi.org/developing-scientists/training-scientists

생명과학을 둘러싼 연구환경은 전체적으로 증가하고 양적으로는 분명히 증가해왔다. 하지만 개개인의 연구자에게 피부로 느껴지는 현실은 무한경쟁으로 치닫는, 동시에 연구비의 양극화가 진행되고 있는, 피라미드식 구조의 지속가능하지 않은 시스템이다. 이런 상태에서, 현대 의생명과학이 암, 줄기세포, 치매 등의 선진국형 질병과 치료에 집중적으로 지원하는 이유를 상상하는 건 어렵지 않다. 바로 그런 주제들이 미국, 한국, 일본, 유럽의 국민들이, 과학자가 연구해주길 바라는 분야이기 때문이다. 정부 주도 과학정책의 귀결은 언제나 비슷하다고 할 수 있을 정도로, 국민의 세금이 투입되는 지원 분야에서 국민의 관심사가 반영되지 않을 도리는 없다. 하워드 휴스가 의도하지 않은 실수로 세워진 자넬리아에서 새로운 생명력을 얻은 초파리 유전학의 현실이 분명히 말해주는 사실이 있다. 그건 바로 초파리 유전학처럼 기초적이고 장기적으로 투자해야 할 분야에, 더는 정부도 국민도 관심을 갖지 않는다는 비극적인 결말이다. 아무리 기초과학이 중요하다고 말해도 마찬가지다. 새로운 지원군을 얻지 못하면, 초파리 유전학을 비롯한 기초과학은 곧 사라질 운명에 처해 있다.*

그럴 만한 이유가 있다. 과학을 둘러싼 제도들이 과학에 필수적이기 때문이다. 과학은 기술과 밀접한 상호작용을 통해 발전해왔다. 바로

* 이에 관해선 필자가 공저한 다음 책의 해당 부분을 참고할 것. 김우재. (2017). 기초라는 혁명. 《4차 산업혁명이라는 유령》. 휴머니스트.

그 이유 때문에 시대적 맥락에 따라 과학은 침략의 정당화 도구, 정치적 구호, 혹은 경제 발전의 이념으로 악용되어왔다. 그래서 존 지만John Ziman은 "과학은 더 이상 기술과 분리해 생각할 수 없으며, 기술과학Technoscience이라고 불러야 마땅"하다고 말한다. 과학은 관료화, 산업화, 거대화되었다. 그 흐름을 따라 과학자들이 그들의 전통 속에서 암묵적으로 정착시켰던 과학의 규범들CUDOS, 공유주의Communism, 보편주의Universalism, 무사무욕Disinterestedness 그리고 조직화된 회의주의Organized Skepticism 또한 과학을 둘러싼 정치사회경제적 제도들의 변화 속에 변질되거나 잊혀가고 있다.[10] 기초과학을 지원해야 한다는 단순한 구호 이전에, 기초과학의 위기를 바로 이런 현대과학의 변질 속에서 이해해야 한다. 이런 맥락에서 과학연구가 가치중립적이라는 순진한 발상은 설 자리를 잃는다. 과학연구는 그 연구를 둘러싼 제도가 만들어내는 정치경제학과 문화로부터 결코 자유롭지 않다.

과학계가 처해 있는 현실은 참담하다. 우리는 더 이상 교과서에서 배웠던 과학자의 모델을 찾을 수 없다. 그런 과학자가 되고자 하는 학생도 보이지 않는다. 자넬리아의 복도에 걸린 생물학의 영웅들은 더 이상 우리 곁에 존재할 수 없다. 기술과 밀접한 몇몇 분야의 과학을 제외한다면, 기초과학의 토대는 허물어져가고 있다. 이는 한국에 특수한 것이 아니라, 전 세계적인 현상이다. 〈네이처〉지는 2015년에만 26만 명의 과학기술 분야 박사학위 소지자가 등장할 것으로 예측했는데, 이는 2002년의 두 배에 달하는 수치다. 2011년 〈네이처〉지에 '학위공장PhD factory'[11]이라는 제목의 보고서가 실렸다. 과학기술의 선도자 역할을 자처하던 미국에서조차 과학기술 분야 박사학위 소지자들의 실업 문제가 심각하다는 내용이다. 근본적인 문제는 대학이 학위로 장사를 한다는 것이다. 과학기술계는 대학과 보조를 맞춰 거짓말을 하고 있다. 현실에서는 공급의 과잉이 문제인데, 박사학위 소지자가 부족하다는 엉뚱한 보고서를 정부에 제출하는 것이다.

미국의 사정이 이러니 한국은 더 심각하리라 짐작할 수 있다. 한국의 경우 과학만 심각한 상황인 것은 아니다. 비슷한 이유 때문에 한국의 인문학은 고사 중이다.[12] 우리는 아이들에게 아인슈타인과 다윈의 이야기를 통해 과학자를 상상하게 만드는 교육이, 과연 건강한 것인지 물어야 한다. 이 상태대로라면 우리 아이들이 그런 과학자가 될 제도적 여건은 곧 사라진다. 어른들이 해야 할 일은 아이들에게 거짓말을 하는 것이 아닐 것이다. 어른은 아이들이 건강하게 자랄 환경을 만들어주어야 한다. 그건 제도를 새롭게 혁신하는 방식으로만 가능하다.

과연 왜 기초과학을 지원해야 할까? 그건 기초과학이 국가의 입장에선 생명보험의 성격을 지닌 분야이기 때문이다.[13] 자기가 곧 죽을 것이라 생각해서 생명보험에 가입하는 사람은 없다. 보험은 혹시 모를 재난에 대비하는 예방의 성격을 지닌다. 기초과학으로 창출된, 단기적으로는 쓸모없어 보이는 지식은, 향후 혁신기술의 자양분이 되기도 하며, 다양한 지식과 융합해 시너지를 창출하는 일종의 지식창고 역할을 한다. 물론 기초과학을 반드시 생명보험에 빗대 지원해야 한다는 뜻은 아니다. 하지만 기초과학에 대한 투자는 그런 성격의 투자여야 한다.

비유를 바꿔보자. 한국 영화시장에서 주연급이 된 배우들 대부분이, 열악한 상황에 놓인 연극계에서 배출된 것은 주지의 사실이다. 연극계를 기초과학에, 영화계를 산업계에 빗대 생각해보자. 연극계가 없다고 해서 영화계가 망하지는 않을지 모른다. 다만, 우리는 설경구, 송강호, 황정민처럼 현실의 경험을 연기로 표현해 우리에게 카타르시스를 안겨주는 배우를 만날 수 없을 뿐이다. 누군가는 연극처럼 큰 수익이 나지 않는 예술 장르에 장기적 안목으로 계속해서 지원해야 하는 이유를 물을 수 있다. 그것은 전적으로 사회가 합의해야 하는 일이며, 사회의 문화적 수준에 따라 결정될 일이다. 기초과학에 대한 지원도 마찬가지다. 한 사회가 지닌 기초과학의 수준은, 그 사회가 과학을 대하는 수준에 의해 결정된다.

기초과학에 대한 한국사회의 콤플렉스와 환상은 황우석 사태와 노벨상에 대한 집착으로 표출된다. 우리는 교과서와 미디어를 통해 과학 선진국의 과학자들을 모델로 과학을 접해왔지만, 우리 주위에 그런 과학자가 없다는 모순에 직면해 있다. 이는 과학문화활동이 왜곡시킨 과학의 이미지가 한국사회에서 과학마저 왜곡시켰기 때문이다. 과학문화활동의 역사는 오래되었지만, 과학은 한국사회의 문화로 깊숙이 스며들지 못하고 겉돈다. 그 이유는 현장의 과학이 우리 사회에 제대로 뿌리내릴 기회가 없었기 때문이다.* 기초과학을 증진하자는 사회적 합의는 이루어져 있지만, 정부와 민간의 구체적인 계획은 병들어 있다.**

* 이에 관해선 필자의 졸고를 참고할 것. 김우재. (2017). 새로운 과학운동을 향해. 〈BRIC〉.

** IBS는 기초과학을 증진시킨다는 숭고한 목적으로 설립된 한국형 기초과학 기지다. 하지만, 독일의 막스플랑크 연구소를 모방한 IBS의 운영방식은 재벌에 의해 독점되는 한국 기업의 생태계를 닮았다. 재벌이 경제를 일으키는 데 기여한 점을 부정하자는 게 아니다. 문제는 그 모델이 21세기, 누구나 인정하는 이 4차 산업혁명의 시기에도 지속가능한가 하는 점이다.

즉, 기초과학이 노벨상을 위해 진흥되어야 한다는 도구론적 관점은 진정한 의미의 기초과학 진흥책이 될 수 없다. 기초과학이 지닌 문화적 함의는 노벨상 따위의 국격이 아닌, 당연히 우리 사회의 발전이어야 하고, 국가의 필수요소인 저장고로서의 기초학문을 보장하는 방식이어야 하기 때문이다. 기초과학은 수단이 아닌 목적이다.*

기초과학은 말 그대로 기초적 성격을 지닌다. 국가의 기초에 헌법이 존재하듯이, 기초과학은 한 국가의 산업기술이 장기적으로 튼튼한 체력을 지닐 수 있는 자양분을 제공한다. 당장은 돈이 되는 것처럼 보이지 않는 기초과학에 대한 투자는, 따라서 긴 안목과 호흡의 철학을 지니고 추진되어야 한다. 정부는 긴 호흡의 정책을 짜야 하는데, 정부 정책은 국민의 세금으로 운영되는 만큼 국민 대다수의 암묵적 동의가 전제되지 않은 항목에는 지출할 수 없다. 즉 연속성을 담보할 수가 없는 것이다. 한국의 역대 정부가 보여준 과학기술정책은 바로 이러한 비연속성의 참담한 결과다.

기초과학은 기업에겐 버거운 짐이라 정부에 떠넘겨지고, 정부는 기초과학에 대한 제대로 된 철학을 정립하지 못한 채 정부 수립 후 60년을 흘려보냈다. 정부처럼 보수적인 조직이 기초과학처럼 창의적이고 자율성이 중요한 분야를 지원할 때 성과는 제한적일 수밖에 없다. 특히 한국처럼 과학적 전통이 전무한 곳에서는 더더욱 그렇다. 한국사회의 기초과학이 처한 문제를 해결하기 위해서는 시장도 정부도 아닌 제3의 방식을 디자인해야 한다.

* 졸고 참조. 김우재. (2010). 문화로서의 과학 그리고 과학사. 〈사이언스타임즈〉.

제3섹터의 과학

한국엔 왜 HHMI나 자넬리아 같은 민간연구재단이 존재하지 않을까. 과학을 지원하는 기준에서, 기업은 단기간의 이익만 생각하고, 정부는 국민의 눈치를 봐야 하며, 국민의 생각이란 언제나 가변적이기 마련이다. 만약 기초과학이 사라진 사회를 견뎌낼 합의가 있다면, 기초과학을 지원할 필요는 없다. 기초과학을 지원하지 않는 수많은 국가들이 존재한다. 선진국의 기초과학 수준이 높은 이유가, 그들의 과학 역사가 오래되었기 때문인지, 혹은 기초과학이 일군 성과들이 경제적 효과로 나타난 것인지 불확실한 상황에서, 기초과학을 국민 세금으로 지원해야 한다는 논리는 그다지 합리적이지 않다. 기초과학자는 지난 수백 년 자연의 비밀을 풀어내고도 사회에서 대접받지 못하는 스스로의 자존심을, 기업 혹은 정부와 국민에만 구걸하지 않고, 그들의 연구를 지속할 수 있을까. 어쩌면 제3지대를 통해서만 기초과학의 발전이 가능할지도 모른다. 초파리 유전학이 그렇게 생존해가고 있듯이, 인류에게 분명히 의미 있는 연구지만 기업과 정부 모두로부터 버림받은 연구들을 구해낼 방법은 분명히 있다. 그것이 제3섹터를 통해 과학을 지원하는 새로운 시스템이다.

서구에서 제3섹터란 시민사회라는 이름으로 표현된다. 한국의 여러 NGO들과 미국의 비영리조직 등이 모두 이에 속한다. 연원을 거슬러 올라가면 제3섹터는 근대국가보다 더 오래전부터 존재했다.[14] 사회의 발전 과정에서 시장과 국가가 성장했고, 그 둘의 역할이 어느새 사회 대부분의 재원을 독식하는 구조로 변모했지만, 여전히 국가도 시장도 해결할 수 없는 다양한 형태의 공공적 문제들이 존재한다. 정부는 지나치게 거대하고 느리며, 기업은 이기적이고 약삭빠르기 때문이다. 제3섹터는 바로 그 간극의 문제를 해결하기 위해 등장한 조직의 형태다. 가장 간단한 예로 HHMI가 가장 잘 운영되는 제3섹터이며, 한국의 '아름다운재단'도 제3섹터의 일종이다. 한마디로 말해서, "제3섹터란 국가나 시장과 구분되는 공동체적 영역을 지칭하며, 비영리적 성격을 갖는 모든 사회적 활동영역"을 의미한다.[15] 일반적으로 제3섹터의 과학기술투자는 비영리민간재단Non-profit organization의 형태로 이루어진다.[16]

비영리민간재단이란 비영리, 민간 그리고 재단이 하나로 합쳐진 말이다. 즉, '비영리' 혹은 '공익'이라는 사회적 목표를 지녔고, '민간'이라는 정치적 형태로 구성되며, '재단'이라는 경제적 지원을 표방하는 조직을 뜻한다. 비영리와 공익은 '재단'이라는 법적 실체를 띠는데, 일반적으로 재단foundation이란 "비영리조직의 법적인 형태를 말하는 것으로서 일반적으로 공익적(또는 자선적) 목적을 가지고, 공익활동을 수행하는 다른 비영리 조직을 재정적으로 지원하거나 재단이 직접 공익활동을 수행하는 데 소요되는 재원을 제공하는 조직"으로 정의된다. 쉽게 말해서 정부와 기업의 중간지대에 존재하는, 공익적 차원의 지원이 필요한 분야를 위해 한 곳으로 돈이 모이면, 그것이 비영리민간재단이 되는 셈이다. 공익을 어떻게 정의하느냐는 사회의 수준에 따라 천차만별일 수 있다. 자선사업에서 말라리아 치료까지, 비영리재단이 공익으로 정의하는 분야는 다양하다.

재단이라는 말이 자주 사용되지만, 그 단어의 명확한 의미를 아는 사람은 드물다. 재단의 역사는 중세로 거슬러 올라간다. 그리고 중세

ㅇ 현대적 관점에서 바라봐도, 멘델의 완두콩 실험은 실용적 의미라고는 전혀 없는 순수한 기초과학이었다. 중세의 수도원이야말로, 기초과학을 잉태한 비영리민간재단의 시작이었다. 가장 종교적인 그 공간에서 가장 과학적인 연구가 보존되었고 현대에 이르게 된 셈이니, 역사란 진정한 아이러니의 연속이다.

의 수도원이야말로 비영리민간재단의 원조라고 할 수 있다. 그 당시 수도원은 문화의 보존기관, 전수기관, 피난처 그리고 탐구의 중심 역할을 수행했다. 유전학의 아버지라 불리는 멘델은 수도사였고, 당시의 기준에선 기초과학에 불과했던 완두콩의 형질을 연구했다. 바로 그 멘델의 유전학이 수도원에서 탄생한 건 우연이 아니다. 수도원의 기초과학 연구는 당시 유럽의 초기 대학으로 넘어가지 못했다. 당시 유럽의 대학들은 르네상스 말기에 제도화된 자연과학을 제대로 흡수하는데 실패한다. 그 귀결로 당시 자연과학자들은 '과학협회'를 만들어 자신들의 정체성을 제도화하는 한편, '보이지 않는 대학'과 같은 실험을 위한 지식네트워크를 출범시키고, 대학이 제공해주지 않는 경제적 지원을 민간 차원에서 이끌어내는 데 성공했다. 영국의 왕립협회는 바로 이러한 비영리민간재단이 성공적으로 제도화된 예라고 할 수 있다.[17]

이미 오래전부터, 당장 산업적으로 실용적이지 않은 기초연구는 민간 재단의 형태를 통해 지원되어온 셈이다.

재단이 새로운 형태의 민간조직으로 재탄생한 것은 미국에서였다. 19세기 미국의 경제사회사는 록펠러 등으로 대표되는 악덕 자본가의 세기였고, 이들의 탐욕과 낭비가 소스타인 베블런의 '유한계급론'이 탄생하는 역사적 맥락이다. 이러한 상황에서 시민들의 분노를 잠재우기 위한 수단으로 몇몇 부유한 개인들이 자선의 형태로 출범시킨 것이 비영리민간재단이다. 즉, 미국에서 출발한 현대적 의미의 비영리민간재단은 "제한적인 수입의 재분배 구조를 가지고 있던 사회에서 과도한 부의 문제를 해결하는"[18] 대안이었던 셈이다. 그렇게 19세기 미국에서 경제적 양극화를 해소하는 하나의 방안으로 공익재단이 시작된다. 현대적 의미의 공익재단은 미국이라는 기원을 가진다.

미국식 공익재단을 한마디로 정의하자면, '자선적 목표를 갖는 모험적 자본'[19]이라고 할 수 있다. 공익재단이 추구하는 사업을 흔히 '박애Philantrophy'라고 부르는데 이는 '자선Charity'과는 구분되는 개념이다. 자선이 단순히 개인적 차원에서 측은지심이 발현되는 감성적 성격이라고 한다면, 박애는 사회적, 구조적 변화를 염두에 두고 삶의 질을 향상시키고 사회의 구조적 변화를 위해 기부하는 적극적 성격을 지닌다. 미국 공익재단도 초기에는 약자에 대한 지원 등을 통해 사회적 문제를 직접적으로 다루는 자선 형태로 시작했지만, 점차 장기적으로 사회적 문제의 원인을 탐구하고 근본원인을 치유할 수 있는 해결방안을 찾는 박애의 형태로 목표를 바꿔나갔다. 이러한 인식의 전환을 '과학적 박애'라고 부른다. 자선은 사회적 부조리를 근본적으로 변화시키지 못하며 비과학적이라는 인식이 깔려 있는 셈이다. 역설적이게도, 과학이라는 개념은 이렇게 문화에 침투하는 방식으로 서구 사회를 긍정적으로 변화시켜왔다.

따라서 공익재단은 민간의 부를 공익을 위해 사용하는 기구 또는 기관이다. 재단에 적립된 기금은 정부나 기업 혹은 개인이 지원하기 곤란한 분야, 일정한 위험이 담보되고, 상당한 통찰력이 요구되는 분야에 사용된다. 재단은 자체 기금과 자체 이사진 및 전문가들에 의해 운영되는 프로그램을 갖고, 전방위에 걸쳐 사회에 영향력을 행사하는 제3섹터의 꽃이라고 말할 수 있다. 미국의 민간 공익재단은 2012년을 기준으로 86,192개가 운영되고 있으며 이들이 운용하는 자산만 715조 원에 이른다. 이들이 한해 공익의 목적으로 사용하는 지출만 57조 원으로 미국사회 전체 기부의 16%를 차지한다.[20] 특히 주목할 점은 과학기술에 특화된 재단들이 상당수 존재하며 이들이 미국정부와 기업이 담당하지 못하는 영역을 보완해, 미국의 기초과학을 이끌어가는 견인차 역할을 하고 있다는 것이다. 과학자로 학위를 취득하고 오랫동안 연구하는 이들은, 한 번쯤 이런 미국 공익재단의 펠로우십 혹은 장학금에 지원해본 경험이 있을 것이다. 바로 그런 자금의 출처가 바로 비영리민간재단이고, 바로 그 재단들의 존재가 현재 미국의 과학을 있게 했다.

20세기 초반은 물리학에서 기념비적인 사건들이 연달아 일어나던 시기였고, 아인슈타인을 비롯해 양자역학 탄생의 주역들이 모두 함께 활동하던 물리학의 전성기였다. 그 전성기를 압축하고 있는 사진이, 1927년 8월 브뤼셀에서 열린 제5차 솔베이 회의Solvay Conference에서 찍힌 사진이다.

양자역학의 기라성 같은 인물들이 모두 모인 이 회의야말로 물리학의 혁명적 변화를 예고하는 역사적 사건이었다. 하지만 솔베이가 지역 명칭이 아닌 기업가의 이름이라는 사실은 잘 알려져 있지 않다. 에르네스트 솔베이Ernest Solvay는 벨기에 브뤼셀에서 태어난 공업화학자다.

그는 암모니아-소다 제조법을 개발해 큰돈을 벌었고, 그 돈의 일부를 물리학과 화학 분야의 기초연구를 지원하는 데 사용했다. 바로 이 자선사업으로부터 물리학에 관한 솔베이 회의가 시작되었고, 그 회의는 양자역학과 원자구조에 대한 이론을 발전시키는 데 결정적인 공헌을 했다. 양자역학을 둘러싸고 아인슈타인과 닐스 보어의 논쟁이 벌어진 장소도 바로 이 솔베이 회의였다. 유럽이라는 공간에서 양자역학이 탄생할 수 있었던 배경에도 공익재단의 성격을 지닌 박애 활동이 놓여 있었던 셈이다.

이미 살펴보았듯이, 미국이 기초과학 역량을 지켜나갈 수 있는 핵심에 공익재단이 있다. 미국의 공익재단이 차지하는 규모는 수십조에 이르고, 한국과는 다르게 과학에 투자하는 재단이 상당히 많다. 바로 그 차이가, 사회가 과학을 상상하는 수준만큼 그 사회의 과학이 발전하는 이유다. 미국은 이미 19세기부터 캘리포니아의 거부 제임스 릭James Lick과 시카고의 찰스 여키스Charles T. Yerkes 등의 후원으로 천문대 설립 경쟁이 벌어져 불과 수십 년 만에 미국 전역에 140여 개의 천문대가 건설된[21] 역사를 가진 나라다. 미국 부자들의 과학 사랑이 유별나다고 말할 수도 있다. 이제 겨우 삼성과 아모레퍼시픽* 등이 과학연구에 기업의 돈을 공익적으로 사용하기 시작한 데 비해, 우리가 아는 미국 대부분의 부자들은 이미 한 세기 전부터, 과학연구를 위해 자신의 돈을 통 크게 기부하는 데 인색하지 않았다. 특히, 그 기부가 공익재단이라

* 최근 삼성이 삼성미래기술육성재단을 출범시켰고, 아모레퍼시픽의 서경배 회장이 서경배재단을 발족하며 기초생명과학 분야의 신진연구자들에게 장기적 지원을 약속한 것은 주목할 만한 일이다.

는 독립된 형태를 통해 신중하고 깊은 철학적 판단 속에서 이뤄졌다는 점을 기억해야 한다. 그 100년의 차이를 뛰어넘는 일은 쉽지 않다.

철강왕으로 유명한 앤드루 카네기Andrew Carnegie의 카네기 재단Carnegie Foundation은 1905년부터 교육의 발전이라는 공익적 목적으로 설립되어 저소득층 및 중산층 자녀에 대한 연방정부의 교육지원을 이끌어냈고, 지역사회에 도서관을 건립하는 대대적인 사업을 펼쳤다. 여기에 머물지 않고, 카네기 재단은 워싱턴에 카네기연구소를 설립하고 약 10억 달러의 자산을 통해 존스 홉킨스 대학의 발달생물학, 워싱턴 DC의 지구물리학연구소, 지자기 연구소, 천문대, 스탠퍼드 대학의 지구생태학 및 식물학 연구소 등의 6개 영역에 지원하고 있다.*

노르웨이 출신의 미국 재벌 카블리Fred Kavli가 6억 달러를 출연해 2000년 설립한 카블리 재단Kavli Foundation은 제2의 노벨상이라 불리는 '카블리 상'을 비롯, 노벨상이 다루지 못하는 기초과학 분야를 지원한다. 카블리 상은 노벨상과 달리 2년에 한 번 수여되며, 천체물리학, 나노과학 그리고 신경과학 및 이론물리학의 4개 부문에 수여된다. 카블리 상이 노벨상과 차별되는 또 다른 지점은 가까운 미래에 괄목할 만한 결과가 나올 것으로 예상되는 분야에 지원함으로써, 수상자가 죽으면 받을 수 없는 노벨상에 대한 비판을 보완하려고 한다는 점이다. 카블리는 1956년 아메리칸 드림을 꿈꾸며 노르웨이에서 도미했고, 노르웨이 공과대학에서 물리학을 공부한 전력이 전부인 인물이다. 하지만

* 이후 각 재단의 기초과학에 대한 지원을 기술하는 데는 다음 보고서가 큰 도움이 되었다. 이은정. (2012). 기초 과학 발전에 있어 사회 공익재단의 기여. 한국과학기술단체총연합회.

그 지식을 바탕으로 카블리코라는 회사를 창립, 감지기를 개발해 항공기와 자동차 업체에 팔아 큰돈을 벌었다. 카블리 상 외에도 카블리 재단은 예일 대학교, 컬럼비아 대학교, 스탠퍼드 대학교를 포함, 10개 대학에 연구기관을 설치하고 교수들을 지원하고 있다. 그 외에도 젊은 과학자를 대상으로 하는 심포지엄, 과학교육 비디오 제작 등의 사업을 펼치고 있다. 이 외에도 셀 수 없이 많은 민간 공익재단들이 정부와 기업이 담당하지 못하는 미국 과학의 영역을 지원하고 있다. 밴더빌트 대학Vanderbilt University처럼 거부가 세운 대학들이 있고, GM의 경영자였던 앨프리드 슬론과 GM 수석연구원 출신이자 타고난 발명가였던 찰스 케터링이 세운 메모리얼 슬론케터링 암센터Memorial Sloan-Kettering Cancer Center와 같은 연구소들을 미국 전역에서 쉽게 발견할 수 있다. 농담이 아니라, 미국 부자들은 여윳돈이 생기면 과학재단을 만든다고 할 수 있을 정도다.

실리콘밸리를 중심으로 하는 미국의 IT혁명 이후, 거부가 된 IT기업의 경영자들이 만든 공익재단들도 미국과 전 세계 과학을 지탱하는 큰 원동력이 되고 있다. 가장 유명한 것은 최근 빌 게이츠가 아내인 멜린다와 만든 '빌 & 멜린다 게이츠 재단'으로, 국내에도 백신연구소를 비롯 말라리아 퇴치 및 소아마비 치료를 위한 연구에 큰 지원을 하고 있다. 인텔의 창업자이자 고든 무어의 법칙으로 유명한 고든 무어는 '고든 & 베티 무어 재단'을 창립, 환경보호와 의료 분야에 대한 연구를 지원해왔고, 최근에는 빅데이터 과학에 대한 지원도 하고 있다. 빌 게이츠와 함께 마이크로소프트를 설립한 폴 앨런은 지난 한 해에만 2억 달러를 코끼리를 보호하는 단체에 기부했고, 앨런 협회를 만들어 뇌과학 연구를 후원하고 있다. 퀄컴의 창립자 어윈 제이컵스는 대학과 협력을 맺어 대학 내 사업을 지원해주는 방식으로 의대에 새로운 연구실을 만들어주고 과학기술에 대한 연구와 교육을 지원하고 있다. 래리 앨리슨 오라클 창립자도 따로 공익재단을 만들지는 않았지만 생물의공학 및 야생동물 보호에만 한 해 5천만 달러 이상을 기부한다. 최근에는 페이스북 창업자인 저커버그와 23 & Me의 창업자 등 실리콘밸리의 IT 부자들이 모여 '생명과학혁신상Breakthrough prize in Life Science'을 만들어 혁신적 연구를 수행한 과학자들에게 엄청난 규모의 연구비를 몰아주고 있다.* 저커버그는 최근 챈-저커버그 이니셔티브Chan Zuckerberg Intiative**라는 유한회사를 설립해 공익의 목적으로 자신의 모든 재산을 사용하기로 결정했으며, 이 중 상당수의 재원을 캘리포니아 근교의 대학들과 연구소에 투자해 모든 질병을 치료하는 의생명연구에 쓴기로 결정했다. 그 규모는 미국 국립보건원 예산의 1/10에 이를 정도로 엄청나다.[22] 미국 과학의 절반은 바로 부자들의 주머니에서 나온 공익재단을 통해 지원된다고 해도 과언은 아닐 것이다.

한국 과학기술 정책가들이 모델로 삼는 미국의 과학은, 공익재단의 역사이기도 하다. 하지만 한국엔 그런 과학에 지원하는 공익재단이 없다. 오래된 공익재단의 역사를 돌이켜보면, 자넬리아에서 초파리 유전

* 미국에는 이미 과학 자선활동 단체들의 연합(sciencephilanthropyalliance.org)까지 존재한다. 이 글에서 다루지 못한 소규모 재단들까지 합친다면 미국 기초과학의 상당 부분이 이런 민간 공익재단의 후원으로 유지되고 있다는 결론을 내리는 데 무리는 없을 것이다.

** www.chanzuckerberg.com

학이 새로운 모멘텀을 얻은 건 우연이 아니다.*** 이미 초파리는 몇 번에 걸쳐 공익재단의 도움으로 사회의 편견을 딛고 유전학의 새로운 역사를 쓸 수 있었다. 그 첫 역사는 초파리 유전학을 미국의 가장 유명한 과학으로 만든 토머스 헌트 모건의 시절로 거슬러 올라간다. 모건은 카네기 재단의 전폭적인 지지가 없었으면 초파리 연구는커녕 노벨상도 받지 못했을 것이다.[23]

*** 기초과학을 정부가 지원하라고 강요하는 한국의 과학단체들은 역사를 직시할 필요가 있다. 기초과학은 정부가 아니라 민간의 비영리재단을 통해 살아남았다. 그러니 과학계 원로들이 달려가야 할 곳은 국회의원 사무실이 아니라, 기업의 건강한 이미지를 원하는 CEO의 사무실이 되어야 할 것이다.

21세기 초파리 유전학이 자넬리아라는 연구소에서 하워드 휴스의 돈으로 생존하고 있고, 최초의 초파리 유전학이 모건의 실험실을 지원한 카네기 재단 덕분에 가능했다는 역사적 아이러니는, 설사 미국이라 해도 정부의 과학기술정책이 불확실한 기초과학의 지원에 무능하다는 점을 보여준다. 한국의 과학자들은 정부에 기초과학의 운명을 맡기려 하고 있지만, 역사를 살펴보면 정부의 정책이란 정권에 따라 예측불가능하게 변화하는, 신뢰할 수 없는 기둥이다.

더 흥미로운 사실이 있다. 미국 재벌들의 과학에 대한 사랑 중 가장 큰 사랑은, 가장 악독한 부자로 알려져 있는 존 D. 록펠러John Davison Rockefeller에게서 나왔다. 우리는 록펠러의 사례를 살펴볼 필요가 있다. 왜냐하면 록펠러 재단의 사례가, 재벌의 비윤리적 경영과 불법승계가 기승인 한국사회에서 재벌과 시민 그리고 과학자가 모두가 공존하는 방식에 대한 한 가지 대안을 제공할지 모르기 때문이다. 자명한 사실은, 록펠러 재단이 없었다면 현재의 분자생물학과 초파리 유전학도 존재할 수 없었을 것이라는 점이다. 역사란 원래 아이러니투성이이니 말이다.

미국 스탠다드 오일Standard Oil Co.의 설립자이자 국제적 거부였던 록펠러는 미국 역사에서 손꼽힐 만큼 부자였고, 그 악명도 대단한 인물이다. 그는 자신의 부에 대한 사회의 질투를 우려해 1913년 록펠러 재단Rockefeller Foundation을 만들고, "전 세계 인류의 복리를 개선"하겠다는 재단의 목표를 세웠다. 이후 록펠러 재단은 의료와 보건의 문제를 주요 관심의제로 설정하고 재단을 운영해왔다. 록펠러 재단이 공헌한 일은 셀 수 없이 많지만, 대표적인 예로 중국에 현대의학 교육기관을 설립하고, 존스 홉킨스 대학을 필두로 미국 대학에 위생과 공중보건학과의 설립을 지원했으며, 질병과 백신에 대한 연구에 많은 돈을 지출했다는 점을 들 수 있다. 또한 록펠러 재단이 기초과학에 가장 크게 기여한 것 중 하나는 20세기 전반 새로운 생물학이 제도화되는 과정에 필수적인 역할을 했다는 점이다. 바로 우리가 현재 '분자생물학'이라고 부르는 분야는 록펠러 재단의 전폭적인 지지로 인해 정착할 수 있었다. 이것을 돌려 말하면, 왓슨과 크릭이 1953년 DNA 이중나선 구조를 발견한 것도 록펠러 재단의 연구비 지원정책으로 가능했다는 뜻이다. 분자생물학이라는 학문의 탄생은 록펠러 재단의 지원과 떼려야 뗄 수 없는 관계를 지니고 있다.*

이미 언급했지만, 부자가 큰돈을 기부한다는 사실만으로 공익재단이 제 역할을 하는 건 아니다. 공익재단이 효과적으로 운영되기 위해선 그 이면에 깊은 철학적 고민이 있어야 한다. 또한 그 철학이 정립되었다면 재단의 설립자와 재단의 운영이 독립적으로 조직되어야 한다. HHMI가 그랬고, 앞에 언급한 대부분의 재단이 비슷한 방식으로 재단

* 그리고 현대생물학은 모두 분자생물학이다. 록펠러 재단과 분자생물학의 관계에 관해 가장 좋은 지침서는 미셸 모랑주의 책이다. 미셸 모랑주. (2002).《분자생물학》. 강광일, 이정희, 이병훈 옮김. 몸과마음. 필자도 록펠러 재단과 전령RNA의 발견과정을 다룬 적이 있다. 필자가 〈사이언스타임즈〉에 연재한 '미르이야기' 시리즈를 참고할 것.

을 운영한다.* 록펠러 재단은 수석과학자문을 수행했던 과학자 워런 위버Warren Weaver에게 전권을 주었다. 만약 워런 위버에게 전권이 주어지지 않았더라면, 1953년 왓슨과 크릭의 이중나선 구조의 발견은 이루어지지 않았을지 모른다고 말해도 과언이 아니다. 재단이 신뢰할 수 있는 전문가에게 기금의 운용을 위탁하고, 재단의 운영에는 최소한으로 관여하는 일, 바로 그 점이 록펠러 재단을 비롯해 미국의 공익재단에서 쉽게 만날 수 있는 운영철학이다.** 록펠러 재단이 없었다면, 분자생물학은 없거나 느리게 발전했을 것이다. 록펠러는 한국의 삼성보다 더 악랄한 기업으로 미국인들에게 기억되고 있지만, 과학자, 특히 생물학자들에게는 아니다. 그것은 바로 재단을 운영했던 이런 방식 때문이다. 재단을 과학자에게 맡기고 운영에서 손을 뗄 수 있는 배짱이 한국 재벌들에게 과연 있을지 사고실험을 해보면 흥미로울 것이다.

100년이 훌쩍 넘은 록펠러 재단의 과학지원활동의 직간접적인 수혜자 중에는 170명이 넘는 노벨상 수상자들이 포함되어 있다. 초파리 유전학으로 미국 과학의 유럽에 대한 열세를 뒤바꾼 토머스 헌트 모건과 유전학자 조지 비들George Beadle, 노벨 화학상과 평화상을 모두 받은 라이너스 폴링Linus Pauling 등이 모두 록펠러 재단의 후원 아래 연구를 수행할 수 있었다. 그리고 노벨상을 받지는 못했지만, 초파리 유전학의 역사에서 독특한 역할을 수행했던 과학자, 테오도시우스 도브잔

* 2017년 탄핵으로 우리 뇌리에 익숙한 미르 재단이나 K스포츠 재단이 어떻게 운영되었는지를 생각해보면, 왜 설립자와 운영이 분리되어야 하는지 명백히 보인다.

** 이러한 재단의 구조적 문제를 뒤에서 한국과 비교하도록 하겠다.

스키Theodosius Dobzhansky의 진화유전학 연구 역시 1940년대 록펠러 재단의 국제협력연구의 적극적인 지원을 받았다. 실제로 도브잔스키의 진화유전학 연구는 재단 펠로우십 제도를 통해 브라질 학자들과의 교류가 이루어지면서 가능해졌다.[24] 또한 록펠러 재단 덕분에 초파리 유전학은 브라질 유전학의 발전에 큰 기여를 하게 된다.***

앞에서 살펴보았듯이, 미국을 중심으로 설립된 공익재단은 기업이 벌어들인 이익을 사회에 환원하는 기능을 담당하는 조직으로 성장했고, 이것은 정부와 기업이 담당하기 어려운 기초과학과 모험적 성격이 강한 분야의 과학기술에 대한 지원으로 이어지고 있다. 큰 부를 거머쥔 개인이 세금을 회피하고 여론을 조작하는 수단으로 공익재단을 설립했다고 의심할 수 있다. 하지만 록펠러, 카네기, 포드, 빌 게이츠와 저커버그로 이어지는 각종 공익재단들의 사회에 대한 기여는 단순히 재벌의 자선 놀이로만 취급할 수 없는 사회적 순기능을 보여준다. 특히 셀 수 없이 많은 공익재단들은 정부와 기업이 간과하고 기능할 수 없는 영역에서 제3섹터의 자본이 해낼 수 있는 역량을 발휘하고 있으며, 궁극적으로 이러한 민간 주도의 실천을 통해 정부와 기업의 지원을 이끌어내는 역할까지 수행하고 있다. 바로 그곳에서 혁신의 씨앗이 탄생하고 있다.

*** 다음의 두 논문을 참고할 것. Arajo, A. M. D. (2004). "Spreading the evolutionary synthesis: Theodosius Dobzhansky and genetics in Brazil", *Genetics and Molecular Biology*, 27(3), 467-475; Pavan, C. & Cunha, A. B. D. (2003). "Theodosius Dobzhansky and the development of Genetics in Brazil", *Genetics and molecular biology*, 26(3), 387-395.

수만 개가 넘는 미국의 민간 공익재단들 중, 과학과 기술에만 지원하는 수백여 개의 재단이 있다. 이 자명한 사실이 한국사회에 던지는 교훈은 분명하다. 제3섹터의 과학이 가능하려면, 개인에게 몰려 있는 부가 사회로 쏟아져 들어갈 수 있도록 부의 재분배를 위한 제도적 정비가 필요하며, 이에 더해 그 사회적 재분배가 사회적 불평등과 사회문제의 근본적 원인을 분석하고 대안을 찾을 수 있는 방식으로 사용되게끔 하는 제도적 장치가 필요하다. 바로 이 측면에서, 기초과학과 모험적 기술에 스며든 제3섹터의 지원은 서구사회에서 기원한 과학의 문화적 유산이라고 볼 수 있다. 즉, 과학이 문화에 깊게 스며들고 제도가 뒷받침될 때 과학이 사회에 기여할 수 있는 긍정적 피드백을 명료하게 보여준 사례인 셈이다. 물론 이런 성과가 돈으로만 될 일은 아니다. 자본과 문화적 인식 그리고 제도적 건강성이 더해질 때에 가능할 것이다.

미국의 기초과학을 떠받치는 공익재단이 우리에게 전해주는 교훈은 분명하다. 기초과학의 활로는 정부가 아닌 제3지대 그리고 공익을 목표로 하는 재단의 역할에 달려 있다. 정부가 기초과학 연구를 주도하던 시대는 끝났다. 기초과학자들도 정부에만 자신들의 운명을 맡겨서는 안 된다. 이미 수십 년, 한국의 기초과학은 바뀌고 또 바뀌는 정책들로 신음해왔고, 야심차게 시작한 IBS마저 위기에 처했다. 더 이상 정부의 정책만을 쳐다보고 있으면 안 된다. 과학자는 사회를 직시해야 한다.

그러나 그와 같은 과학문화적 접근에 있어서 중요한 사실은, 과학문화운동을 과학교양science literacy의 증진이라는 좁은 의미의 과학문화운동으로만 접근할 경우 현대 과학기술체계의 복합적인 문제들을 효과적으로 논의하고 그 극복의 대안을 찾아 나아가기 힘들다는 점이다. 따라서 국가, 기업, 과학자들 자신의 공동체를 포함하는 시민사회 그리고 종교와 법, 윤리, 교육 등을 포괄하는 문화체계들에 내재되어 있는 과학문화의 부분문화들subcultures 간의 역동적인 사회과정(정책결정을 위한 공적담론과 사회운동 등)을 통해 사회적 합의를 이루어내는, 민주적인 과학문화 형성을 추구하는 과학문화운동이 되어야 할 것이다.[25]

도대체 언제부터 과학자들이 자신의 운명을 정부에 맡기게 된 걸까? 정부 주도의 과학기술정책이 보편화된 것은, 근대국가가 시작되고 과학기술이 국가발전에 중요하다는 인식이 생긴 이후의 일이다. 따라서 정부 주도의 과학기술정책의 방향은, 국민과 국가의 발전이라는 도구적 관점에서 결코 자유로울 수 없는 태생적 한계를 지니고 있다. 기초과학이 위기에 처해 있다는 상황인식은, 바로 이 정부 주도의 과학기술정책이 과학기술예산의 대부분을 차지하는 한국에서 더욱 심각하게 나타난다. 특히, 기초과학에 대한 사회적 합의가 단 한 번도 무르익지 못한 한국적 상황에서, 기초과학의 숨통을 틀 수 있는 공익재단의 필요성은 그 어느 때보다 절실하다.

미국에서 기초과학을 지원하는 공익재단의 존재는 부러운 일이다.

그렇다고 150년 넘은 역사를 가진 미국의 공익재단 모델을 당장 한국에 들여온다는 건 불가능하다. 부자들이 공익재단을 통해 기초과학을 지원하게 만들려면, 제도적 정비와 사회적 합의 모두가 필요하다. 제도의 정비는 시간과 조직의 노력을 필요로 하는 일이므로, 한국사회가 먼저 이루어내야 하는 일은 과학에 대한 제3섹터 자본의 설립이 왜 필요한지 사회적 설득을 통해 합의를 이끌어내는 것이다. 그렇다면 한국 공익재단의 역사는 얼마나 오래되었고, 또 어떻게 운영 중일까?

한국 공익재단의 역사가 결코 일천한 건 아니다.* 국내 공익재단의 역사를 연구한 '아름다운재단 기부문화연구소'에 따르면, 국내 재단법인의 시작은 1939년 삼양사 창업주 수당 김연수**에 의해 설립된 '양영회'다. 당시 사재 39만 원을 출연해 재단의 형태를 갖춘 양영회는 "우수한 과학 분야의 인재육성을 통해 산업입국을 목표로" 한 최초의 민간 공익재단이다. 양영회는 한국 이학박사 1호인 이태규 박사를 비롯, 월북한 과학자이자 북한 초대 원자력연구소장 이승기 등 24명에게 연구비를 지원했고, 자연과학 분야의 장학사업을 지금까지 이어오고 있다. 역사란 아이러니투성이이다. 지금 우리 주변에서 과학에 지원하는 공익재단을 거의 볼 수 없는데, 한국 공익재단의 효시가 과학

* 다음의 논문과 보고서들은 한국 공익재단의 현실을 이해하는 데 도움이 될 것이다. 아름다운재단. (2014). 아름다운재단 기부문화연구소 2014년 기획연구 보고서; 이상민·이상수. (2012). 국내 민간 공익재단 기초연구. 〈아름다운북〉. 아름다운재단; 전경련. (2014). 2014 기업 및 기업재단 대표 사회공헌프로그램 사례집.

** 수당 김연수가 고려대학교를 설립한 인촌 김성수의 동생이며 향후 친일 행적이 드러난 친일파라는 사실도 중요하지만, 이 글에서 다루는 범위를 벗어난다.

과 떼려야 뗄 수 없는 관계를 지니고 있었다니.

양영회가 설립된 뒤로 1960년대까지 소규모 육영, 장학사업이 봇물을 이루었는데, 이는 해방 전 지주들이 소유하고 있던 토지를 해방 후 농민들에게 싼 값에 분배하지 않으려는 의도 때문이었다. 이유인즉슨, 지주들이 그들의 토지를 재단법인으로 옮겨 계속 보유하려는 속셈에서 재단을 만든 것이다. 이러한 배경이 대중으로 하여금 국내 재단법인에 부정적인 이미지를 갖게 했다. 이후 1970년대에 들어서도 기업인들이 탈세를 목적으로 재단을 악용하는 경우는 비일비재했다. 1980년대에 들어서면 국내 기업들의 규모가 커지고 동시에 창업 1세대들이 2세대로 바뀌기 시작하는데, 이때 다시 공익재단의 설립이 증가한다. 이때는 기업경영의 이양 과정에서 다시 재단법인이 변칙 상속을 위한 도구로 사용된다. 이 때문에 재단법인은 다시금 사회적 논란의 중심이 되고, 재산 도피처의 오명을 쓰게 된다. 당시 세워진 공익재단들은 대부분 허울 좋은 문화재단으로 활동이 유명무실한 경우가 많았다. 1990년대까지 대부분의 공익재단은 유명무실한 활동을 보이거나, 활동을 하더라도 학술장학사업에 치중하는 모습을 보인다.

2000년대에 들어오면 재단 공익사업의 성격이 장학학술사업에서 조금 다양화되는 모습을 보여주는데, 1990년대 말 외환위기가 결정적 계기가 된 것으로 보인다. 즉, 국내 공익재단들도 사회의 수요에 맞춰 대응하는 정도의 수준을 갖추기 시작한 것이다. 하지만 2014년 전경련이 내놓은 〈2014 기업 및 기업재단 대표 사회공헌프로그램 사례집〉을 보면 여전히 대부분의 공익재단 자금이 취약계층지원 및 소외계층지원과 장학금에 집중되고 있다는 점을 쉽게 알 수 있다. 특히 한국 민간 공익재단은 2000년대 이후 전체의 절반이, 1990년 이후 80% 정도가, 1980년대 이후 92%가 설립되어 한국 공익재단의 역사는 미국에 비해 아직 초기에 불과하다는 점도 분명하다. 한국 공익재단의 역사는 이제 시작이며 그 방향을 설정하는 일은 매우 중요하다. 우리는 아직도 과도기에 서 있다.

한 사회의 수준이 그 사회가 지닌 과학의 수준을 결정한다. 한국의 짧은 공익재단의 역사에서도 그 점은 명백하게 드러난다. 한국사회에서 그나마 대중에 널리 알려진 공익재단들을 꼽아보자면 대표적으로 '아름다운재단', '한국인권재단', '한국여성기금', '아이들과미래' 등이 있다. 최근 들어서야 한국 기업들이 출연한, 과학에 특화된 재단들이 출현 중이다.* 이런 재단들은 주로 우수한 과학자를 선별해 시상하는 방식으로 지원하며, 따라서 노벨상을 모방한 여러 상들이 난립하고 있다.** 하지만 과학이라는 학문의 특성상 창의적이고 모험적인 연구는

* 흥미로운 것은, 한국의 경우 공익재단을 통한 사회 환원과 부의 재분배가 기업경영자의 사재를 통해서가 아닌 기업의 수익 중 일부를 사회 공헌금으로 기부하는 방식으로 이루어진다는 점이다. 앞에서 살펴보았듯이, 미국의 경우 대부분의 거대 규모 공익재단은 기업경영자의 사재를 털어 설립된 것이다.

** 대표적으로 삼성 이병철 회장을 기리는 호암상은 1990년 삼성복지재단 이사회에서 설립, 매년 과학기술, 의학, 사회봉사, 언론 등 4개 부문에서 5천만 원을 지급했으나, 2010년이 되어서야 3억 원으로 증액되었다. 포스코청암상은 박태준 회장을 기념해 국내에 활동기반을 둔 과학자를 대상으로 2007년부터 과학, 교육, 봉사의 3개 부문에 2억 원의 상금을 수여한다. 그 외 경암학술상을 비롯, 소규모의 상금을 수여하는 시상제도가 많지만 이러한 시상제도는 학술적으로 이미 업적이 뛰어난 과학자에게만 혜택이 돌아가, 과학 전반의 제도적 지원으로 보기에는 무리가 있고, 과학자들의 부익부 빈익빈을 통한 양극화만 부추기는 경향이 있어, 취지와는 다르게 한국과학에 오히려 부정적인 영향을 미치고 있다.

젊은 시절에 수행하게 된다. 그래서 미국의 민간과학 지원도 젊은 과학자들에게 상을 주는 경우가 많은 것이다. 하지만 한국의 경우 이미 업적을 이룬 노년의 과학자들이 상금을 받아가는 경우가 대부분으로, 실제 그 상금이 창의적 연구로 이어질 수 없는 상황이다.***

한국은 기본적으로 대부분의 과학연구비가 정부에서 출연되는 성격을 지니고 있다. 결국 과학자들이 자신의 목줄을 정부에 내놓고 정부의 순한 양이 될 수밖에 없는 구조다. 정부에서 벗어나 창의적이고 모험적인 연구를 수행하고 싶어도, 연구비를 지원해줄 수 있는 기관은 거의 존재하지 않는다. 그나마 존재하는 기업의 자금도 상금이나 학교 기부 등의 형태로 과학에 흘러들어가고 있기 때문에, 실제로 과학자들이 가장 필요로 하는 연구비의 형태로 지원되는 제3섹터의 자금은 없다고 해도 과언은 아니다.

100년이 넘은 서구의 공익재단 역사에 비해 한국은 해방 이후 소규모로 시작된 공익재단이 이제야 사회적으로 관심을 받는 상황이다. 그런 상황에서 록펠러 재단이나 하워드휴스의학연구소처럼 기초과학에 대한 헌신적인 연구비 지원을 기대하는 건 불가능한 일이다. 특히 이미 지적했듯이, 제도적 정비와 사회적 합의가 부족한 상황에서 기업의 무조건적인 과학투자를 종용하는 건 오히려 부작용만 낳을 수도 있다. 예를 들어, 섣부른 과학재단 설립은 '21세기생명과학문화재단'처럼 황우석 같은 사기꾼을 지원하는 단체의 난립으로 이어져, 오히려 한국과

*** 그나마 최근 포스코가 청암펠로우십을 통해 젊은 과학자들의 연구비를 지원하는 사업을 시작한 것이, 한국에서는 최초로 젊은 과학자들에 연구비를 공급해주는 성격의 펠로우십 제도라 할 수 있다.

학에 해가 될 수도 있다. 한국의 과학계는 황우석 사태를 겪으며 씻을 수 없는 상처를 입었고, 향후 제3섹터와 과학운동도 이 상처를 치유하면서 나아가야 하는 형편이다.

2018년 한국사회는, 지난 두 정권의 적폐를 치유하며 오래된 남북간의 긴장을 해소하고 평화를 향한 갈림길에 들어섰다. 특히 지난 두 정권의 무능한 대통령들은 청계 재단, 미르 재단, K스포츠 재단 등의 가짜 공익재단을 설립하며, 공익재단에 대한 부정적인 인식에 결정타를 가했다. 앞으로 한국사회의 제3섹터가 가야 할 길이 얼마나 멀고 험난할지 알 수 없다. 자넬리아 연구소의 절반이 초파리 행동유전학을 위해 존재하고, 그 돈은 HHMI라는 공익재단에서 나온다. 미국 정부조차 그런 모험적인 투자를 할 수 없다. 과학을 거대화, 산업화시킨 미국에서조차 기초과학의 저력이 유지되는 이유는, 공익을 목적으로 하는 공익재단이 존재하기 때문이다. 즉, 한국사회에서 기초과학의 생존을 도모하려는 사람은 더 이상 정부에만 의존하지 말고 제3의 길을 찾아야 한다는 뜻이다.

청계재단을 만든 바로 그 정권에서 기초과학연구원 IBS가 탄생했다. 그리고 과학계의 부익부 빈익빈을 고착시킨다는 비판에 직면했고, 관료주의로 인한 마찰과 실적에 대한 압박 그리고 투명하지 않은 연구소 운영으로 위기를 겪고 있다. 당연한 일이다. 기초과학에 대한 모험적 지원을 정부가 앞장서 해야 했다면, 그 운영을 관료가 아닌 과학자에게 맡겼어야 했다. 또한 이미 유명한 과학자 소수에게 연구비를 몰아주는 잔인한 방식을 택할 것이 아니라, 기초과학에 도전하는 다양한 풀뿌리 연구에 투자했어야 한다. 한국에서 재단이란 감옥에 간 전직 대통령들이 온갖 비리를 저지르기 위해 사적으로 만든 기구라는 이미지로 남게 됐다. 우리는 민간재단이 한 사회에 과학을 얼마나 성공적으로 정착시킬 수 있는지에 대한 가능성도 타진해보지 못한 채, 황우석에서 이명박-박근혜로 이어지는 역사의 비극 때문에, 기초과학이 마지막으로 기대볼 수 있는 민간재단의 출범조차 기대할 수 없는 지경이 되었는지 모른다. 정부가 만든 IBS에서 진정한 의미의 기초과학이 수행될는지는 미지수다. 그 실험이 성공하길 바라지만, 소수의 과학자들에게 도박처럼 모든 연구비를 베팅하는 구조가 과연 지속가능할는지는 의문이다.

생쥐라는 독점종

"초파리 연구자들과 비-무척추동물non-invertebrate*을 연구하는 아주 많은 다른 연구자들이 있지."
– 초파리 유전학자 제프리 홀의 농담 중에서[26]

초파리 유전학자는 생쥐를 그다지 좋아하지 않는다.** 생쥐는 17세기 진공을 연구하던 로버트 훅 같은 과학자의 공기펌프 속에서 질식사하는 역할로 등장했다가, 20세기 멘델의 재발견과 초파리 유전학의 성공 그리고 이러한 연구결과를 인간이 속한 척추동물vertebrate과 포유류mammals에 적용하고 싶다는 열망 때문에 각광받기 시작했다. 초파리처럼 생쥐 유전학도 미국에서 탄생한 과학이다. 게다가 하버드 대학의 부세이 연구소Bussey Institute에서 표준계통을 지닌 생쥐를 만들어 포유동물 유전학의 아버지라고도 불리는 윌리엄 캐슬William Ernest Castle이 초파리를 유전학의 동물로 사용한 최초의 과학자이고, 바로 그 연구 덕분에 모건이 초파리를 유전학 모델로 사용할 생각을 하게 되었다[27]는 역사적 아이러니가 있다. 현대 생쥐 유전학의 선구자는, 원래 초파리

* 영어로 척추동물을 'vertebrate', 척추가 없는 모든 동물을 'invertebrate'라고 부른다. 이런 명명법은 인간, 척추동물 중심적 사고를 보여준다는 게, 제프리 홀이 척추동물을 '비-무척추동물non-invertebrate'이라고 조롱한 이유다. 척추동물 연구가 의생명과학 연구의 대부분을 차지한 생명과학계를 풍자한다고 봐도 될 것이다.

** 감옥에 들어간 전직 대통령의 별명이 이 동물의 이름인 이유와, 필자의 생쥐에 대한 불만은 별 상관이 없다. 의생명과학에서 독점종이 되긴 했지만, 생쥐는 인간질병 연구에 기여한 고마운 동물이다.

유전학자였다.*** 특히, 초파리 유전학자들이 초파리의 다양한 계통을 근친교배시켜 표준화된 계통을 만들어 연구하게 된 건, 캐슬의 선구적인 노력 덕분이다.[28] 그리고 캐슬은 초파리에서의 연구경험을 가지고, 하버드 부세이 연구소에서 생쥐를 포유류의 초파리로 만든다. 생쥐 연구자들 중 이 사실을 아는 학자가 얼마나 될는지는 잘 모르겠다.

생쥐가 기니피그, 개, 집쥐 등을 제치고 포유류 유전학의 표준동물로 부상하면서, 생물학 연구를 위한 연구비 규모가 급격히 늘어나기 시작했다. 물론 생쥐가 다양한 인간 질병의 모델로 사용되었고, 이를 통해 인간 질병에 대한 생물학적 이해에 크게 기여했다는 점을 부정할 수는 없다.**** 하지만 공장에서 근친교배inbreeding로 생산된, 게다가 미생물이라곤 전혀 없는 환경에서 통제되어 자라는 표준종 하나가 의생명과학 연구비의 절반 이상을 차지하고 있다는 사실은, 생명과학의 지식 성장을 방해할 수 있다. 예를 들어, 미국 국립보건원에서 비만과 음식섭취를 생쥐로 연구하던 과학자 마크 매트슨Mark Mattson은, 왜 생쥐를 이용한 약물 실험들이 임상시험을 통과하지 못하는지 고민하던 중에, 현재 전 세계에서 표준화된 생산방식으로 유지되는 생쥐의 생리

*** 생쥐와 집쥐가 모델생물이 된 과정에 대해서는 필자의 졸고들을 참고할 것. 김우재. (2013). 생물학 이야기-생쥐Musmusculus: 우생학과 유전학. 〈과학과 기술〉.
김우재. (2013). 생물학 이야기-생쥐 2: 연구와 정치. 〈과학과 기술〉.
김우재. (2013). 생물학 이야기-집쥐Rattusnorvegicus: 흑사병에서 근대의학의 상징까지. 〈과학과 기술〉.

**** 윌리엄 캐슬의 제자들이 만든 잭슨 연구소는 생쥐가 미국의 과학이 되는 데 지대한 기여를 했다. 그곳에서 생쥐 유전학을 광고하는 문구는 "우리의 생쥐, 우리의 희망"이다. www.jax.org/news-and-insights/stories/medical-progress

학적 상태가 인간의 생리활동을 그다지 닮지 않았을지도 모른다는 생각을 하게 됐다. 특히, 생쥐 연구만을 대상으로 임상시험에 들어가곤 하는 현재의 표준화된 연구는, 다양한 생리적 조건에서 영향을 받는 인간질병 연구에 독이 될지도 모를 일이다.* 특히 최근엔 생쥐 연구자들이 연구의 편의성을 이유로 수컷 생쥐만을 사용해왔고, 이러한 선택편향 때문에 생쥐 연구 전체가 여성을 배제하고 이루어졌다는 비판이 있다. 생물학적 기준에서라도, 생쥐 연구에 대한 재고는 필요하다.[29]

미국과 유럽에서 (물론 한국에서도) 모델생물 연구에 지원되는 연구비의 80% 정도가 생쥐와 집쥐에 투자되고 있다.** 그다음으론 제브라피쉬zebra fish 등을 이용한 어류 유전학이, 그다음에 남는 돈을 다른 모델생물들이 사용한다. 전 세계 과학자들이 사용 중인 생쥐는 9천만 마리에 달한다. 생쥐를 키우기 위한 연구환경은 아주 비싸고 까다롭다. 당연히 생쥐가 독식해버린 연구환경에서 대부분의 연구비가 생쥐에 투자되는 것은 물론, 학술지들도 비싼—초파리보다는 인간에 가깝다고 생각되는—생쥐 연구에 더 많은 지면을 할애한다. 상황은 아주 심각해져서, 2000년 이후 신경과학 분야만 한정해도, 출판되는 논문의 절반 이상이 모두 생쥐를 이용한 연구물이다. 연구비와 학술지를

* 생쥐 연구의 생물학적인 차원에서의 문제와, 연구비 집행에서의 문제는 다음 글을 참고할 것. Engber, D. (2011). "The Mouse Trap: The Dangers of Using One Lab Animal to Study Every Disease", *Slate*., Willyard, C. (2018). "Squeaky clean mice could be ruining research", *Nature*, 556(7699), 16.

** Engber, D. (2011). "The Mouse Trap: The Dangers of Using One Lab Animal to Study Every Disease", *Slate*.

장악한 생쥐 연구가 논문인용지수를 독점하는 건 당연하다.[30] 1950년 이후 모델생물 연구들 중 유일하게 생쥐를 이용한 연구만 가파른 인용지수의 성장을 보여주며, 이는 생쥐에 엄청난 규모의 연구비가 투입되는 시기와 정확히 일치한다.[31] 이미 우리는 단 하나의 동물이 지배하는 생명과학의 시대에 접어들었다. 그리고 그 독점종은 생쥐다.

의생명과학이 현대생명과학의 주류임은 확실하고, 미국의 국립보건원을 중심으로 정부가 의생명과학의 연구방향을 거대한 투자를 통해 제시하는 것이 유행이 된 이상, 당분간 생쥐의 독점이 끝날 것 같지는 않다. 특히 국민의 세금으로 지원하는 연구에 있어서는 기초과학자들이 호기심을 풀기 위한 연구만을 주장하는 것도 어불성설이고, 인간질병을 이해하기 위해 생물학 연구비의 많은 부분이 투자되어야 하는 건 당연한 일이다. 하지만 바로 그 이유 때문에, 생쥐라는 독점종이 지배하는 의생명과학계는 위험하다. 생쥐라는 모델생물만으로는 인간질병 연구를 위한 완벽한 그림조차 그릴 수 없다. 빠르게 유전자의 기능을 규명하고, 인간에게 적용될 약물의 독성을 심사하고, 발생과정 중에 영향을 미치는 유전자의 기능을 규명하고, 또한 다양한 생물학적 방법론이 배양되고 숙성되는 역할로서의 단순한 모델생물 연구가 없다면, 생쥐 연구는 이전에 받아왔던 다른 모델생물 연구로부터의 지식을 수혈받지 못한 채 고립되어 언젠가 무용지물이 되고 말 것이다.

현대 의생명과학 연구가 자본에 좌지우지되고 있는 건 사실이다. 수백 년 동안 과학자들이 쌓아올린 지식의 금자탑은, 이제 실험복을 입은 세일즈맨들의 각축장으로 변해가고 있다. 이제 과학자들은 연구를 수행하는 것이 아니라, 연구를 판다. 연구비를 주는 곳이라면 어디든 달려가고 연구비에 맞춰 연구의 방향을 바꾸는 일은, 현대를 사는 과학자에겐 이상한 일이 아니다. 특히 미국에서 태어난 생쥐 유전학은 표준화된 규격의 전임상과학 영역을 창출하며, 엄청난 규모의 연구비를 소모하는, 의생명과학 분야에서 가장 돈을 많이 쓰는 분야가 되었다. 생쥐가 독점종이 된 이유도 돈이고, 그 독점적 지위를 유지하는 이유도 돈이다. 생쥐 유전학은 비대해진 몸집을 감당하지 못해, 증가하는 연구자 모두를 수용하지 못할 것이다. 부디 그 위대한 포유류 연구가, 인간에게 도움이 되는 많은 발견을 이루길 바랄 뿐이다.[32]

최근 초파리 연구자들에게 아주 중요한 큐레이션 웹사이트인 초파리 기지flybase에 대한 미국 국립보건원의 예산이 삭감되었고, 이 부족분을 메우기 위해 초파리 연구자들의 도네이션을 바란다는 공지가 떴다.[33] 미국 국립보건원은 생쥐가 아닌 다른 모델생물에 대한 지원을 결코 늘리지 않을 것으로 보인다.[34] 생쥐가 아닌 다른 모델생물을 연구해온 유명한 과학자들이 엄청나게 많은 기고를 해왔고,[35] 미국 유전학회는 2016년 미국 정부의 생쥐우선정책에 대항해 다양한 모델생물 유전학 학술대회를 한 장소에서 열기도 했지만,[36] 이런 조류가 바뀔 것 같지는 않다. 앞으로 10년 후면, 초파리 유전학을 이용해 기초연구를 하는 과학자를 찾아보기 힘들지 모른다. 자넬리아가 존재한다면 그곳에서 초파리 행동유전학은 존속될 것이고, 약삭빠르게 인간질병모델을 연구한 초파리 연구자들은 살아남겠지만, 더 이상 초파리 유전학으로 유입되는 기초과학자는 없을 것이다. 젊은 과학자들은 영리하다. 그들의 선배 초파리 유전학자들의 고군분투를 보고 이 분야에 들어오려 하는 재능 있는 연구자는 거의 없다. 물론 기초연구에 대한 장기적인 투자는 분명히 경제적인 이익으로 돌아온다. GDP의 0.5%를 기초 연구에 쓰면 9.5% GDP 상승으로 이어진다는 연구결과가 있다.[37] 어쩌면 초파리조차 넘어서는 다른 모델생물을 찾는 것이 옳은 선택일지 모른다.* 다양성이 장기적으로 과학을 구원하는 유일한 방법이라고 생각한다. 하지만, 사회에 과학자의 주장을 관철시키는 건 정치의 영역이다. 그리고 대부분의 과학자들은 정치를 잘 못한다.

한때 미국의 부통령 후보였던 세라 페일린Sarah Palin은, 자폐증 자녀를 둔 부모들의 모임에서 초파리 연구 같은 건 지원하지 않겠다고 연설한 적이 있다. 어떤 이들은 페일린의 무지를 이야기하지만, 더 큰 문제는 그가 이후 지속된 과학자 공동체의 반발과 비판에 대응하지 않았다는 데 있다.[38] 결국, 기초과학에 대한 지원을 사회에서 약속받는 방법은, 세라 페일린 같은 정치인을 설득하는 일과 같다. 생쥐 연구자들이 사회 구성원들을 설득해온 메시지는 아주 분명하고 이해하기 쉽다. 생쥐는 박테리아, 효모, 초파리, 물고기보다 인간에 더 가까운 털 달린 포유류이며, 이 포유류를 이용해 인간질병을 연구하면 인간질병을 정복할 수 있을 것이다. 질병 치료를 약속하며 인간유전체 계획이 그 목표를 달성할 수 있었고, 생쥐 유전학은 그 이후 암 생물학, 퇴행성 신경질환, 자폐증 등에 대한 치료를 약속하며 성장해왔다. 결국, 우리는 과학자들과 정치인들이 미국이라는 공간에서 합작해 만들어낸

* Warren, G. (2015). In praise of other model organisms. 이제 초파리도 넘어설 때가 된 것인지도 모르겠다. Zuk, M., Garcia-Gonzalez, F., Herberstein, M. E., & Simmons, L. W. (2014). "Model systems, taxonomic bias, and sexual selection: beyond Drosophila", *Annual review of entomology*, 59.

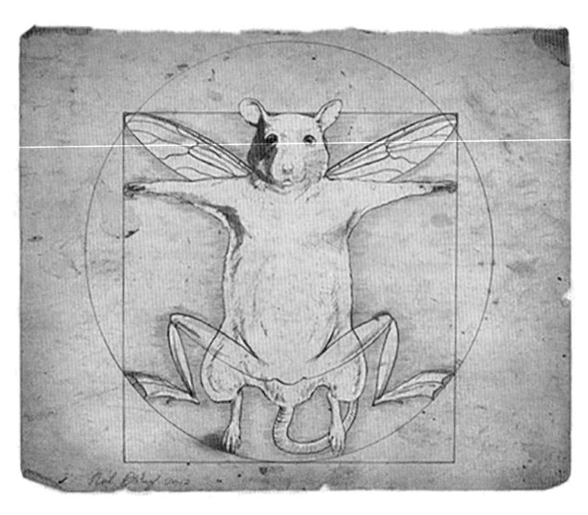

ㅇ 생명과학은 이미 생쥐라는 모델종에 독점되었다. 연구비의 80% 이상이 생쥐에 집중되며, 논문의 숫자도 압도적이다. 다양성의 훼손은 분명 생명과학의 미래에 영향을 미칠 것이다. 그리고 역사라는 아이러니는, CRISPR라는 기술의 발전으로 인해 생쥐가 독점종의 지위를 잃게 되는 과정으로 우리 시대를 묘사하게 될지도 모를 일이다.
출처 | Bedford, N. L., & Hoekstra, H. E. (2015). "The natural history of model organisms: Peromyscus mice as a model for studying natural variation", *Elife*, 4, e06813.

결과를 목도하고 있는 중이다. 또한 우리는 미국의 유전학을 이끈 초파리가, 미국이 만든 생쥐에 의해 밀려나는 현장을 지켜보고 있다. 아니 어쩌면, 박테리아 연구자들이 발견한 유전체 편집도구, CRSIPR/Cas9의 발전이 생쥐의 독점을 저 멀리 밀어내고, 생물학자들이 질병 연구에 밀려 잃어버렸던 자연이라는 영토를 다시 회복하는 길을 열어줄지 모른다.* 그날이 언제 올지는 모르겠지만.

* 다음 논문들을 참고할 것. Doudna, J. A., & Charpentier, E. (2014). "The new frontier of genome engineering with CRISPR-Cas9", *Science*, 346(6213), 1258096., Ledford, H. (2016). "CRISPR: gene editing is just the beginning", *Nature News*, 531(7593), 156; Church, G. M., Elowitz, M. B., Smolke, C. D., Voigt, C. A., & Weiss, R. (2014). "Realizing the potential of synthetic biology", *Nature Reviews Molecular Cell Biology*, 15(4), 289. 다음 아티클들도 도움이 된다. A CRISPR Future. futurism.com/crispr-genetic-engineering-change-world/, Can DNA editing save endangered species? www.sciencenewsforstudents.org/article/can-dna-editing-save-endangered-species

2장

과학:

초파리,

시간의 유전학

△

과학자는 반드시 사회와의 연결점을 지녀야 한다. 그리고 어쩌면 가장 위대했을 과학자 막스 델브뤼크의 말처럼, "과학자들은 세상으로부터 은거하기 위해 그의 작업보다 더 나은 방법을 찾을 수 없으며, 세상과 연결되기 위해서도 또한 그렇다."[1] 자넬리아 연구소처럼 환상적인 연구는 아닐지 몰라도, 조그만 실험실에서 초파리를 이용한 행동유전학 연구가 가능하다. 이 장에서는 필자의 연구를 중심으로 초파리 행동유전학의 현재 모습을 살펴볼 것이다. 초파리라는 동물은, 신경회로가 행동을 조절하는 기작의 연구에서 가장 효과적인 모델생물이다. 공격성의 신경생물학적 원리는 무엇인가, 감정은 어떻게 조절되고, 기억은 어떤 방식으로 저장되는가. 이런 대부분의 질문이 초파리 행동유전학을 통해 풀리고 있다. 그리고 시간, 즉 인간이 시간을 인지하고 추정하는 능력의 일부도 초파리를 통해 연구할 수 있을지 모른다. 이 글을 읽는 데 얼마나 많은 시간이 흘렀는지 계산해보라. 초파리로 바로 그 능력이 가능한 이유를 밝힐 수 있을지도 모른다. 물론 생쥐 연구자들은 내 말을 믿지 않겠지만.

분자에서 행동으로

초파리 수컷은 행동 연구자들에게 아주 매력적인 존재다. 초파리 수컷을 암컷과 놔두면 곧바로 수컷은 암컷을 향해 구애행동courtship behaviour을 한다.* 바로 이 구애행동 때문에 초파리 수컷의 행동연구가 연구자들의 관심거리가 됐다. 1970년대 초파리 유전학은 행동유전학이라는 분야로 탈바꿈하게 되는데, 그 혁명적인 변화를 이끈 과학자가 바로 시모어 벤저Seymour Benzer다.** 벤저는 1970년대 초파리를 이용해 유전자와 행동의 직접적인 인과관계를 밝힌 과학자로, 자넬리아의 행동유전학 연구 대부분은 벤저를 기원으로 한다고 해도 과언이 아니다.***

벤저는 록펠러 재단이 분자생물학을 활발하게 지원하던 20세기 중반 분자생물학자로 훈련받았고, T4 박테리오파지의 유전자 배열을 연구해 이미 그 분야에선 유명한 권위자였다. 한 분야에서 명성을 얻고 이미 잘나가던 그가 왜 초파리 행동유전학으로 관심을 옮겼는지에 대해서 잘 알려진 바 없으나, 아마도 1960년대 중반에 이미 1년에 논문을 6편 이상 쓸 정도로 바빴던 그에게, 그의 스승 막스 델브뤼크가 보

* 초파리의 구애행동을 음악과 함께 만든 유튜브 비디오는 여기서 감상할 수 있다. youtu.be/zXXqQ2zJVMA

** 시모어 벤저에 관한 책이 번역 출판되어 있다. 조너던 와이너. (2007). 《초파리의 기억》. 조경희 옮김. 이끌리오.

*** 그는 2007년 사망했고 그다음 해 필자는 초파리 연구를 시작했다. 벤저 박사는 두 명의 대만 출신 제자를 뒀는데, 그 둘은 부부였고, 그중 남편인 유닝 잔 박사가 필자의 지도교수다.

낸 편지가 계기가 되지 않았나 추측할 뿐이다. 델브뤼크는 벤저의 아내에게 편지를 써, 이제 논문은 그만하면 됐으니 좀 그만 쓰라는 이야기를 전해달라고 했다. 비슷비슷한 주제로 전혀 도전적이지 않은 논문을 쓰는 수제자에게, 델브뤼크는 우회적으로 그런 재미없는 연구는 이제 그만하라고 조언했고, 벤저는 그 행간을 읽은 것이다.*

1953년에 DNA 이중나선의 구조가 풀리고, 이후 중심 도그마를 비롯한 분자생물학의 중요한 발견들이 이루어지지만, 유전자가 직접 행동을 조절한다고 상상하는 과학자는 많지 않았다. 진화생물학에 유전자 관점이 도입되는 1970년대에, 진화생물학자들 중 일부가 막연히 추상적인 유전자의 개념으로 그런 상상을 했을 수는 있다.**

하지만 생물 안의 어떤 생리학적 짜임새가 유전자와 행동을 연결하는지에 대한 구체적 밑그림은 존재하지 않았다. 유전학이 필요했다. 행동에 관한 유전학이어야 했다. 행동유전학은 유전학의 관점에서 행동을 연구하는 연구 프로그램이다. 1900년 초반에 이미 다양한 돌연변이와 염색체 지도를 가지고 있던 초파리는, 벤저의 연구 프로그램을 완성시켜줄 좋은 재료였다. 돌연변이를 만든다. 행동을 관찰한다. 행동에 문제가 생긴 돌연변이를 추적한다. 돌연변이가 생긴 유전자를 찾아 행동과의 연결점을 찾는다. 행동유전학의 초창기는 바로 이 단순한

* 초파리 행동유전학의 현대적 역사에 대해 필자가 쓴 졸고가 깊은 이해에 도움이 될 것이다. 김우재. (2014). 초파리도 실연당하면 술을 마신다. 〈과학동아〉.

** 바로 이 시기 유전자 관점으로 진화생물학이 재편되는 이야기를 다룬 책이 바로 그 유명한 리처드 도킨스의 《이기적 유전자》다.

연구 프로그램으로 진행된 연구의 향연이었다.***

벤저의 일대기를 다룬 책, 《초파리의 기억》의 원서 제목은 '시간, 사랑 그리고 기억Time, Love and Memory'이다. 여기서 시간은 2017년 노벨생리의학상이 주어진 24시간 생체주기에 대한 연구를 상징하고, 기억은 말 그대로 기억을 조절하는 분자적 기제에 관한 연구를 상징하며, 사랑이 바로 초파리의 구애행동을 상징한다. 단백질이 세포 내에서 어떻게 RNA로부터 번역되고 이 과정이 염증과 같은 외부 자극에 의해 어떻게 조절되는지를 연구하던 과학자에게, 초파리 행동유전학은 새로운 세계로 보였다. 정확히 그랬다. 데이터를 얻기 위한 실험방법론부터 사용하는 전문용어까지, 모두 처음부터 새로 배워야 했다. 물론 초파리 행동유전학이 양자역학처럼 배우기 어려운 난해한 수학으로 가득 찬 분야는 아니다. 누구나 조금만 배우면 초파리로 행동을 연구할 수 있다.

문제는 벤저가 '피리어드period'라는 생체주기 유전자를 발견한 지 이미 40년이 지난 시점에, 초파리 행동유전학계도 이미 수많은 과학자들로 북적이고 있다는 사실이었다. 샌프란시스코에 위치한 실험실에 처음 도착했을 때, 마침 실험실에서 진행했던 암컷 초파리의 산란행동에 관한 연구가 눈길을 끌었다.[2] 실험실 선배 연구원이었던 레베카는 암컷 초파리가 알을 낳는 행동에 관심이 많았고, 마치 포유동물의 어미가 새끼를 돌보듯이, 초파리 암컷도 아마 최선의 행동을 통해

*** 더 자세한 이야기는 위에서 언급한 와이너의 책 《초파리의 기억》에서 찾을 수 있다.

알 낳는 장소를 선택할 것이라는 가설을 세웠다. 레베카는 먼저 초파리 암컷을 작은 직사각형 모양의 상자에 넣고, 상자 양 끝에 서로 다른 설탕 농도를 지닌 산란 장소를 만들었다. 놀랍게도 초파리 암컷은 거의 항상 설탕 농도가 더 낮은 곳에 알을 낳았다. 농도 차이가 상대적이라면 언제든, 즉, 양쪽 설탕의 농도를 비교할 수 있을 때는 언제든 암컷은 낮은 농도의 설탕이 있는 곳에 알을 낳았다. 암컷 초파리가 상황을 비교하고 의사결정을 한다는 결정적인 증거였다.

레베카는 초파리 암컷의 산란장소 선택 행동이, 인간의 복잡한 의사결정의 유전학적 이해에 도움이 된다고 생각한다. 비록 인간의 의사결정은 초파리보다 복잡한 과정을 거치지만, 인간 의사결정의 유전학적 연구는 거의 불가능하다. 왜냐하면 인간의 유전자를 조작하는 방식으로 실험할 수 없기 때문이다. 물론 생쥐를 이용한 의사결정의 유전학이 가능하겠지만, 생쥐 유전학은 비싸고 느려터졌다. 초파리와 인간은 진화적으로 보존된 유전학적 경로를 지녔고, 유사한 행동의 배후엔 유사한 신경회로를 통한 원리가 놓여 있고, 그 신경회로를 만드는 데 사용되는 유전자도 기능적으로 유사할 것이다.* 초파리 암컷의 산란행동

* 초파리를 이용한 유전학 연구가 생쥐 연구를 비롯한 생물학 전반에 어떤 영향을 미쳤는지에 관해선 다음의 종설논문들을 참고할 것. Arias, A. (2008). "Drosophila melanogaster and the development of biology in the 20th century", *Drosophila*. link.springer.com/10.1007/978-1-59745-583-1_1; Bellen, H. J., Tong, C. & Tsuda, H. (2010). "100 years of Drosophila research and its impact on vertebrate neuroscience: a history lesson for the future", *Nature Reviews Neuroscience*, 11(7), 514-522; Wangler, M. F., Yamamoto, S. & Bellen, H. J. (2015). "Fruit Flies in Biomedical Research", 199(March), 115. doi.org/10.1534/genetics.114.171785

을 통해 의사결정 과정의 신경회로를 연구할 수 있다는 아이디어는, 행동연구가 꿈이었던 나이브한 과학자를 매혹하기 충분했다. 벤저가 주춧돌을 놓은 행동유전학은 어느새 신경과학으로 진보해 있었다. 벤저가 유전자와 행동을 직접 연결하려고 노력했다면, 이제 새로운 세대의 초파리 유전학자는 그것이 신경회로를 통해 가능하다는 걸 안다. 그리고 벤저의 시대엔 불가능했던 수없이 많은 유전학적 도구들이 개발되어 있다. 그 도구들은 누구나 사용가능하도록 세계 각지의 센터에 저장되어 있고, 몇천 원만 내면 쉽게 사서 연구할 수 있다.**

초파리의 행동을 새롭게 재해석할 수 있는 관점과, 지난 백 년 동안 초파리 유전학자들이 만들어 쌓아둔 초파리 계통을 함께 사용하면, 동물의 행동을 신경회로의 관점에서 분자 수준으로 설명할 수 있다. 그런 꿈을 꿀 수 있는 시대에 살고 있는 것이다. 이제 어떤 행동을 연구할 것인지 결정하면 된다.

** 초파리 행동유전학의 도구들은 너무나 다양하고 방대해서 지면을 할애해 모두 설명하기 힘들 정도다. 초파리 행동유전학의 주요 도구들에 관한 최고의 종설논문들을 가려 뽑아 소개하자면 다음과 같다.

Venken, K. J. T., Simpson, J. H. & Bellen, H. J. (2011). "Genetic Manipulation of Genes and Cells in the Nervous System of the Fruit Fly", *Neuron*, 72(2), 202-230. doi.org/10.1016/j.neuron.2011.09.021

Owald, D., Lin, S. & Waddell, S. (2015). "Light, heat, action: neural control of fruit fly behaviour", *Philosophical Transactions of the Royal Society of London. Series B, Biological Sciences*, 370(1677). doi.org/10.1098/rstb.2014.0211

Sokolowski, M. B. (2001). "Drosophila: genetics meets behaviour", *Nature Reviews Genetics*, 2(11), 879-890. doi.org/10.1038/35098592

유전학이란 엔트로피와의 싸움이다. 청소를 하지 않으면 반드시 더러워지는 방처럼, 유전학자들은 섞이고 또 섞여버리는 유전자들의 자연스러운 패턴을 막기 위해 노력한다. 잘 알려져 있듯이, 엔트로피란 열역학의 전통에서 만들어진 개념이다. 따라서 엔트로피란 고전역학적 관점에선 일로 전환될 수 없는 에너지의 양을, 볼츠만L. E. Boltzmann에 의해 정립된 통계역학적 관점에선 계의 통계학적 무질서도를 나타내는 용어다.* 유전학자들의 작업이 엔트로피와의 싸움이라는 말은 유전자의 재조합에서 비롯되는 무질서도의 증가를 나타내는 단순한 비유일 뿐, 실제로 열역학의 이론과 상응하는 것으로 이해되어서는 안 된다. 엔트로피라는 개념은 대한민국에서 왜곡되어 있는 대표적인 사례이기도 하다. 특히 제러미 리프킨의 《엔트로피》라는 책은 열역학 제2법칙을 과잉 해석한 악서 중의 악서다. 또한 한국의 과학 대중화 과정에서 베스트셀러로 기록된 이 책 덕분에 그의 '종말' 시리즈조차 엄청난 판매고를 기록하고 있지만, 과학이론에 관한 왜곡된 해석이 낳은 여파는 쉽사리 치유되지 않는다.** 심지어 엔트로피 법칙은 종종 창조과학자들 혹은 지적 설계론자들에 의해 진화가 불가능하다는 증거의

* 엔트로피의 정의에 대해서는 한글 위키피디아를 참고. ko.wikipedia.org/wiki/엔트로피

** 제러미 리프킨의 《엔트로피》에 대한 가장 정확하고 구체적인 비판은 서강대학교 이덕환 교수의 글, 엔트로피, 열역학을 벗어나 버린 엔트로피(〈서평문화〉 2000년 가을호) 참조.

하나로 제시되기도 하는 촌극이 빚어지기도 한다.***

육종가들이 순종을 만들기 위해 노력하는 것은 일반적으로 자연계에서 잡종이 우세하기 때문이다. 진화론과 유전학의 종합에서도 순종을 둘러싼 격한 논쟁이 있었지만, 자연은 잡종을 순종보다 더 선호하는 듯 보인다. '잡종강세heterosis'라는 현상은 유전학에서는 일반적으로 받아들여지는 것으로, 영국 왕실의 혈우병이나 근친상간에 대한 금기와 같은 유명한 예들로 잘 알려져 있다. 하지만 잡종강세가 가지는 더욱 중요한 유전학적 의미는 우리 모두가 돌연변이라는 사실이다. 《돌연변이》의 저자이자 초파리를 이용해 진화발생생물학Evolutionary Developmental Biology, Evo-devo을 연구 중인 마리 르로이A. Marie Leroi에 따르면 우리는 평균적으로 약 3백여 개의 심각한 돌연변이를 지닌 채 태어난다.****

물리학은 언제나 모든 것에 대한 통일장 이론을 꿈꾸지만, 실상 과학의 이론이라는 것은 설명 영역이 제한되어 있는 것인지도 모른다.

*** 창조과학과 관련된 이야기를 다루는 것은 학술적으로 전혀 도움이 되지 않는다. 때론 침묵이 가장 현명한 선택일 수 있다. 다만 1970년대 말부터 과학사상연구회와 민음사를 중심으로 프리초프 카프라의 '현대물리학과 동양사상'이 번역되면서 시작된 신과학운동과 이에 대한 비판은 기억해둘 만하다. 실제로 신과학운동 및 최근 유행하고 있는 통섭을 둘러싼 지형도는 매우 복잡하고 미묘하기까지 하다. 신과학운동에 대한 비판에 대해서는 1991년 한국철학사상연구회에서 기획한 〈특별기획: 신과학운동 비판〉을 참고할 것.

**** 르로이의 《돌연변이》는 탁월한 책이다. 그의 책을 일독하기 전에 〈뉴사이언티스트〉지에 실린 르로이의 에세이 "Mutants, one and all"(〈New Scientist〉, 2004)를 읽는 것도 도움이 될 것이다. 르로이는 대중서의 작가로서뿐 아니라 연구자로서도 탁월한 업적을 내고 있다.

잡종강세는 엔트로피의 증가로 인한 현상이지만 결국 개체의 생존력을 증가시키는 결과를 낳는다. 리프킨의 엔트로피에 대한 해석을 생물학적으로 패러디해보자면, '유전학적으로 엔트로피의 증가는 결국 이로운 결과를 낳기 때문에 세상의 멸망을 걱정할 필요는 없다'쯤이 될 수 있겠다. 물론 과학의 이론에 대한 지나친 과잉해석은 언제나 주의해야 하는 일임이 분명하다. 패러디란 기법일 뿐, 새로운 이론은 아니니까.

모델동물로 초파리를 사용하는 유전학자들은 모두 '파리방fly room'이라 불리는 곳에서의 추억이 있다. 일반적으로 파리방이라 하면, 토머스 헌트 모건이 컬럼비아 대학에서 처음으로 초파리를 연구했던 실험실을 일컫는다.[3] 파리방은 매우 좁아서 언제나 사람들로 북적거렸고, 지저분했으며 외부로부터 격리되어 있었다. 하지만 그 좁아터진 공간 속에서 현대의 유전학과 진화생물학의 근대적 종합, 나아가 분자생물학의 기초가 되는 모든 연구들이 탄생했다. 현대과학은 엄청난 연구비의 투자에 의해 유지되는 덩치로 성장해버렸지만, 에드 루이스E. B. Lewis가 순수유전학이라 불렀던 기초과학은 쓰레기통에서 주워온 우유병(때때로 훔쳐오기도 했다)과 썩은 바나나를 가지고 시작되었다. 그러니 돈이 전부는 아니다.

컬럼비아 대학의 파리방은 과학이 가진 문화적 성격의 중요성을 일깨워주는 좋은 사례다. 그곳에는 언제나 대화와 토론이 오갔고, 실험재료들과 결과는 언제나 공유되었다. 때때로 모건은 시끄럽게 토론하는 그의 제자들에게 진저리를 치기도 했지만 초파리 연구자들에게 여전히 전통처럼 내려오는 공유의 정신은 모건의 실험실, 바로 그곳에서 비롯된 것이다. 훗날 시드니 브레너Sydney Brenner에 의해 기초가 마련된 예쁜꼬마선충C. elegans의 연구자들도 철저한 공유의 전통을 공유하고 있다. 유전학자들은 카피레프트의 전통을 가지고 있다. 물론 시간이 흐르면 언제나 전통은 흐려지게 마련이지만.

파리방의 아침은 언제나 만원이다. 유전학자들이 가장 많이 사용하는 초파리 종의 학명은 'Drosophila Melanogaster'로 우리나라에서는 보통 노랑초파리라고 번역된다. 속屬을 나타내는 'Drosophila'는 이슬을 뜻하는 그리스어 'drosos'와 사랑을 뜻하는 그리스어 'philos'의 합성어로, 직역하면 '이슬을 사랑하는'이라는 뜻이다. 야생에서 초파리는 언제나 동이 트기 전 우화하기 때문에 '이슬을 사랑하는 동물'이라는 학명이 붙여진 것으로 생각된다.*

엔트로피 법칙이라는, 유전학과는 별반 상관없어 보이는 개념을 소개한 이유는, 파리방 사람들이 아침마다 하는 일이 바로 '이슬을 사랑하는' 초파리의 습성과 관련이 있기 때문이다. 파리방 사람들은 아침마다 유전자의 엔트로피를 줄이기 위해 초파리의 숫처녀들을 골라낸다. 형광현미경으로 초파리의 뇌를 관찰하거나, 초파리의 행동을 관찰하거나, 유전자를 클로닝하는 여타 다른 생물학 실험실에서도 일상적으로 행해지는 실험들을 제외한다면, 파리방 사람들이 언제나 몰두하고 있는 일은 처녀를 고르고, 처녀를 수컷과 교배시키는 지루한 작업의 연속이다.

* 집 안에 쓰레기가 넘쳐나게 되면 여기저기서 날아다니기 시작하는 귀찮은 날벌레의 학명이 '이슬을 사랑하는 동물'이라니 참으로 아이러니한 일이지만, 아침에 보는 초파리는 유전학자들에게는 아름다운 존재다.

초파리가 알에서 애벌레로, 애벌레에서 번데기로, 번데기에서 성충으로 우화하는 데 걸리는 시간은 약 10일 정도다. 온도에 따라 차이가 있지만 실험실에서 사용하는 25도 조건에서는 딱 10일이 걸린다. 번데기에서 우화한 암컷 초파리는 8시간 정도까지 수컷의 구애를 받아들이지 않는다. 실제로 초파리들의 세계엔 아동 성폭행범이나 강간범이 존재할 수 없다. 미성숙한 암컷도 수컷을 거부하지만, 수컷과 한번 교미를 한 암컷도 수컷을 거부하기 때문이다. 물론 더 중요한 건 초파리의 암컷은 수컷보다 크고 힘도 세다는 사실이다. 암컷이 거부하고 도망 다니는 한, 수컷들은 교미의 기회를 잡을 수 없다.

원하는 유전자들의 조합으로 이루어진 초파리를 만드는 것이 유전학자들의 작업 중 하나다. 바로 그 작업을 위해서 반드시 필요한 재료가 단 한 번도 교미를 하지 않은 처녀 초파리다. 수컷은 교미를 했건 안 했건 언제나 고환 가득 정자를 품고 또 생산하기 때문에 희소성이 없다. 양성생식의 불평등한 진화에서 선택권을 지닌 쪽은 희소성을 지닌 난자 쪽이다. 그리고 이슬을 사랑하는 동물 초파리는 새벽에 깨어난다. 아침이면 파리방 사람들은 이 귀한 처녀들을 골라내기 위해 현미경 앞으로 모여들기 시작한다. 처녀를 고르는 성스러운 작업으로 파리방 사람들은 유전학적 엔트로피를 줄인다.

유전학자들이 파리방에서 가장 먼저 배우는 일은 암컷과 수컷을 구분하는 법이다. 다른 유전학적 표식들을 구분하는 일에 비하면 암수 구별은 아주 쉽다. 수컷의 배 아래쪽엔 툭 튀어나온 생식기가 유난히 눈에 띄기 때문이다. 일반적으로 수컷의 몸집이 암컷보다 작다. 그다음에 배우는 일은 처녀를 구분하는 법이다. 일반적으로 아침의 선별작

ㅇ 파리방 신입이 가장 먼저 배우는 일이 암컷과 수컷을 구분하는 일이다. 그다음에 배우는 가장 중요한 일이 처녀를 구분하는 일이다. 그림 아래쪽의 초파리가 처녀 암컷, 위쪽이 성숙한 암컷이다. 처녀를 잘 구분해야만 원하는 유전형을 지닌 초파리를 만들 수 있다.

업에서는 온몸이 우윳빛으로 뽀얗고, 배에 태변meconium(사진의 화살표)의 흔적이 있는 암컷만을 고른다. 아침에 성체들을 모두 비운 용기를 25도 배양기에 넣어두고 8시간 후에 다시 암컷을 고르면 이번에는 모든 암컷이 처녀가 된다. 아침부터 8시간 동안에 태어난 암컷들은 수컷과 교미하지 않기 때문이다. 그렇게 아침저녁으로 파리방 사람들은 동정녀에 목을 맨다.

엔트로피와의 싸움이 처녀 고르기에서 그치는 것은 아니다. 인간과 마찬가지로 초파리의 생식세포에서도 끊임없이 유전자 재조합이 일어나기 때문이다. 유전자 재조합은 애써 확립한 유전형을 교란시킨다. 양성생식이라는 전략이 기생생물로부터 숙주를 보호하는 효과적인 기제로 진화했을 것이라는 가설이 있다.* 부모로부터 물려받은 두 벌의 염색체로 끝없이 유전형을 변화시키는 전략은 실제로 기생생물이

* 이에 대한 대중서로는 매트 리들리가 쓴 《붉은 여왕》이 있다.

숙주에 안정화될 기회를 줄일 수 있다. 그렇게 진화한 양성생식은 덤으로 엄청난 변이를 양산하고 진화의 속도를 높일 수 있었는지 모른다. 물론 시월 라이트Sewall Wright에 의해 유전자 표류genetic drift라고 정식화된 이러한 뒤섞임은 로널드 피셔Ronald Fisher가 그토록 강조했던 다윈의 자연선택에 의해 고정되기도 한다. 파리방 사람들의 엔트로피와의 싸움 제2막은 바로 이 유전자재조합과의 전투다.

여담으로 전투 이야기가 나와서 말이지만, 당연히 전쟁에 나가는 군인에게 가장 중요한 것은 총이다. 파리방 사람들에게 총과 같은 무기는 바로 깃털과 붓이다. 이산화탄소가 아래에서 새어 나오는 하얀 유리판 위에 초파리를 기절시켜두고, 파리방 사람들은 조심스레 깃털로 초파리들을 모으고, 붓으로 원하는 유전형을 골라낸다. 펜은 칼보다 강하다지만, 적어도 파리방 사람들에게 칼보다 강하고 중요한 것은 부드러운 하얀 깃털과 붓이다. 파리방에 입문하는 초심자들에게 선임자들이 의식을 행하듯 성스럽게 깃털과 붓을 선물하는 이유다.

엔트로피를 막는 염색체

인간은 순종을 사랑하지만, 자연은 잡종을 사랑한다. 특히 양성생식을 하는 종들은 생식세포를 만드는 과정에서 심하게 카드를 뒤섞는다. 우리 모두는 두 벌의 염색체를 가지고 있다. 그중 한 벌은 아버지에게서 온 것이고, 나머지 한 벌은 어머니에게서 받은 것이다. 두 벌의 카드는 돋보기로 자세히 관찰하지 않으면 구별할 수 없는 미세한 차이를 지니고 있다. 여러분의 생식세포에서 이 두 벌의 카드는 뒤섞인다. 카지노에서 딜러들이 카드 몇 벌을 뒤섞는 과정과 같다. 다만 생식세포에선 뒤섞는 카드가 두 벌뿐이다.

이러한 뒤섞임을 유전자재조합이라고 한다. 모건과 그의 제자 스터티번트가 다양한 돌연변이들을 염색체 위에 가지런히 배열할 수 있었던 이유도 바로 이러한 염색체의 뒤섞임 때문이다. 한 세대 안에서 두 개의 유전자가 얼마나 가까운 거리에 존재하는지에 대한 척도를 센티모건cM이라고 부르는데, 1센티모건은 다음 세대에서 두 유전자 간에 재조합이 일어날 확률이 1%일 경우를 말한다.

유전자 간의 거리에 따라 재조합이 일어날 확률이 다르기 때문에, 유전자재조합 과정을 카드를 뒤섞는 과정에 비유하는 것은 적절하지 않다. 숙련된 딜러들은 거의 무작위에 가까울 정도로 모든 카드들을 같은 확률로 뒤섞을 수 있기 때문이다. 각각의 카드를 하나의 유전자라고 가정했을 때, 염색체상의 유전자들은 그런 식으로 마구 뒤섞이지 않는다.

실제로 생식세포의 염색체 두 벌 간에 일어나는 유전자재조합 과정은 진주 목걸이 두 개를 뒤섞는 과정과도, 카드 두 벌을 뒤섞는 과정과도 다르다. 아마 이 둘의 중간쯤 되는 형태일 텐데, 이를 적절히 비유하기란 어려운 일이다. 이런 상상을 해보자. 한 초등학교에 '개나리'와 '진달래'라는 두 반이 있다. 이 학교에서는 매해 새 학기가 시작되면 두 반의 학생들에게 '개나리'와 '진달래' 중 한 반을 선택하라고 공지한다. 선택은 학생들의 몫이다. 규칙이 한 가지 있다. 개나리 반에서 누군가 진달래 반으로 옮기겠다고 결정할 경우, 진달래 반에서도 같은 수의 학생이 개나리 반으로 옮겨야만 한다. 이런 식으로 매년 반을 재편할 경우, 친한 친구들끼리 계속해서 몰려다니는 현상이 관찰될 것이다. 반면 별로 친하지 않았던 친구들이 계속해서 같은 반에 있을 확률은 낮아진다.

염색체상에서 가까운 거리에 존재하는 두 개의 유전자는 이렇게 반을 옮겨 다니는 친한 친구인 셈이다. 두 유전자 간의 거리가 짧을수록, 즉 두 친구가 친할수록 재조합 과정에서 두 유전자는 함께 옮겨 다닐 확률이 높다. 친한 친구들을 갈라놓기가 어렵듯이, 아주 가까이 붙어 있는 유전자들이 재조합 과정에서 갈라질 확률도 적다. 모건과 스터티번트Alfred Sturtevant는 유전자들이 얼마나 친한 사이인지를 밝혀낸 셈이다. 그리고 바로 이 발견으로 노벨상을 받았다.

이러한 재조합 과정 덕분에 양성생식을 하는 종들은 유전적 다양성을 획득할 수 있었지만, 재조합은 유전학자들에게는 재앙으로 작동한다. 유전학자들은 돌연변이들을 대상으로 연구한다. 한 유전자의 돌연변이가 나타내는 표현형을 따라 그 유전자의 기능을 추측하는 학문이 바로 유전학이기 때문이다. 어떤 돌연변이들은 '우성dominant'이고 어떤 것들은 '열성recessive'이다. 여기서 우성이란 두 벌의 염색체 중 한 벌에만 돌연변이가 생겨도 표현형이 나타난다는 뜻이고, 열성이란 두 벌 모두에 돌연변이가 생겨야만 표현형이 나타난다는 뜻이다. 또 대부분의 돌연변이는 해롭다. 두 벌의 염색체 모두에 돌연변이가 나타날 경우 개체가 죽는 유전자를 '열성치사유전자recessive lethal'라고 부른다. 사는 데는 별 지장이 없는 돌연변이의 경우엔 두 벌 모두에 돌연변이가 생겨도 상관이 없을 수 있다. '우성치사유전자dominant lethal'는 기본적으로 연구가 불가능하다. 한 벌의 염색체에만 돌연변이가 생겨도 개체가 죽는다면, 그러한 유전형을 유지할 수단이 없기 때문이다.

열성치사유전자들은 생물학적으로 중요한 기능을 가질 것이라고 예측할 수 있다. 물론 어떤 돌연변이가 개체를 죽이지는 않으면서 특별한 표현형을 나타낸다면 재미있는 일이다. 그런 돌연변이들이 유전학 초창기에 중점적으로 연구되었다. 하지만 발생과정이나 성체에서 정말 중요한 유전자들이라면, 돌연변이는 개체를 죽음에 이르게 만들 것이다. 신기한 표현형을 가진 돌연변이들이 많이 발견되었지만, 역설적으로 그러한 돌연변이들은 유전자들의 네트워크에서 상대적으로 중요하지 않은 것들일지도 모른다. 돌연변이가 생겨도 개체가 죽지 않고 흥미로운 표현형을 보인다면 연구 자체는 재미있을지 모른다. 하지만 유전체에는 그런 유전자들만 존재하는 것이 아니다. 너무나 중요해서 돌연변이가 일어나면 개체가 죽어버리는 그런 유전자들도 많다.

발생학이 생물학자들의 관심사가 되어갈수록 유전학자들의 관심도 옮겨가기 시작했다. 발생과정에 관여하는 유전자들은 대부분 중요하다. 발생과정이란 매우 정교하게 조절되는 연쇄과정이며, 아주 조그만 변화도 결국은 재앙으로 나타날 수 있기 때문이다. 발생이 일어나는 수정란은 원자로 발전소와 같다. 조금만 일이 꼬여도 원자로는 폭발해 버린다. 재미있는 유전자들을 연구하던 유전학이 중요한 유전자들에 대한 연구로 옮겨갈 수 있었던 것은 밸런서balancer 염색체가 발견되었기 때문이다.

과학적 발견들은 언제나 그 발견을 가능하게 한 도구의 발전에 기대고 있다. 산소를 발견하기 위해서 정교한 기체 분석 장치가 필요했던 것처럼, DNA 이중나선의 구조를 밝히기 위해서 X선 회절기법이 필요했던 것처럼, 열성치사유전자들의 기능을 밝히기 위해서도 그러한 도구가 필요하다.

멘델의 완두콩을 생각해보자. 주름진 완두콩과 정상인 완두콩을 교배하면, 첫 번째 세대의 모든 완두콩은 정상이다. 첫 번째 세대를 자가수분시키면 두 번째 세대에서는 1:3의 비율로 정상과 주름진 콩이 나타난다. 멘델이 관찰했던 대부분의 유전자들은 열성이었다. 두 벌의 유전자 모두에 돌연변이가 생길 때에만 표현형이 나타난다는 뜻이다. 하지만 열성치사유전자의 경우엔 1:3의 비율이 나타나지 않는다. 두 벌의 유전자 모두에 돌연변이가 생긴 개체는 발생과정 중에 죽어버리기 때문이다. 따라서 두 벌 모두 정상인 개체들과, 한 벌에만 돌연변이가 생긴 개체들이 언제나 섞여 있는 상태가 지속된다. 그리고 언젠가 돌연변이는 개체군에서 사라질 것이다. 따라서 열성치사유전자들에 대한 연구는 난관에 봉착한다. 돌연변이를 유지할 방법이 없기 때문이다. 지금도 쥐를 이용해 열성치사유전자를 연구하는 학자들은 매 세대에 태어난 새끼들의 꼬리를 잘라 DNA의 염기서열을 확인하는 방법을 사용한다. 하지만 이건 아주 불편한 방법이다.

고전유전학에서 돌연변이들은 두 벌의 유전자 모두에 이상이 생겨도 죽지 않아야 유지가 가능했다. 혹은 한 벌에만 이상이 생겨도 확실히 눈에 띄는 표현형을 지녀야 계대strain를 유지할 수 있었다. 하지만 1918년 열성치사유전자들을 연구하던 허먼 멀러Hermann Muller가 아주 손쉽게 이러한 돌연변이들을 유지할 수 있는 방법을 발견했다.[4] 정상적인 개체와 한 벌의 유전자에만 돌연변이가 발생한 개체들이 뒤섞여 있는 상황은 유전학자들에겐 끔찍한 혼돈이다. 왜냐하면 표현형 수준에서 둘을 구분할 방법이 없기 때문이다. 다른 모델생물 유전학 연구자들처럼, 바로 이 잡종을 확인하기 위해 몸의 일부를 떼어내서 확인할 수도 있지만, 이건 마치 집을 오랫동안 청소하지 않아서 칫솔을 찾기 위해 매번 집을 뒤집어야 하는 것과 같다. 항상 집이 정돈되어 있을 수만 있다면, 아주 착하고 성실한 우렁각시가 매일 집을 청소해준다면, 매일 아침 칫솔을 찾기 위해 집 전체를 뒤지고 다닐 필요는 없을 것이다. 멀러는 유전학자들이 매일 아침 집을 뒤지는 수고를 덜어줄 수 있는 방법을 개발했다. 바로 멀러 덕분에 초파리 유전학자들은 조금 게으르게 일할 수 있게 됐다.

'밸런서ballancer'라고 불리는 염색체가 작동하는 방식은 아주 단순하다. 초파리에 방사선을 쬐어 돌연변이를 연구하던 멀러는, 그렇게 오랜 시간 방사선을 쬔 초파리 계통들의 염색체에 역위inversion라는 현상이 일어나는 걸 발견했다. 역위란, 염색체 재조합 과정에서 염색체의 일부 구간이 뒤집히는 현상으로, 사람의 유전병을 일으키는 주요 원인 중 하나이기도 하다. 멀러는 초파리 염색체에 아주 많은 수의 역위를 유도할 수 있다는 걸 보여주었고, 이렇게 다중 역위multiple inversion가 일어난 염색체는 정상적인 염색체와 재조합하지 못한다는 사실도 발견했다. 게다가 다중 역위가 일어난 염색체에는 치명적인 돌연변이가 있어서, 그 염색체 두 벌을 지닌 개체는 죽게 되고, 한 벌만 지닌 개체는 날개가 휘거나, 털이 짧은 등의 확연한 표현형이 나타났다. 멀러는 바로 이 염색체를 염색체 재조합을 막는 데 사용할 수 있다고 생각하고, 이를 이용해 밸런서 염색체를 개발했다. 게다가 밸런서 염색체를 지닌 개체는 눈으로 쉽게 확인할 수 있다. 또한 이 밸런서 염색체는 다중 역위가 일어났을 뿐, 대부분의 유전자는 정상적으로 기능하기 때문에, 열성치사돌연변이를 지닌 염색체와 밸런서 염색체가 함께 있으면, 밸런서의 존재로 열성치사돌연변이 유전자의 존재를 추측할 수 있게 된다. 왜냐하면 '밸런서/밸런서'인 개체도 죽고, '돌연변이/돌연변이'인 개체도 죽기 때문에, 유일한 가능성은 '밸런서/돌연변이'일 수밖에 없기 때문이다.*

초파리의 모든 염색체에 대한 다양한 밸런서 염색체가 존재하고, 바로 이 사실 때문에 초파리 연구자들은 번거롭게 꼬리를 자르고 유전형을 확인하지 않아도 어떤 초파리가 어떤 유전형을 지니고 있는지를 현미경으로 보이는 표현형만으로 말할 수 있다. 초파리와 선충을 제외하곤, 이렇게 간단하고 빠르게 원하는 유전형을 찾고 재조합할 수 있

* 이 논문의 그림들을 참고할 것. Ables, E. T. (2015). "Drosophila oocytes as a model for understanding meiosis: an educational primer to accompany corolla is a novel protein that contributes to the architecture of the synaptonemal complex of Drosophila", *Genetics*, 199(1), 17-23.

1. 밸런서 염색체는 유전적으로 재설계된 염색체다.

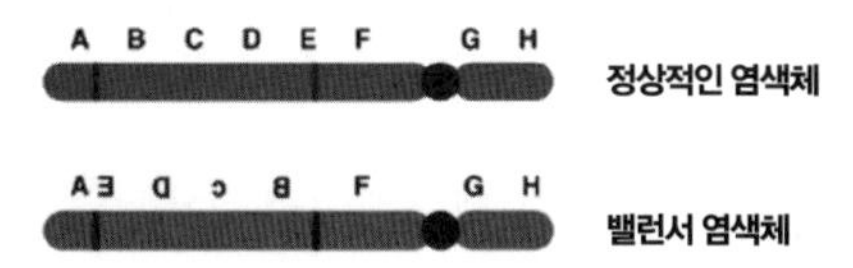

2. 모든 유전자가 밸런서 염색체에 존재한다. 하지만 대부분은 역위에 의해 방향이 뒤바뀌어 있다.

3. 정상 염색체와 밸런서 염색체 사이에서는 유전자 재조합이 일어나지 않는다.

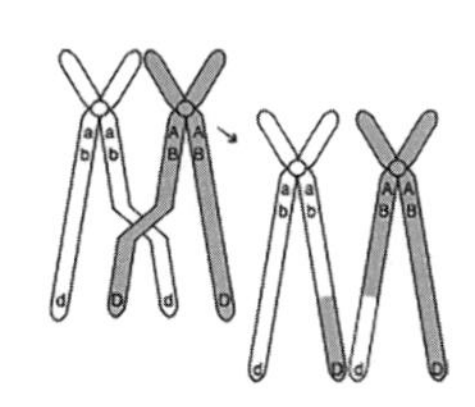

○ 초파리 유전학을 접하는 초심자들이 가장 힘들어하는 개념이 바로 밸런서 염색체다. 이건 유전학과 생물학에 대한 기본 개념이 없는 이들에게 설명해주기 정말 어려운 개념이기도 하다. 양자역학을 공부하지 않고 이해할 수 없듯이, 밸런서도 그렇다. 그러니 밸런서 염색체의 작동원리를 알고 싶은 독자는, 구글에 묻고, 그래도 안 되면 필자를 초청하면 된다.

는 모델생물은 없다. 물론 이렇게 효율적인 유전학 도구를 가진 유일한 모델생물임에도 불구하고, 생쥐 유전학자들은 여전히 초파리를 무시한다. 생쥐에서 밸런서 염색체를 만들어보려던 모든 시도는 수포로 돌아갔다. 아마 영원히 만들지 못할 것이다.[5]

새로운 분야에 진입하는 초심자들은 모두 어려움을 겪는다. 특히 완전히 다른 실험방법과 용어를 사용하는 분야로 전공을 바꾼, 이미 그다지 젊지도 않은 박사후연구원에겐 더더욱 그렇다. 초파리 수컷의 행동은 이미 40년에 걸쳐 기라성 같은 연구자들에 의해 파헤쳐졌다. 아직도 연구하지 않은 행동이 있을 것이라는 생각은 하기 힘들었다. 이미 초파리 수컷의 행동연구는 풍부했고, 인간의 생각이 모두 거기서 거기듯, 해볼 만한 실험은 모두 논문으로 출판되어 있었다. 실험실 동료가 암컷의 산란행동을 연구했으니, 거기서 시작하는 것도 꽤나 현실적인 방법이었다. 물론 자존심이 상하는 일이긴 하다. 이미 앞서간 동료의 눈치도 봐야 한다. 몇 번 실험을 해봤으나 이상하게도 끌리지 않았다. 초파리 암컷의 알 낳기 의사결정은 재미있는 주제였지만, 취향에 맞지 않았다. 레베카는 실험실을 떠나기 전, 재빠르게 또 하나의 프로젝트를 완성 중이었다. 그게 정말 재미있는 주제였는데, 이 연구의 핵심은 진화생물학과 행동유전학 사이의 흥미로운 대화를 유도할 수 있었다.

성펩타이드sex peptide, 초파리 수컷의 정자에 잔뜩 붙어 있는 작은 아미노산의 중합체다. 초파리 수컷의 정자는 아주 긴 꼬리를 가지고 있는데, 성선택sexual selection의 산물로 생각된다.[6] 그 긴 꼬리가 진화한 결정적인 이유는 꼬리가 길수록 암컷 몸으로 가지고 들어갈 수 있는 성펩타이드의 양이 늘어나기 때문이다.*

* 성펩타이드의 진화적 의미에 관해선 다음의 논문을 참고할 것. Chapman,

초파리 수컷의 성펩타이드가 암컷의 산란관으로 들어가면, 수십 분 안에 암컷 몸에는 큰 변화가 일어나는데, 이를 '교미후 반응post-mating responses'이라고 부른다. 교미후 반응은 크게 두 가지로 나뉘는데, 가장 먼저 일어나는 변화는 다른 수컷들과의 교미를 가능한 한 거부하려는 행동이다. 그다음으로는 서서히 알을 낳을 준비를 하게 되면서 암컷의 식욕이, 단백질 섭취가 증가하고,** 몸집도 더 커진다.***

여기서 끝나는 게 아니다. 성펩타이드는 암컷 초파리의 수면을 방해하고,[7] 심지어 수명을 줄이는 효과도 있다.[8] 그러니까 수컷은 자신의 정자가 암컷의 난자와 만나 최대한 많은 자손을 생산하기 위한 치명적인 전략을 준비한 셈이다.

암컷이라고 가만히 당하지는 않는다. 암컷과 수컷 사이에 벌어지는

T., Bangham, J., Vinti, G., Seifried, B., Lung, O., Wolfner, M. F., Partridge, L. (2003). "The sex peptide of Drosophila melanogaster: female post-mating responses analyzed by using RNA interference", *Proceedings of the National Academy of Sciences of the United States of America*, 100(17), 9923-9928. doi.org/10.1073/pnas.1631635100
뒤에 다시 다루겠지만 이 논문의 제1저자인 채프먼 박사는 필자의 연구 주제인 교미시간의 진화적 의미를 연구하는 학자이기도 하다.

** 벤저는 말년에 초파리 암컷의 교미 후 반응이 어떻게 섭식행동을 조절하는지를 연구하기도 했다. 다음 논문을 참고할 것. Carvalho, G. B., Kapahi, P., Anderson, D. J., & Benzer, S. (2006). "Allocrine modulation of feeding behavior by the sex peptide of Drosophila", *Current Biology*, 16(7), 692-696.

*** 성펩타이드 연구를 수십 년 동안 지속해온 연구자는 마리아 울프너 박사다. 그의 종설논문이 이 분야를 이해하는 데 도움이 될 것이다.
Wolfner, M. F. (1997). "Tokens of love: functions and regulation of Drosophila male accessory gland products", *Insect biochemistry and molecular biology*, 27(3), 179-192.

진화적 군비경쟁을 '성적 갈등sexual conflict'이라고 부른다. 자연선택은 성적 갈등에서 한편만 들 수 없다. 왜냐하면 그런 종은 균형을 이루지 못하고 멸종하기 때문이다. 암컷 초파리는 다양한 전략으로 성펩타이드를 앞세운 수컷의 전략에 대응한다. 성적 갈등이 높은 경우, 군집 내에서 암컷의 비율이 높아지는 현상은 성펩타이드로 인한 성적 갈등이 성비를 왜곡하는 방식으로 균형을 맞추어왔음을 보여준다.[9] 또 암컷은 원하지 않는 정자를 다시 배출하는 방식으로 수컷의 전략에 흠집을 내기도 한다.* 예를 들어, 암컷 초파리는 수컷과 교미를 한 후, 그 수컷이 그다지 건강하지 않거나 마음에 들지 않았다는 판단이 들면 정자를 몸 밖으로 배출해버린다.

성적 갈등은 진화생물학의 오래된 연구 주제였고, 초파리의 성펩타이드는 실험생리학의 전통에서 성적 갈등에 접근할 수 있는 통로를 열어준 몇 안 되는 분야다. 초파리 수컷의 성펩타이드와 이로 인해 유도되는 암컷의 교미후 반응이 수십 년 동안 연구되어왔지만, 한 가지 풀리지 않는 미스테리가 있었다. 성펩타이드의 수용체가 무엇인지 아무도 밝혀내지 못한 것이다. 세포는 다양한 펩타이드를 분비하고, 그런 펩타이드들은 신경계의 전달물질로, 호르몬으로, 때로는 면역반응을 유도하는 항원으로 작동한다. 그런 일이 가능한 이유는, G-단백질 수용체G-protein coupled receptor, GPCR라고 불리는 세포막에 존재하는 독특

* 광주과학기술원 김영준 박사의 논문이다. Lee, K. M., Daubnerova, I., Isaac, R. E., Zhang, C., Choi, S., Chung, J., & Kim, Y. J. (2015). "A neuronal pathway that controls sperm ejection and storage in female Drosophila", *Current Biology*, 25(6), 790-797.

한 수용체가 각각의 펩타이드를 인식하고 세포 내로 신호를 보낼 수 있기 때문이다. 그러니까 성펩타이드 수용체sex peptide receptor라고 불릴 수 있는 가상의 GPCR이 암컷의 몸 어딘가에 반드시 존재해야 했다. 하지만 그 수용체를 찾는 건 짚단에서 바늘을 찾는 것보다 어려운 일이었고, 성펩타이드의 존재가 알려진 후 수십 년 동안 별다른 진척도 없었다.

성펩타이드 수용체의 존재를 처음 밝히고, 그 생리학적 작동방식을 연구한 과학자는 한국인이다. 광주과학기술원의 김영준 박사는 오스트리아 빈에 위치한 배리 딕슨Barry Dickson 박사의** 실험실에서 박사후 연구원으로 연구하며 성펩타이드 수용체의 존재를 발견하고, 이를 2008년 〈네이처〉지에 보고했다.*** 김 박사와 딕슨이 수용체를 찾은 과정은 어떻게 보면 참 무모했는데, 논문을 읽은 대부분의 사람들이 그런 감상평을 내놓곤 한다. 김 박사는 딕슨이 오스트리아 빈에서 만든 초파리 RNAi 계통을 이용한 스크리닝을 시도했다. RNAi란 짧은 RNA 염기서열로 전령 RNA에 달라붙어 번역을 방해하는 유전학적 도구

** 게리 루빈과 함께 초파리 유전학계에서 아주 유명한 행동유전학자가 바로 배리 딕슨이다. 필자는 그를 몇 번 만나봤고 그에게서 질문을 받은 적도 있는데, 지금은 잘나가던 오스트리아 빈의 연구소장직을 그만두고 자넬리아에서 그룹 리더로 연구하고 있다. 그도 벤저처럼 모험을 즐기는 성격이다.

*** Yapici, N., Kim, Y. J., Ribeiro, C., & Dickson, B. J. (2008). "A receptor that mediates the post-mating switch in Drosophila reproductive behaviour", *Nature*, 451(7174), 33. 이 연구의 공동 1저자인 닐라는 필자의 친한 동료인데 현재는 코넬 대학에서 교수로 재직 중인, 멋진 레즈비언 과학자다.

다.* 스크리닝 자체는 별문제가 없는데, 스크리닝을 하는 방법이 무모했다. 초파리 성펩타이드가 암컷에게 알을 많이 낳게 한다는 생리학적 사실을 이용해, 수천 개에 이르는 초파리 RNAi를 일일이 신경세포에 발현시키고, 거기서 태어난 암컷 초파리들을 수컷 초파리와 교미시킨 후, 알의 개수를 모두 세는 방법이었기 때문이다. 몇 년이 걸렸는지 묻지 않았다. 다행히 스크리닝에서 얻어진 하나의 RNAi 계통에서 알의 개수가 획기적으로 줄어들었고, 그 RNAi가 달라붙는 유전자는 이름조차 없는 무명의 GPCR로 밝혀진다. 김 박사는 이후 세포와 시험관을 이용해 발견한 GPCR이 성펩타이드와 정말 붙는지 확인했다. 수십 년 동안 초파리 유전학자들과 진화생물학자들을 궁금하게 만들던 성펩타이드 수용체의 존재가 확인되는 순간이었다.

레베카는 이 발견이 있었던 해에 이미 다음 단계의 연구를 준비 중이었다. 암컷 몸 어딘가에 성펩타이드 수용체를 발현하는 감각세포가 있을 것이기 때문이었다. 암컷은 산란관을 통해 수컷의 정자를 받아들인다. 그러니 산란관 근처 어딘가 분명히 성펩타이드를 감지하는 감각신경이 위치하고 있을 것이고, 이 감각신경은 성펩타이드 수용체를 발현할 것이다. 레베카는 꽤 빠르게 그 신경세포를 찾아냈고, 그가 찾아낸 신경세포에 성펩타이드 수용체가 발현한다는 것도 알아냈다. 연구는 순조로웠지만, 문제는 다른 데서 생겼다. 성펩타이드 수용체를 먼저 발견한 딕슨 박사 연구진도 레베카와 똑같은 연구를 진행하고 있었기 때문이다. 결국 비슷한 시기에 거의 동일한 결론을 지닌 논문이

* RNAi에 관해서는 졸고 〈미르 이야기〉 시리즈를 참고할 것.

그것도 같은 학술지인 〈뉴런NEURON〉에 투고되었고, 전통적인 과학계의 관행처럼 백투백back-to-back의 형식으로 나란히 출판된다.[10]

우연히 바로 그 시기에 나도 레베카와 같은 실험실에 있었고, 성펩타이드 수용체 연구도 흥미롭다는 생각이 들었다. 게다가 성이 같은 한국인이 최초 발견자이니, 공동연구도 수월할 터였다. 실험실에 도착하고 반년 이상을 성펩타이드 수용체의 돌연변이를 클로닝하고 새로운 초파리 계통을 만드는 일에 보냈다. 직접 초파리 알에 아주 가느다란 바늘을 꽂아 DNA를 삽입하는 일은, 지금도 다시는 하고 싶지 않은 일이 됐지만, 초파리 계통을 직접 만들어본 유전학자가 드물어진 요즘 시대엔, 좋은 경험이라고 생각한다. 최선의 노력을 다했다고 최고의 결과가 나온다는 보장은 없다. 반년 동안 열심히 만든 초파리 계통들로 수행한 실험들은 모두 싱겁게 끝났다. 함께 연구하기로 했던 동료도 그다지 흥미로워하지 않았고, 게다가 그는 내가 함께 연구하고 싶은 스타일의 과학자도 아니었다. 그렇게 초파리 행동유전학 실험실에서의 1년은 허무하게 지나갔다. 개인사까지 겹쳐 우울증이 찾아왔고, 며칠 동안 집에서 나오지 않은 적도 있었다. 실험은 재미없었고, 딱히 할 일도 없었다. 그래서 논문을 찾아 읽기 시작했다. 벤저의 전통에서 나온 과학자라면 아무도 관심이 없을 초파리의 행동을 찾아서, 진화생물학자들의 논문을 읽었다. 그렇게 초파리 수컷의 교미시간 연구가 눈에 들어왔다.

2009년 영국왕립학술지에 게재된 어맨다 브렛먼Amanda Bretman과 트레이시 채프먼Tracey Chapman의 논문은* 여러모로 흥미로웠다. 우선 똑같이 초파리를 사용해 연구하는 생물학자임에도, 실험 데이터를 해석하고 처리하는 방식이 완전히 달랐다. 진화생물학은 경제학의 사촌이다. 즉, 다양한 수학적 기법들이 진화생물학 이론의 핵심을 이룬다. 천문학, 진화생물학, 경제학의 주류는 비슷한 성격의 과학으로 분류할 수 있는데, 왜냐하면 이들이 대상으로 삼는 별, 자연선택, 인간사회가 조작적 실험operational experiments으로 접근하는 데 제한이 있기 때문이다. 그래서 천문학에서 관측 오류를 수정하는 통계적 기법이 발전했고, 진화생물학과 경제학은 물리학에서 유래한 수학적 모델들로 이론을 만들고 아주 간단한 실험 혹은 사례들로 그 이론을 검증하는 방식으로 발전해왔다. 행동유전학이나 분자생물학 분야의 논문만 읽어왔던 과학자에게 진화생물학의 논문은 다른 세계일 수밖에 없다.**

* 2009년의 어느 날, 필자가 읽은 논문이다. 이 논문 때문에 초파리 수컷의 교미시간을 연구하게 됐다.
Bretman, A., Fricke, C., & Chapman, T. (2009). "Plastic responses of male Drosophila melanogaster to the level of sperm competition increase male reproductive fitness", *Proceedings of the Royal Society of London B: Biological Sciences*, rspb-2008.

** 어맨다 브렛먼은 이후 아주 많은 논문을 쏟아내고 있는데, 대부분이 그림이 하나 혹은 둘 정도 실려 있는 논문들이다. 필자가 4년 동안 붙들고 있는 논문은 이러한 논문을 수십 편 만들 수 있는 분량의 그림으로 구성돼 있다. 과학의 분야마다 한 편의 논문이 완성되는 데 들어가는 노력의 양은 다르다. 그래서 과학자를 논문의 숫

이해할 수 있는 부분만 정리하자면, 논문의 결론은 수컷 초파리의 정자경쟁sperm competition을 초파리 수컷의 교미시간을 통해 이해하려는 것처럼 보였다. 초파리 암컷은 여러 마리의 수컷과 교미를 하고, 따라서 암컷의 몸에는 다른 수컷들의 정자가 뒤엉켜 있다. 수컷은 최대한 다른 수컷의 정자를 밀어내고 자신의 정자가 암컷의 난자에 수정되는 방식으로 경쟁한다. 암컷이 다수의 수컷과 교미하는 종에서 진화한 그 수컷 간의 경쟁을 정자경쟁이라고 부른다.*** 초파리는 정자경쟁에서 승리하기 위해 교미시간을 늘리는 방식을 선택했다. 그 이유를 짐작하는 건 어렵지 않은데, 초파리 암컷이 교미 후 조금만 지나면 다른 수컷을 거부하는 행동을 진화시켰기 때문이다. 결국 교미시간을 조금만 늘려서 암컷을 보호할 수 있으면, 다른 수컷이 내가 교미한 암컷과 교미할 기회를 원천 봉쇄할 수 있다. 노랑초파리라는 종에서는 바로 교미시간을 늘리는 방식이 정자경쟁을 표현하는 행동양식으로 선택된 것이다.

논문이 제시하는 실험방법은 너무 간단했다. 초파리 야생형을 두 집단으로 나눈다. 한 집단은 수컷 한 마리만 자라게 하고, 다른 집단은 수컷 다섯 마리를 함께 키운다. 4일에서 5일 동안 그렇게 키운 각 집단의 수컷에게 암컷을 제공하고 교미시간을 측정한다. 그다지 손이 가는 실험도 아니었고, 어차피 할 일도 없었다. 아마 될 대로 되라는 심정이었던 것 같다. 브렛먼은 모건 실험실의 후손들이 사용하는 야생형

자로만 평가하는 방식에 문제가 있는 것이다.

*** 진화생물학의 흥미로운 주제 중 하나인 정자경쟁에 대한 책이 출판되어 있다. 이 책의 문제는 과장이 좀 심하다는 데 있다. 주의해서 읽는다면 개념을 잡는 데 도움이 될 것이다. 로빈 베이커. (2007).《정자전쟁》. 이민아 옮김. 이학사.

○ 필자가 교미시간으로 두 번째 논문을 작성하고 있을 때, 필자의 고향 친구이자 예술가인 김두한에게 부탁했던 표지 그림이다. 너무 선정적이라는 이유로 그림은 표지로 채택되지 않았다.

이 아닌 초파리 계통으로 실험을 했고, 소속된 실험실에서 사용하던 야생형 초파리는 캔톤-SCanton-S라고 불리는 계통이었다. 캔톤-S를 배양용기에 넣고 열흘을 키우면 수백 마리의 초파리를 얻을 수 있다. 초파리들이 태어나는 열흘째 조심스럽게 갓 태어난 초파리들을 이산화탄소가 배출되는 유리판 위에 얹어 수컷 초파리만 골라낸다. 그렇게 골라낸 수컷 초파리는 두 집단으로 나누고 한 집단은 다섯 마리씩, 다른 집단은 혼자 키운다. 그동안 처녀 초파리도 골라 5일 뒤 짝짓기 실험에 쓸 준비를 한다. 그렇게 준비한 실험에서 다른 수컷과 함께 자란 초파리의 교미시간이 훨씬 길다는 게 재현됐다. 즉, 브렛먼이 사용한 초파리 계통에서 나타난 교미시간의 증가가 실험실 야생형에서도 나타나는 것이다.

우울증은 새로운 삶의 동력이 나타나면 사라진다. 바로 이 실험이 그러한 활력을 심어주었다. 해야 할 일이 많았다. 브렛먼의 진화생물학 논문은 자손 번식과 생식 적합도라는 진화생물학 원리를 증명할 생각으로 구성되었기 때문에, 수컷 초파리가 어떤 감각을 이용해서 경쟁자를 감지하고 교미시간을 늘릴 준비를 하는지, 그러한 신경학적 과정에 관여하는 신경회로는 무엇이며, 어떤 신경전달 물질이 사용되는지 그리고 궁극적으로 어떤 유전자들이 관여하는지에 대한 연구는 없었다. 아마 앞으로도 연구하지 않을 터였다. 초파리 행동유전학자들이 사용하는 아주 일반적인 계통들도 진화생물학자들은 사용하지 않았다. 어디에선가 두 전통이 단절된 것이다. 과학사나 과학철학의 관점에선 아주 흥미로운 이야기가 될 테지만, 당장 연구성과를 내야 하는 박사후연구원에게 그런 공부는 사치에 가까웠다.* 우선 당장 도대체 초파리 수컷이 경쟁자를 무슨 방법으로 구별하는지 알아야 했다.

초파리도 시각, 후각, 미각, 청각, 촉각의 모든 감각을 사용한다. 초파리의 후각은 기억 연구에 자주 사용되는데, 냄새와 자극을 연관시켜 기억을 유도할 수 있기 때문이다. 초파리 공동체에서 만들어낸 다양한 돌연변이들을 이용하면 한쪽 감각만 마비된 초파리를 만들 수 있다. 돌연변이를 이용한 실험은 시각이 망가진 수컷 초파리는 경쟁자의 존재에도 불구하고 교미시간을 조절할 수 없다는 결론을 내렸다. 유전자 하나가 망가지면 도미노 현상처럼 다른 생리활동에도 문제가 생길 수 있다. 그래서 눈에만 발현하는 GAL4 드라이버로 눈을 장님으로 만들

* 하지만 결국 그 공부를 하게 됐다. 진화생물학과의 조우를 얘기하는 다음 3장에서 초파리를 둘러싼 진화생물학과 분자생물학의 갈등과 상호작용을 다룬다.

었다. 장님 초파리는 교미시간을 늘리지 못했다. 정상 초파리를 암실에 넣었다. 마찬가지 결과가 나타났다. 경쟁자의 시각적 효과가 초파리 수컷의 교미시간 증가를 유도하는 자극인 것처럼 보였다. 더 확실하게 증명할 방법은 유전학 도구도, 최첨단 실험기법도 아니었다.

거울을 보여주면 어떻겠느냐고 실험실 미팅에서 누군가 물었던 것 같다. 만약 혼자 자란 초파리가 거울에 의해 교미시간을 늘린다면, 그것처럼 확실한 증거도 없겠다는 생각이 들었다. 문제는 아주 작은 거울이 필요하다는 거였는데, 인터넷 쇼핑으로 클럽 조명으로 사용하는 조각거울을 구입할 수 있었고, 초파리 배양용기에 딱 들어가는 크기였다. 초파리 수컷을 정성스럽게 모아 두 집단으로 나눈다. 두 집단 모두 초파리는 한 마리만 들어가지만, 한 집단의 배양용기엔 거울이 들어있다. 거울을 보고 자란 수컷이 그렇지 않은 수컷보다 교미를 오래한다면 시각이 경쟁자를 인지하는 데 가장 중요한 감각이라는것이 증명될 터였다. 결과도 그렇게 말하고 있었다. 초파리 수컷은 경쟁자를 시각으로 인지한다.* 그리고 아마도 그 붉은 눈이 자극의 핵심일 것 같

* 브렛먼과 필자의 연구는 이 지점에서 다른 결론을 내린다. 브렛먼은 초파리 수컷이 경쟁자를 인식하기 위해 다양한 감각을 사용한다고 주장한다. 필자도 페로몬 같은 자극은 따로 실험해보지 않았고, 시각이 가장 중요하다는 정도의 주장을 하고 있지만, 진화생물학자의 고집은 세다. 여전히 브렛먼은 필자의 연구에 동의하지 않는 것 같다. Bretman, A., Westmancoat, J. D., Gage, M. J., & Chapman, T. (2011). "Males use multiple, redundant cues to detect mating rivals", *Current Biology*, 21(7), 617-622. 그리고 이 논문을 참고할 것. Bretman, A., Rouse, J., Westmancoat, J. D., & Chapman, T. (2017). "The role of species-specific sensory cues in male responses to mating rivals in Drosophila melanogaster fruitflies", *Ecology and evolution*, 7(22), 9247-9256.

다는 생각이 들었다. 흰 눈 초파리 수컷은 야생형 수컷에서 경쟁자로 인식되지 않았기 때문이다.

어떤 감각이 가장 중요한지에 대한 답은 그 정도로 마치고, 더 중요한 질문이 남아 있었다. 도대체 어떤 신경회로가 이 행동을 조절하는데 중요한가. 초파리는 13,500여 개의 신경세포를 가지고 있다. 이 모든 신경세포를 해부할 수는 없다. 유전적으로 조작할 신경세포를 골라내기 위해 오래된 연구들을 탐정처럼 뒤져나갔다. 그리고 벤저와 코노프카가 처음 발견했던 생체시계 유전자 피리어드period와 그 단짝 단백질인 타임리스timeless 돌연변이의 교미시간에 이상한 점이 있다는 논문을 발견했다.[11] 벤저와 그 후손들이 연구하지 않은 행동과 유전자를 찾으러 떠난 여행에서 다시 벤저의 그림자를 만난 것이다.**

** 지금부터 언급될 연구내용은 필자의 논문을 풀어 쓴 것이다. Kim, W. J., Jan, L. Y., & Jan, Y. N. (2012). "Contribution of visual and circadian neural circuits to memory for prolonged mating induced by rivals", *Nature Neuroscience*, 15(6), 876-883. doi.org/10.1038/nn.3104
Kim, W. J., Jan, L. Y., & Jan, Y. N. (2013). "A PDF/NPF neuropeptide signaling circuitry of male Drosophila melanogaster controls rival-induced prolonged mating", *Neuron*, 80(5), 1190-1205. doi.org/10.1016/j.neuron.2013.09.034

박사학위를 준비하던 시절, 바로 옆방엔 생쥐의 생체시계를 연구하는 실험실이 있었다. 그때만 해도 생체시계는 아주 지루한 연구처럼 보였다. 게다가 세포를 배양액에서 키우며 생체시계를 연구하는 건 그다지 흥미로워 보이지 않았다. 초파리가 생체시계 연구의 포문을 열었다는 사실도 행동유전학 실험실에 들어오면서 알게 됐다. 지금은 벤저와 코노프카의 그 연구가 노벨생리의학상까지 받았지만,[12] 노벨위원회는 이미 죽은 벤저와 코노프카에게 그 상을 주지 않았다.* 코노프카가 고안한 생체리듬이 망가진 초파리를 스크리닝하는 방법은 초파리 유전학자들의 교본이 됐다. 게다가 코노프카의 법칙까지 만들어냈는데, 그 법칙이란 최초 200번째 스크리닝에서 후보를 발견하지 못하면 영원히 발견할 수 없다는 경험칙이다. 코노프카와 벤저가 발견한 최초의 생체리듬 유전자, 피리어드와 타임리스가 망가진 초파리는 경쟁자를 인식해 교미시간을 늘리는 재주가 없었다. 문제는 이 유전자의 고장이 몸 전체의 생리적 활성을 전체적으로 망가뜨렸을지도 모른다는 데 있었다. 클락clock과 사이클cycle은 피리어드와 타임리스만큼 중요한 생체리듬 조절의 핵심 인자다. 그 두 유전자가 망가진 초파리들은 교미시간을 늘리는 데 아무런 문제가 없었다. 즉, 생체리듬을 조절하는 유전

* 노벨위원회는 벤저의 세 제자에게 시상했다. 노벨상은 우스꽝스럽고, 과학적인 지표도 아니다. 노벨상에 관한 필자의 졸고들을 참고할 것. 김우재. (2015). 노벨상 패러독스. 〈한겨레〉; 김우재. (2010). 노벨상과 경제발전 그리고 박정희의 유산. 〈새사연 칼럼〉.

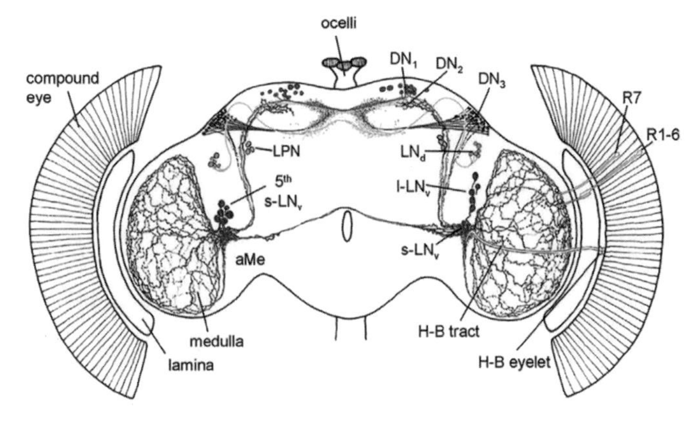

ㅇ 초파리 생체시계 연구로 초파리 뇌의 150여 개 정도의 세포들과 다양한 신경전달물질의 상호작용이 24시간 주기를 조절한다는 사실이 밝혀졌다. 물론, 여전히 많은 걸 모른다.

출처 | Collins, L. A. (2014). "Genetic analyses of circadian and seasonal phenotypes", *Drosophila*(Doctoral dissertation, Department of Genetics).

자 모두가 경쟁자에 의해 유도되는 초파리 교미시간에 관여하는 건 아니다. 피리어드와 타임리스만 관여한다.

유전자를 찾았으니 그 유전자가 발현하는 세포, 특히 신경세포를 뒤지면 신경회로를 알아낼 수 있다. 지난 수십 년 동안 초파리 행동유전학자들 중 생체시계를 연구하는 학자의 숫자는 엄청나게 증가했다.** 그만큼 그들이 알아낸 것도 많다. 초파리의 뇌에 존재하는 수많은 신경세포들 중, 생체리듬에 관여하는 신경세포는 약 150개 정도밖에 안 된다. 그리고 그 대부분이 두뇌 양쪽과 위쪽에 걸쳐 분포하고 있으며,

** 초파리 생체시계에 관한 많은 종설논문이 존재하지만, 2017년 노벨상을 수상한 제프리 홀의 것처럼 흥미진진한 논문은 없다. Hall, J. C. (2005). "Systems approaches to biological rhythms in Drosophila", *Methods in Enzymology*, 393, 61-185. doi.org/10.1016/S0076-6879(05)93004-8

이들 간의 신경회로 연결망이 생체리듬의 복잡한 양상을 조절한다. 생체리듬 분야는 이미 거의 완성된 행동유전학의 분야였고, 대부분의 유전자와 그 유전자를 망가뜨리고 복원하고 생체시계를 조절하는 신경회로를 유전적으로 조작할 수 있는 기술이 갖춰져 있었다. 그러니 운이 좋았던 셈이다. 선배들이 만든 여러 초파리 계통들을 때로는 얻고, 또 구입해서 대부분의 신경회로를 찾아낼 수 있었다. 초파리의 겹눈으로 들어온 신호는 s-LNv라고 불리는 8개의 세포들을 통해 중앙뇌 회로로 나아간다. 뇌의 중심에는 중심체central complex라고 불리는 부위가 있고, 초파리에서 중심체는 기억 및 복잡한 행동을 관장하는, 인간으로 따지면 해마와 같은 조직이다. 중심체 중 엘립소이드체ellipsoid body라고 불리는, 시각기억을 관장하는 영역이 경쟁자와 관련된 교미시간 증가와 관련이 있었다. 문제는 이렇게 찾아진 신경회로를 연결하는 신경전달물질을 찾는 것이었다.[13]

뉴로펩타이드는 신경세포에서 만들어지는 물질의 일종으로 우리가 흔히 알고 있는 도파민, 세로토닌, 글루타민 등의 신경전달물질과는 다른 방식으로 작동한다. 신경전달물질이 신경세포와 신경세포가 만나는 시냅스synapse에서 분비되고, 국지적이고 빠른 신경신호의 전달을 목적으로 한다면, 뉴로펩타이드는 신경세포 전체에서 분비되고 좀 더 멀리까지 확산되며, 느리고 확실한 신경신호 전달을 목적으로 진화했다. 초파리도 인간도 뉴로펩타이드가 없으면 다양한 생리활동과 행동에 문제가 생긴다. 가장 극명한 예로, 배고픔과 포만감이 뉴로펩타이드 Y라는 물질에 의해 조절된다. 우리 뇌에서 발현하는 다양한 뉴로펩타이드의 존재 때문에, 우리는 신체의 항상성을 유지하고 새로운 환경에 적응할 수 있다. 뉴로펩타이드는 진화적으로 가장 오래되었고 잘 보존된 신경회로를 조절하는 물질이다. 이미 위에서 언급한 성펩타이드도 일종의 뉴로펩타이드로 취급된다.*

'경쟁자에 의한 교미시간 증가', 하나의 행동을 이렇게 길게 표현하는 것도 무리다 싶어 첫 연구결과를 보고할 때 이 행동에 이름을 붙였다. Longer-Mating-Duration, 짧게 줄여 LMD라고 쓴다.** LMD는 생체시계 유전자 중 특히 피리어드와 타임리스의 영향을 받는다. 그리고 두뇌 양쪽에 존재하는 수가 얼마 되지 않는 시계세포clock cells들에 의해 중앙뇌로 연결된다. 이 과정을 매개하는 뉴로펩타이드를 찾고 싶다면, 시계세포에서 발현된다고 알려진 뉴로펩타이드를 찾으면 된다. 다시 한 번 말하지만, 생체시계 연구가 우연히 노벨상을 탄 건 아니다. 이 분야는 정말 수없이 많은 과학자들의 희생과 노력으로 쌓아 올려진 초파리 유전학의 금자탑이다. 문헌을 뒤지고, 초파리 계통을 주문하고 부탁해서 PDFpigment-dispersing facor와 NPFneuropeptide F라는 두 뉴로펩타이드가 LMD 조절의 핵심 신경신호전달 물질이라는 걸 알아냈고, 그 둘의 GPCR 수용체를 발현하는 신경세포를 찾아냈다. 이 과정에

* 뉴로펩타이드에 관한 가장 좋은 종설논문은 딕 내셀의 다음 논문이다. Nssel, D. R., & Winther, M. (2010). "Drosophila neuropeptides in regulation of physiology and behavior", *Progress in neurobiology*, 92(1), 42-104.

** 과학자들, 특히 초파리 유전학자들은 유전자 이름을 짓거나 할 때 재미있는 아이디어를 많이 사용하는데, 예를 들어 유전자 이름에 게임의 주인공인 두더지 소닉sonic hedgehog을 넣는다든가 하는 것이다. 그래서 처음 이 행동에 이름을 붙일 때, Longer-Sex-Duration, 줄이면 LSD로 마약 이름과 똑같은 약칭이 되는 걸 선호했다. 하지만 지도교수는 그런 개그를 이해하는 사람이 아니었다.

2년 정도의 시간이 걸렸고, 그 두 번째 논문 덕분에 오타와에서 교수직을 제안받을 수 있었다.[14]

뉴턴이 말해서 유명해진 격언이 있다. "내가 더 멀리 보았다면 이는 거인들의 어깨 위에 올라서 있었기 때문이다"라는 말이다. 물론 이 말은 뉴턴이 처음 만든 말도 아니고,[15] 뉴턴이 자신의 겸손을 나타내기 위해 한 말도 아니다. 사실 뉴턴은 이 말을 통해 자신의 경쟁자인 로버트 훅Robert Hooke을 은근히 비꼰 것이다. 귀족 출신이자, 권위 있는 과학자들의 지원을 받았던 자신을 음해했던 평민 출신 로버트 훅은 거인들과 만나지도 못했을 테고, 그러니 자신처럼 멀리 보지 못한다는 냉소가 담긴 말인 셈이다.[16] 뉴턴이 무슨 의미로 그 말을 했건 그건 별로 중요하지 않다. LMD와 관련된 두 편의 연구가 겨우 5년 안에 마무리 될 수 있었던 건, 우연히 그 행동에 관여하는 유전자가 생체시계라는, 아주 잘 확립된 분야의 주인공 격인 유전자였기 때문이고, 생체시계 연구자들이 수십 년 동안 이루어놓은 연구의 질이 아주 높고 깊었기 때문이다.

그리고 뉴턴처럼 벤저처럼 유명하지 않아서 아무도 이름을 기억해주지 않는 한 과학자, 로널드 코노프카Ronald Konopka가 그 유전자를 발견했기 때문에 내 연구도 가능했다. 코노프카는 2015년 사망했고, 노벨위원회는 2017년, 그가 세상을 떠나고 나서 2년 뒤 초파리 생체시계 연구에 노벨상을 시상했다.

코노프카의 시계

2017년 노벨생리의학상은 제프리 홀Jeffrey Hall과 마이클 로스배시Michael Rosbash, 마이클 영Michael Young에게 돌아갔다. 선정 이유는 "그들이 생체시계를 조절하는 분자적 기제를 발견했기 때문"이다. 2015년 2월 14일, 로널드 코노프카는 칼텍Caltech이 위치한 파사데나 근교의 그의 아파트에서 죽은 채 발견됐다. 사인은 심장마비로 판명되었다. 그는 2017년 노벨상 수여가 가능할 수 있게 한 발견의 주인공이었지만, 불과 2년을 참지 못하고 홀로 죽었다.

벤저는 1960년대 중반 칼텍으로 연구실을 옮긴다. 벤저는 아주 단순한 행동, 예를 들어 빛으로 향하는 행동이나 중력의 반대 방향으로 움직이는 행동에 관심을 갖고 연구하던 중이었고, 함께 연구할 박사후연구원을 뽑고 있었다. 코노프카는 벤저의 첫 번째 박사후연구원이었다. 그리고 벤저가 아니라 바로 그가 생체시계 연구라는 주제를 초파리 행동유전학에 도입했다. 그가 피리어드 유전자를 발견하고 15년이 지난 후에야 초파리에서 DNA 해독이 시작되었고, 유전자의 실체가 드러나기 시작했다. 피리어드 유전자가 생쥐에도 보존되어 있다는 사실이 후에 밝혀졌고, 바로 이 사실 때문에 생쥐의 생체시계 연구가 동력을 얻었다. 스탠퍼드 대학에서 짧은 박사후연구원을 마친 후 그는 칼텍에 교수직을 얻었다. 조교수 동안 그는 피리어드 유전자의 기능을 깊이 연구했지만, 칼텍의 종신직 자리를 보장받지 못했다. 그는 클락슨 대학으로 자리를 옮겨 연구를 지속했고, 노벨상을 탄 제프리 홀과도 공동연구로 교분을 유지했다. 제프리 홀과의 공동연구로 훌륭한 논문을 출판했지만, 클락슨 대학의 정책기조가 바뀌면서 그는 다시 종신직 보장에 실패했다. 25년 동안 생체시계 연구에 매진했고, 가장 중요한 발견을 했지만, 그는 두 번이나 교수직에서 밀려났고, 결국 고등학교에서 교편을 잡았다.

세속적인 관점에서 바라보면 코노프카는 실패한 과학자다. 노벨상에 이르는 발견을 했지만, 두 번이나 종신 교수직을 거부당했고, 불과 43살의 나이에 자신이 정초했고 이제 막 분자적 연구가 시작되는 분야에서 떠나야만 했다. 생체시계 연구는 그가 처음으로 시계유전자의 존재를 밝힌 1971년으로 거슬러 올라가며, 이후 반세기가 넘게 지났지만, 그는 겨우 그 반세기의 처음 반만을 연구자로 살 수 있었다.* 그리고 초파리 연구자 중에서도 생체시계를 연구하는 몇 안 되는 과학자들에게만 기억될 것이다. 과학자로서의 그의 삶이 실패한 것인지 성공한 것인지 누구도 판단할 수 없고, 해서도 안 된다.

과학은 측정량, 즉 양으로 표현할 수 있는 것만을 다룬다. 과학이 숫자로 이루어진 세상이라는 말은 과장이 아니다. 과학자들은 숫자로 자연을 표현한다. 물론 그렇다고 과학자들의 세상이 숫자로만 이루어진 것은 아니다. 과학자들에겐 낮의 과학과 밤의 과학이 있다고, 프랑스의 유명한 분자생물학자 프랑수아 자코브François Jacob가 말했다.** 낮에

* 코노프카와 과학 이외에도 여러모로 교분을 나눴던 2017년 노벨상 수상자이자 괴짜 과학자인 제프리 홀은 그가 스스로를 'The Kapusta Kid(TKK)', 즉 쓸모없는 녀석이라고 불렀다고 전한다. 코노프카가 자신의 삶을 그렇게 자조적으로 한탄해야 했다는 사실은, 현대를 사는 과학자들에게 먼 이야기는 아니다.

** 프랑수아 자코브. (1999). 《파리, 생쥐 그리고 인간》. 이정희 옮김. 궁리. 자코브

는 숫자라는 건조한 형식에 갇혀 있어야 하지만, 과학자들도 밤이 되면 엉뚱하고 황당한 이론의 꿈을 펼친다. 하지만 그것을 반드시 숫자로 표현해야 하기에, 과학자들은 미치광이의 꿈을 가지고도 사이비 종교의 교주가 되지 않을 수 있다.

문제는 과학자들이 자신의 업적까지 모조리 숫자로 만들어 과학자 사이의 위계를 만들고, 노벨상 같은 권위에 무슨 엄청난 과학적 엄정함이 있는 것처럼 과장할 때다. 논문의 임팩트 팩터Impact factor라는 것은 과학자의 논문이 아니라 해당 저널에 매겨지는, 그것조차 정치적으로 악용되는 숫자에 불과함에도, 전 세계 많은 과학자들이 그 숫자로 평가받고 있다. 그리고 무의식적으로 다른 과학자들을 논문 숫자와 그 알량한 임팩트 팩터로 평가한다. 진보적이라고 설레발치는 과학자도 예외는 아니다.***

과학자의 꿈이 온갖 숫자들, 예를 들어 공저자 논문의 숫자, 〈네이처〉 같은 유명한 저널에 논문을 내겠다는 희망, 배출한 박사학위생의 숫자, 교수로 임용된 학생의 숫자, 연구비의 규모 등으로 표현될 수도 있을 것이다. 그런 과학자야말로 어쩌면 측정량으로 표현하는 과학의 방법론을 과학자를 평가하는 방식에까지 적용시키는 물아일체의 경

의 낮의 과학과 밤의 과학에 대한 필자의 해설은 다음 졸고를 참고할 것. 김우재. (2008). 미르와의 조우. 〈사이언스타임즈〉.

*** 왜 과학자의 업적 평가가 임팩트 팩터에서 벗어나야 하는지에 대해 지난 10여 년 동안 엄청난 논의가 진전됐다. 하지만 한국 같은 관료주의가 판치는 세상에선 여전히 임팩트 팩터로 과학자의 업적을 평가한다. 개선되기를 바란다. Seglen, P. O. (1997). "Why the impact factor of journals should not be used for evaluating research", *BMJ: British Medical Journal*, 314(7079), 498.

○ 코노프카는 생체시계 유전학이라는 분야를 개척하고도, 과학자로서, 아니 교수로 성공하지 못하고, 노벨상 수상 2년 전에 죽음을 맞았다. 과학자의 성공이라는 것도, 노벨상이라는 것도, 도대체 과학의 관점에서 어떻게 바라봐야 하는지에 대해, 코노프카의 삶은 많은 의미를 던진다. 이 책을 읽는 독자들도 코노프카의 이름을 들어보지 못했을 것이다. 과학자의 이름은 그렇게 편향되어 있다. 벤저는 알아도 코노프카는 모른다. 인류에게 기억되는 과학자의 이름은 1%도 채 되지 않을 것이다. 그럼에도 우리는 그런 과학자만을 기억하고 영웅으로 만든다. 무언가 크게 잘못되었다. 이 사진은 코노프카의 유족이 특별히 보내주었다. 페이스북에서 'Ron Konopka Memorial'로 검색하면 그를 추억하는 페이지를 찾을 수 있다.

지에 오른 과학자일지도 모르겠다. 하지만 바로 그 시스템이 전체적인 과학의 발전에 어떤 도움을 주고 있으며, 과연 그 시스템 속에서 내 동료 과학자들의 행복은 얼마나 보장되는지, 조금만 물러나 생각하면 누구나 해낼 수 있는 그런 생각을, 현대의 과학자들은 하지 않는다. 어쩌면 그들은 스스로를 감옥에 가두고 있다.

로널드 코노프카는 실패한 과학자일까. 만약 당신이 로널드 같은 과학자를 곁에 두고 있다면 그리고 당신이 만약 현대를 살아가는 평범한 과학자라면, 분명 당신은 그의 실패를 비웃고, 자신의 처지를 위안하며, 그렇게 이기적이고 바보 같은 삶을 살아가고 있을지 모른다. 코노프카가 죽고, 두 명의 초파리 유전학자가 그를 위해 부고를 썼다. 한 명은 제프리 홀, 초파리 유전학자 중 가장 괴짜인 사람이고, 한 명은 마이클 로스배시로 코노프카와 두터운 교분을 나눈 과학자다. 둘 모두 2017년 노벨상을 받았다. 노벨상 수상자 두 명이—비록 부고를 쓸 당시엔 본인들의 노벨상 수상을 알지 못했지만—부고를 써준 과학자의 일생은 성공한 것인가 아니면 실패한 것인가. 당신이 죽었을 때—인간은 모두 죽는다. 모두 잊고 살겠지만—그 누군가가 부고를 써주기나 할 것인지 생각해보는 건 어떨까. 논문의 숫자보다, 가르친 학생의 숫자보다, 자신의 연구공동체가 그를 기억하고, 그의 연구가—정량적 지표가 뭐라 말하건—자연의 이해에 기여하고, 나아가 할 수 있다면 세상의 진보에 기여했을 때, 과학자로서의 그의 삶은 성공한 것이 아닌가. 과학자로 사는 모두는 물어야 한다. 아니 과학자를 영웅의 하나로만 기억하는 독자들도 모두 스스로에게 물어야 한다. 왜냐하면, 통계적으로—통계는 과학의 언어이기도 하니까—이 글을 읽는 독자들 중 대다수는 부고도 없는 쓸쓸한 죽음을 맞이할 것이기 때문이다. 제프리 홀은 그의 부고에서 "만약 저 위대한 코노프카가 자신이 했던 발견을 저렇게 잘 일구어놓지 않았더라면, 우리는 가족을 부양할 직업을 갖지 못했을 것"이라고 단언했다. 홀과 로스배시의 부고 마지막 구절을 옮긴다. 가장 성공한 과학자, 코노프카를 위해 건배.

> "하지만, 바로 우리 곁을 떠난 로널드 코노프카 덕분에 생체시계 연구라는, 의문투성이였던 분야는 성숙해갈 수 있었다. 그렇게 솟아 오른 연구는 지금에 이르렀고, 생체시계는 더는 불확실한 미스테리나 기적이 아니라, 확실한 실체를 지니게 되었고, 그 존재는 지구상에 사는 모든 동물들에게 중요한 요소라는 것

이 밝혀졌다. 그 생체시계가 유기체의 생활에 엄청나게 중요하기 때문만이 아니라, 그 자체가 생명이라는 현상의 관점에서도 엄청나게 중요한 현상이기에."*

"비록 코노프카 자신이 1980년 이후 진행된 분자 혁명 속에서 진행된 유전자 연구에 크게 기여할 수는 없었지만, 그의 최초의 연구 자체가 이미 중요했다. 아마도 그의 역할처럼 중요한 선구적 연구자는 이 분야에 많지 않을 것이다. 대부분의 과학자들이 '삭제 시험deletion test'에 실패하리라는 점을 생각해보면 더욱 그렇다.** 코노프카는 그 삭제 시험을 아주 쉽게 통과할 몇 안 되는 과학자일 것이다. 그의 첫 논문 자체가 그 누구도 다시 하기 어려울 만큼 힘든 수행물이었다. 시드니 브레너Sydney Brenner***와 버널J. D. Bernal****은 과학을 체스에 비유하곤 했다.

* 홀은 이 부고의 마지막 문장을 일부러 'per se(그 자체로)'라는 라틴어로 끝냈다. 코노프카가 발견한 유전자 period의 약자가 per이기 때문이다. Hall, J. C. (2015). "Ronald J. Konopka", *Journal of Biological Rhythms*, 30(2), 71-75. doi.org/10.1177/0748730415579136

** 삭제 시험이란, 게리 루빈이 만든 용어인데, 일종의 사고 실험이다. 한 과학자의 업적을 제대로 평가하고 싶거든, 그 과학자의 존재를 과학사에서 없애고, 해당 분야가 어떻게 진행되었을지 예측해보라는 것이다.

*** 1990년대 예쁜꼬마선충을 새로운 모델생물로 만든 전설적인 과학자. 그에 대한 소개는 필자의 졸고 '시드니 브레너의 벌레'(〈사이언스타임즈〉, 2008) 참고.

**** 물리학자로 과학계의 성자로 불렸으며, 20세기 영국에서 과학자이자 사회운동가 그리고 사회주의자로 적극적인 과학적 실천을 주장했던 인물이다. 버널에 대해선 필자의 졸고 '텅 빈 지대: 한국사회 진보진영의 지형도와 버널 사분면(진보적

그들은 가장 힘써서 둬야 할 중요한 부분은 초반전과 종반전이라고 말했다. 코노프카와 벤저는 궁극적인 초반전을 플레이했다. 벤저가 2007년 죽고, 이제 코노프카의 죽음이 생체시계 연구 역사의 기념비적인 한 챕터를 닫는다."

과학지식인 그룹)의 정립을 위한 소고'(〈말과활〉, 2014) 참고.

위대한 과학자의 전기를 읽으면, 마치 그가 이론의 모든 것을 처음부터 꿰뚫고 있었다는 착각이 들기도 한다. 정말 아인슈타인이나 다윈은 그런 과학자였는지 모르겠다. 두 편의 논문을 출판하고, 결혼을 했고, 생전 생각해보지도 않은 캐나다에서 직업을 구했고, 아이가 생겼다. 과학자의 삶도 그다지 다를 수 없다. 연구의 속도는 모든 것을 걸고 달리던 박사후연구원 시절보다 느려질 수밖에 없었다. 그리고 아마 그때쯤, LMD만으론 뭔가 부족하다는 생각을 했다.

정리해보자. 초파리 수컷은 경쟁자가 주변에 있으면 그 존재를 인지하고—시각이 가장 중요한 역할을 한다—생체시계를 조절한다고 알려진 유전자가 발현되는 시계세포들을 통해 중앙뇌로 신호를 보낸다. 그 신호를 받은 중심체는 그 정보를 일종의 기억으로 저장하고 있다가, 교미상대가 나타났을 때 교미시간을 늘리는 방식으로 행동을 조절한다. LMD라고 명명한 이 행동을 조절하기 위해서는 일군의 신경세포 집단이 필요한데, 특히 시계세포들 사이에서 PDF와 NPF라는 두 뉴로펩타이드의 긴밀한 되먹임 조절이 LMD라는 행동의 발현에 필수적이다. 뭔가 부족하다는 생각이 들었던 이유는, 하나의 행동에 대해 이미 상당히 많은 사실을 밝혀냈기 때문이다. 비록 자넬리아와 유명한 과학자들은 여전히 초파리 수컷의 구애행동이나 걷기, 날기, 섭식 행동 등에만 관심을 두고 교미시간 연구에는 전혀 관심도 주지 않지만, 하나의 행동을 패러다임으로 만들고, 그 행동을 조절하는 감각신경부터 중추신경계까지를—모두는 아니지만 그 핵심 회로를—찾아냈고,

중요한 유전자들도 스크리닝했다. 나머지는 모두 세밀한 지도화 작업과 지루한 반복실험일 터였다.

아마 그즈음 새로운 행동 패러다임을 구축해야겠다는 생각을 했던 것 같다. 경쟁자 - 시각 - 시계유전자 - 시계세포들 - 중심체 - 교미시간 조절. 비슷한 패러다임을 진작 생각해봤어야 했다. 그리고 답은 이미 처음 발표한 논문에 있었다. 2012년 발표한 논문에서, 경쟁자 대신 암컷 초파리와 함께 자란 수컷의 교미시간을 이미 측정해본 적이 있었다. 결과도 알고 있었다. 암컷 초파리와 교미했던 경험을 지닌 초파리 수컷은, 그렇지 않은 수컷보다 교미를 짧게 한다. 이미 그런 결과를 얻은 상태였음에도 실험을 할 생각을 하지 못했다. 혼자 수없이 많은 실험을 수행하고 있었기 때문이기도 했지만, 새로운 행동으로 넘어가기 위한 용기가 부족한 탓이기도 했다. 샌프란시스코에서의 마지막 1년은 암컷에 의해 줄어드는 교미시간의 신경회로를 찾는 데 보냈다.

Shorter-Mating-Duration, 약자로 SMD는, LMD와는 다른 방식으로 교미시간을 조절[17]하는 초파리 수컷의 행동이다. 교미를 경험한 수컷은 교미의 경험과 암컷의 존재를 미각세포를 통해 인지하는 것으로 보인다. 장님 초파리도, 암실에서도, 후각이 망가져도 SMD가 나타나기 때문이다. 그리고 그 미각세포는 보통 때는 단맛을 감지하는 세포다. 그 단맛을 감지하는 세포 주변에 암컷의 페로몬을 감지하는 세포가 존재하고, 이 두 종류 미각정보를 중앙뇌로 전달하는 신호가, SMD 행동의 시작이다. LMD는 피리어드와 타임리스라는 시계유전자와 연관이 있었지만, SMD는 반대로 클락과 사이클 유전자와만 연관이 있다. 즉, 서로 다르게 교미시간을 조절하는 행동이 각각 다른 시계

유전자 세트에 의해 조절된다는 뜻이다.

서로 다른 생체시계 유전자가 서로 다른 교미시간 행동 조절에 관여한다는 이 발견은 아주 흥미로운 가설을 제시한다. 왜냐하면 기존 생체시계 연구 패러다임 속에선 앞서 언급된 네 개의 유전자 모두가 함께 작동해야만 하기 때문이다.* 말하자면, 24시간 일주기를 조절하는 생체시계와 몇 분의 차이를 조절하는 교미시간 행동 조절은 서로 다른 분자적 기제를 사용하는 것이다. 즉 초파리 수컷이 교미 경험을 하고 나면, 미각세포의 일부로부터 신호가 전달되고, 그 신호는 클락과 사이클을 발현하는 신경세포들 중 일부로 전달되거나, 그 신경세포들에 의해 조율된 이후 중앙뇌로 보내진다. LMD에서 연구했던 방식과 동일한 방식으로 뉴로펩타이드를 스크리닝했을 때, 더 놀라운 결과가 나왔다. LMD 행동에 사용되던 시계세포들과 PDF/NPF는 SMD 행동이 나타나는 데는 전혀 중요하지 않았기 때문이다. 오히려 SMD 행동이 나타나는 데는 인간의 식욕과 포만감을 조절하는 뉴로펩타이드Y의 초파리 버전인 sNPF가 관여하고 있었다. sNPF는 이미 LMD와는 관련이 없다는 것이 알려져 있던 터였다.

정리하자. 수컷이 암컷과 교미를 하게 되면, 수컷의 미각세포 중 일부가 교미 경험과 암컷 페로몬을 감지하고 이 신호가 시계세포들 중 클락과 사이클을 발현하는 신경세포를 통해 조율된다. 그 조율된 신호

* 영어로 된 논문을 소개할 수도 있겠지만, 〈과학동아〉에 실린 생체시계에 관한 좋은 기사들을 참고하면 그 분자적 기제까지 쉽게 이해할 수 있을 것이다. 강석기. (2010). 1971년 시모어 벤저 교수의 생체시계 돌연변이 초파리 발견. 〈과학동아〉 25(5), 158-161.

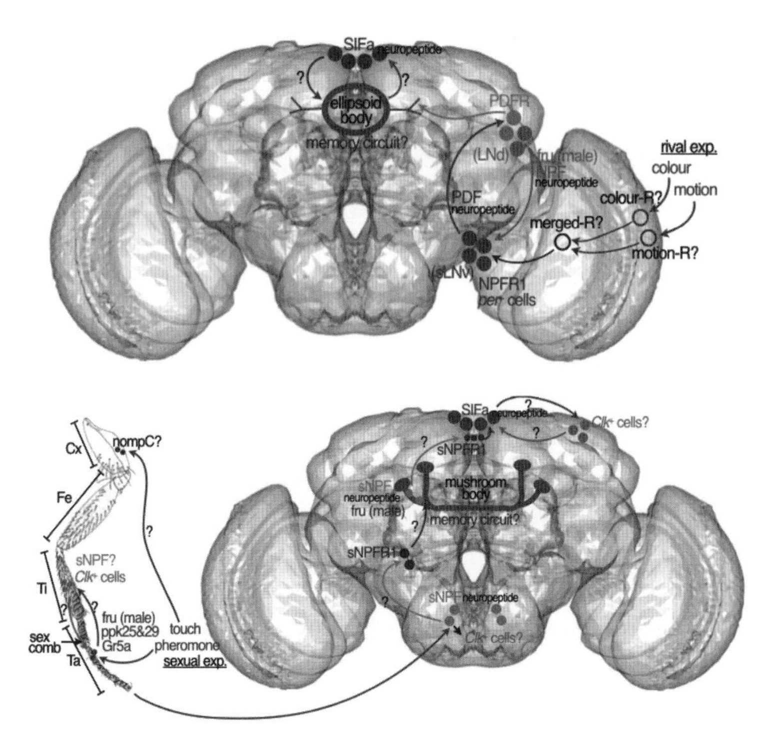

○ LMD(위)와 SMD(아래)를 관장하는 초파리 신경회로. 필자와 연구팀이 지난 8년간 찾아낸 신경세포와 뉴로펩타이드, 유전자들의 대략적인 모습이다. 이들이 조화를 이루어 이 복잡한 행동을 조절한다.

는 sNPF라는 뉴로펩타이드와 당연히 어딘가 존재할 그 수용체를 발현하는 세포들의 신경회로를 통해 중앙뇌로 전달된다. 이 과정은 LMD 행동이 사용하는 신경회로와 아예 겹치지 않는다. 경쟁자를 인지하고 교미시간을 증가시키는 회로와, 교미 경험에 의해 교미시간을 감소시키는 회로의 시작이 완전히 독립적인 신경회로를 사용하는 것이다. 그렇다면 기억을 담당하는 뇌 부위는 어떨까.

초파리를 비롯한 대부분의 곤충의 뇌에는 버섯체mushroom body라고

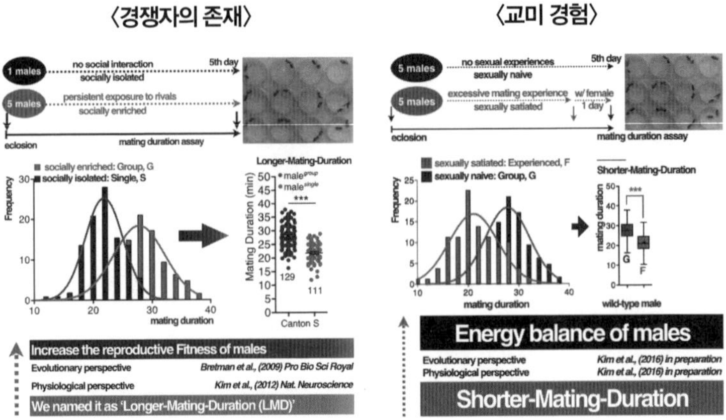

〈경쟁자의 존재〉 〈교미 경험〉

ㅇ LMD 행동(왼쪽)은 초파리 수컷이 경쟁자를 인지하고 교미시간을 늘리는 행동이다. SMD 행동(오른쪽)은 초파리 수컷이 교미 경험을 하고 난 이후 만나는 암컷과의 교미시간을 줄이는 행동이다.

불리는 부위가 있고, 이 부위는 인간의 해마와 비슷한 역할을 한다고 알려져 있다.*

즉, 버섯체는 보상에 따른 기억과 복잡한 행동을 담당하는 부위로 알려져 있고, 특히 시각보다는 미각과 후각에 관계된 기억을 담당한다고 알려졌다. 신경회로를 조절하는 실험을 통해 SMD는 버섯체와 중심체 모두를 사용한다는 사실을 알게 됐다. LMD 행동은 중심체만 기억의 회로로 사용한다. 여기서 두 행동의 교차지점이 등장한다. 중심

* 자넬리아의 게리 루빈은 버섯체에 미친 사람이기도 하다. 그가 최근에 발표한 논문은 루빈 스타일의 과학이 어떤 식인지 적나라하게 보여준다. 그는 버섯체를 구성하는 신경회로 모두를 파헤쳤고, 지금도 파헤치고 있다. Aso, Y., Hattori, D., Yu, Y., Johnston, R. M., Iyer, N. A., Ngo, T. T. ... & Rubin, G. M. (2014). "The neuronal architecture of the mushroom body provides a logic for associative learning", *Elife*, 3.

체는 두 행동 모두를 조절하는 기억의 핵심인자인 셈이다. 이미 행동 유전학으로 분야를 옮기고 5년이 넘게 온갖 실수와 성공을 경험하며 확립한 행동을 조절하는 신경회로 연구의 결실이 SMD 행동을 분석하면서 큰 도움이 됐다. 현재 실험실의 대학원생 한 명이 LMD와 SMD를 동시에 관장하는 뉴로펩타이드의 역할을 연구하고 있다.

초파리 수컷의 교미시간, 대부분의 초파리 유전학자들이 전혀 관심도 두지 않던 행동을 연구하기 위해 뛰어들었을 때, 아주 큰 기대를 걸었던 것은 아니다.** 그저 아무도 연구하지 않던 행동의 신경회로를 찾고 싶었고, 마침 신경회로 연구를 위한 유전자 도구들이 초파리 공동체에 빠르게 전파되던 시기에 훌륭한 리더십을 갖춘 교수의 지도를 받고 있었을 뿐이다. 실제로 HHMI의 지원을 받는 유넝의 실험실에서 교미시간 연구를 하는 연구원은 이제 없다. 그리고 아마 영원히 없을 것이다. 유넝은 다양한 분야의 연구를 해왔지만, 주로 초파리의 발생과정에서 일어나는 신경세포의 분화를 연구했고, 초파리 수컷의 행동은—비록 그가 벤저의 제자이긴 했지만—그의 주 전공은 아니었다.

** 현대 세계에는 초파리 수컷의 교미시간을 연구하는 유전학자가 두 명 있다. 한 명은 필자고 다른 한 명은 마이클 크릭모어Michael Crickmore라는 하버드의 젊은 초파리 유전학자다. 하지만 그는 경쟁자나 암컷에 의해 유도되는 교미시간의 차이가 아니라, 초파리의 VNC(ventral nerve cord), 즉 인간의 척수와 같은 조직에서 교미시간이 조절되는 국지적 신경회로망에 더 관심이 많다. 영국의 진화생물학자들이 LMD 행동을 가장 먼저 관찰했고 논문을 출판해왔지만, 이들의 연구는 진화생물학에 국한되어 있다. Crickmore, M. A., & Vosshall, L. B. (2013). "Opposing dopaminergic and GABAergic neurons control the duration and persistence of copulation in Drosophila", *Cell*, 155(4), 881-893. doi.org/10.1016/j.cell.2013.09.055

아직도 LMD에 관해 첫 랩미팅을 발표하던 날이 기억난다. 실험실에 들어가 1년 동안 하던 연구는 이미 박살이 나 있었고, 다른 동료들은 모두 신경세포의 수상돌기 모양을 관찰하던 시기에, 수컷의 교미시간을 발표하는 것은 엉뚱한 일이었음에 분명하다. 여전히 기억하고 또 실험실에서 학생을 가르칠 때 스스로에게 상기시키는 경험을 거기서 했다. 동료들과 유넝은 발표 내내 정말 진지하게 경청하고 질문했으며, 잘 모르는 분야지만 어떻게 연구가 나아갈지 조언을 아끼지 않았다. 바로 그날이었다. 행동유전학자로 살아도 되겠다고 생각한 것이.

SMD 연구가 거의 마무리 되던 시기에,* LMD와 SMD를 하나의 패러다임으로 연결해 발표할 필요가 있다는 생각이 들었다. 그리고 그때 행동유전학자로 경로를 바꾸게 만든, 인생에서 가장 매력적인 주제가 떠올랐다. 진사회성eusociality.[18] 꿀벌이나 개미 그리고 포유류에서는 드물게 벌거숭이두더지쥐 등에서 보이는 사회적 행동의 극단적인 표현형이다. 진사회성 곤충에 대한 관심이 생물학자로서의 정체성을 형성했고, 연구의 동력을 제공했던 건 사실이다. 의대에 가라는 권유를 뿌리치고 생물학과에 입학했을 때 한국에선 개미나 꿀벌을 연구하는 과학자가 되기 어렵다는 사실을 금방 깨달았고, 이미 생물학의 대세가 분자생물학으로 넘어가던 시기였지만, 언젠가 독립적인 과학자가 되면 반드시 진사회성 곤충의 비밀을 연구하겠다는 생각을 남몰래 하곤 했다.

시작은 콘라트 차하리아스 로렌츠Konrad Zacharias Lorenz와 니콜라스 틴베르헌Nikolaas Tinbergen의 저작들이었다. 동물행동학자가 되고 싶었던 생물학도가, 전공수업과 학과 교수 어디에서도 동물행동학에 관한

* 책을 쓰는 2018년 현재, 이 연구는 아직 정식 학술지에는 출판되지 않았고, bioRxiv에만 프리프린트가 올라가 있다. 몇몇 학술지에서 심사 후 게재 거부 통보를 받았고, 그 후 논문을 완전히 뜯어 고치는 중이다. 논문 한 편 내는 일이, 그렇게 어렵다. Kim, W. J., Lee, S. G., Schweizer, J., Auge, A.-C., Jan, L. Y., & Jan, Y. N. (2016). "Sexually experienced male Drosophila melanogaster uses gustatory-to-neuropeptide integrative circuits to reduce time investment for mating", *bioRxiv*. biorxiv.org/content/early/2016/11/23/088724.abstract

조언을 얻을 수 없었을 때, 학과의 한 선배가* 영어 원서로 된 책 몇 권을 건네었다. 그 책은 조금 읽다 말았지만, 콘라트 로렌츠의 책《솔로몬 왕의 반지》는 동물행동학자가 되고 싶던 과학도에겐 맞춤이었다. 여전히 어떻게 현실적으로 동물행동학을 연구해야 할지 알 수 없었고, 전공수업에 등장하는 DNA와 단백질 분자들을 쳐다보기도 싫던 시절에, 학교 근처 서점에 꽂혀 있던 리처드 도킨스Richard Dawkins의《이기적 유전자》를 만났다. 그게 시작이었다. 그때까지도 지겹다고만 생각했던 분자생물학의 용어들과 유전자의 기능이, 진화생물학과 동물행동학의 관점에서 완벽하게 설명되는 카타르시스를 느꼈던 것 같다.**

수업이 비는 시간이면 도서관에서 도킨스의 책과 그 옆에 잔뜩 꽂혀 있던 과학교양 도서를 닥치는 대로 읽어나갔다. 스티븐 제이 굴드Stephen Jay Gould를*** 만난 것도 그즈음이고, 개미 연구로 유명한 에드

* 그의 이름은 박형욱, 나중에 국문학과에서 석사를 마치고 현재 자연다큐멘터리를 제작하는 피디로 살아가고 있다.

** 도킨스에 대한 필자의 생각은 다양한 글에 걸쳐 있다. 그의 작가로서의 재능은 존경하지만, 과학자로 그가 보여주는 행보엔 동의하지 못한다. 다음 글을 참고할 것. heterosis.net/archives/271

*** 고생물학자인 스티븐 제이 굴드는 필자가 가장 사랑하는 진화생물학의 거인이다. 그에 대한 많은 글을 써왔고, 여전히 그가 남긴 모든 글을 읽지 못했지만, 언제고 시간이 된다면 그에 대해 더 깊이 공부할 것이다. 굴드에 대해 필자가 쓴 짧은 에세이들로는, '인류는 조금 더 겸손해져야 한다'(《포항공대신문》, 2002, times.postech.ac.kr/news/articleView.html?idxno=2939) '진화론 150년, 오해의 역사'(《중앙대학교 대학원신문》, 2006) 등이 있다. 굴드에 대해 본격적으로 정리하게 된 계기는 인터넷 서점 알라딘이 출간한《작가가 사랑한 작가, 대단한 저자》에 실릴 글을 청탁받고서였다. 당분간 굴드에 대해 더 글을 쓸 여유는 없겠지만, 이 글이 독

워드 윌슨Edward Wilson의 논쟁적인 책《사회생물학》과 그가 베르트 횔도블러Bert Hölldobler와 공저한《개미 세계 여행》을[19] 읽고, 윌슨의 제자이자 한국인 과학자로 막 한국에 들어와 연구를 시작했던 최재천 교수를 발견했다. 개인적이고 복잡한 인연으로**** 2015년 서대문자연사박물관에서 당시 이정모 관장의 주선으로 했던 〈생물학으로 본 사회〉 강연과 2017년 썼던 칼럼 〈국립대에 진화생물학을!〉로 하고픈 말을 대신한다.

동물행동학 연구 대신 바이러스를 연구해야 했지만, 인생은 돌고 돌아 다시 행동생물학을 연구하고 있는 스스로를 발견했다. 그것도 에드워드 윌슨이 "프로이트보다 낫다!"라고 칭송한 벤저의 제자가 주도하는 실험실에서, 대단하지는 않지만 혼자의 힘으로 쌓아 올린 행동을 연구하고 있었다. 이제 어린 시절부터 막연하게만 생각해왔던 진사회성 그리고 초유기체 곤충들의 신경회로를 연구해볼 시기가 되었다고 생각했다. 그런 생각이 얼마나 설익고 비웃음을 받을지 이제 알 나이가 되었어도, 어차피 과학자로 살아가는 건 그다지 쉽지 않은 세상이었으니, 모험의 가치는 충분했다.

자들에게 도움이 되길 바란다. 김우재. (2015). 리처드 도킨스, 스티븐 제이 굴드. 우리의 이론과 언어로 도킨스와 굴드를 읽는 날을 기다리며.《작가가 사랑한 작가, 대단한 저자》. 알라딘.

**** 최재천 교수에 대한 비판을 해왔고, 여전히 과학자로서 그의 실천들은 비판받을 여지가 많다고 생각하지만, 그가 한국사회에 진화생물학을 널리 알린 공로는 인정받아야 한다고 생각한다. 최재천 교수를 만나고 생물학자의 길이 갈렸지만, 그 선택을 후회하지 않는다. 최재천 교수에 대한 글은 다음을 참고. heterosis.net/archives/378, heterosis.net/archives/477

행동생물학 분야는, 막연히 개미와 꿀벌을 동경하던 20년 전과는 완전히 다른 세상이 되어 있었다. 진 로빈슨Gene Robinson[20] 같은 동물학자는 빠르게 유전체학의 최신 기법들을 도입해 진사회성 곤충들의 유전체를 해독하고 있었고, 빠르지는 않지만 아주 천천히 꿀벌을 연구하는 학자들 사이에서도 행동유전학과 분자생물학의 실험기법들이 도입되고 있었다.* 물론 분자생물학의 새로운 혁명이라고 불리는 CRISPR/Cas9, 즉 유전체 교정genome editing** 기술이 모든 종을 대상으로 하는 유전학 시대의 도래를 예측하고 있기도 했다. 사회적 행동social behaviour을 유전학적으로 연구할 수 있는 시대가 열린 것이다. 지금까지 읽어왔던 여러 책들과 진화생물학, 동물행동학의 주제들이 유전자를 분명히 언급하고 진화의 단위로 유전자를 거론하고 있었지만, 실제로 진행되는 연구에서 유전학적 기법이 사용되는 경우는 없었다. 도킨스나 윌슨에게 유전자란, 행동유전학자들이 직접 자르고 없애고 다시 되돌려 만드는 물리적 실체와는 다른 추상적이고 모호한 존재였

* Insect Genetic Technologies Research Coordination Network, 줄여서 IGTRCN에는 다양한 곤충의 유전체를 편집해 유전학을 연구하는 이들이 모여 있다.

** 유전체 교정 기술로 IBS 단장을 역임하고 있는 김진수 단장은 유전체 편집이라는 용어가 오역이라고 주장하면서, 대단위의 수정을 요구하는 편집이 아니라, CRISPR 기술은 사소한 오류를 교정하는 것이니 교정이라는 용어를 사용해야 한다고 주장한다. 일리 있는 표현이다. 하지만 이미 유전체 편집이라는 용어가 일반에 퍼졌고, 영어의 editing이 한국어로는 주로 편집으로 번역되는 것도 감안해야 한다고 본다. 위의 내용은 필자가 김진수 박사와 이메일을 통해 의견을 교환했던 것이다. CRISPR/Cas9 기술은 반드시 노벨상을 타게 될 기술인데, 이에 대한 한국어 논문으로는 다음을 참고할 것. 권순일. (2015). 새로운 유전체 편집용 유전자 가위, 크리스퍼(CRISPR/Cas9 system). 〈한국고등직업교육학회논문집〉 16(1 2), 61-71.

다. 서로 다른 사회성 곤충의 유전체를 해독하고 유전자의 유사성을 통해 간접적인 방식으로 행동과 유전자를 연결할 수는 있었지만, 그 연결은 말 그대로 간접적인 추론에 불과했고, 직접 해당 유전자를 조작해 행동의 변화를 유도하는 실험은 수행된 적이 없었다.

결국, 사회성을 유전학적으로 연구해온 학문 전통은 아직까지 존재하지 않는 셈이었다. 진화생물학과 행동생물학은 유전학으로부터 많은 지원과 지지를 받고 있지만, 그 학문 내에서 유전학적 실험기법은 거의 사용되지 않으며, 특히 분자생물학으로터 많은 실험기법과 생물학적 기제를 도입해 사용하는 유전학 실험실은, 분자생물학의 기법들에서 가장 멀리 존재하는 진화생물학의 연구방법과 잘 어울리지 못했다. 초파리 유전학은 유전자가 어떻게 대물림되고, 또 그 유전자가 어떻게 발생을 조절하며, 다양한 생리활동과 행동을 조절하는지 연구하는 분야이다. 또 직접 유전자의 기능을 조절하는 다양한 실험기법들, 예를 들어 돌연변이를 만들고, 인위적인 DNA 조각을 초파리 유전체에 삽입하고, 유전체를 직접 편집하는 방식으로 유전자를 연구한다. 반면, 진화생물학과 행동생물학 그리고 유전체학을 기반으로 하는 염기서열해독의 전통에선, 유전적 조작이나 인위적인 조절 없이, 염기서열의 정보로부터 행동과의 상관관계를 찾아나가며, 이 과정에서 정교한 수학적 도구를 사용한다.***

관점을 바꿔 생각해보면, LMD와 SMD는 모두 초파리의 사회적 경험, 즉 경쟁자라는 사회적 자극 혹은 암컷과의 교미라는 사회적 자극

*** 서로 다른 생물학의 전통들에 대한 이야기는 3장에서 계속된다.

에 의해 교미시간에 대한 수컷의 투자행동이 변화하는 양상이다. 초파리는 꿀벌이나 개미처럼 진사회성 곤충도 아니고, 큰 무리를 짓는 본능도 사라진 독립생활을 하는 곤충이지만, 자연 상태에서 먹이가 존재하는 곳에 떼로 모여 교미도 하고 알도 낳기 때문에, 사회성의 원시적 형태는 남아 있을 수 있다. 그리고 정말로 초파리의 사회성을 화학적 의사소통의 측면에서 연구해온 흔적이 존재했다.* 초파리의 교미시간 연구도 어쩌면 초파리의 사회성 연구, 나아가 진사회성 곤충에서 극단적으로 발달해 종의 운명을 바꾼, 사회적 행동의 유전학적 기반을 연구하는 통로일 수 있다. 바로 그 '사회성 연구의 유전학'이라는 아이

* 초파리를 이용해 사회성을 유전학적 관점으로 이해하려는 시도는 캐나다 토론토 대학의 조엘 레빈Joel Levine의 선구적인 연구로 시작됐다. 조엘은 캐나다의 초파리 유전학자로 필자와도 만나 연구에 대한 이야기를 나누는 동료다. 조엘의 대표적인 연구는 아래를 참고할 것.

Billeter, J. C., & Levine, J. D. (2013). "Who is he and what is he to you? Recognition in Drosophila melanogaster", *Current opinion in neurobiology*, 23(1), 17-23.

Krupp, J. J., Kent, C., Billeter, J. C., Azanchi, R., So, A. K. C., Schonfeld, J. A. ... & Levine, J. D. (2008). "Social experience modifies pheromone expression and mating behavior in male Drosophila melanogaster", *Current Biology*, 18(18), 1373-1383.

Kent, C., Azanchi, R., Smith, B., Formosa, A., & Levine, J. D. (2008). "Social context influences chemical communication in D. melanogaster males", *Current Biology*, 18(18), 1384-1389.

Schneider, J., Dickinson, M. H., & Levine, J. D. (2012). "Social structures depend on innate determinants and chemosensory processing in Drosophila", *Proceedings of the National Academy of Sciences*, 109(Supplement 2), 17174-17179.

Scott, A. M., Dworkin, I., & Dukas, R. (2018). "Sociability in Fruit Flies: Genetic Variation, Heritability and Plasticity", *Behavior genetics*, 1-12.

디어로 교수직에 지원했고, 그렇게 캐나다에서 초파리의 사회성 연구를 시작하게 됐다.

오컴의 면도날은, 더 단순하게 문제를 푸는 방법이 과학적이라는 통념이다. 물론 생물학에 놓인 대다수의 문제들은 풀면 풀수록 복잡해지는 성격을 띠고 있어서, 오컴의 면도날은 물리학에 더 잘 어울리는 원리로 보이지만 말이다. 과학의 설명력은, 과학이 발전할수록 좁아진다. 최종 이론을 꿈꾸는 이론물리학 분야를 예외로 한다고 해도, 적어도 생물학과 심리학 등의 학문에서 과학적 설명력은 시간이 지나면서 날카로워지지만 반면 좁아지기도 한다. 하지만 과학자들은 언제나, 최종 이론의 꿈을 꾼다. 그것이 자코브가 말한 '밤의 과학'이건, 초심자의 치기건 상관없다. 비록 자신이 연구하는 주제가 초파리 수컷의 교미시간이라고 해도, 과학자는 그 교미시간을 통해 일반이론을 만들고 싶은 욕망을 갖게 마련이고, 그 이론이 더 많은 현상을 설명하면 할수록 그의 행복은 증가할 것이다.

어린 시절의 꿈이었던 사회성 유전학을 실험실의 화두로 잡고 LMD와 SMD의 신경회로를 더 자세히 연구하고 있었지만, 초파리로 사회성을 연구한다는 이야기가 연구비를 집행하는 이들에겐 그다지 매력적으로 보이지 않았던 것 같다. 특히 초파리의 교미시간 연구가 갖는 의미를, 이 분야를 잘 모르는 이들에게 사회성으로 포장해 설명하기엔 무언가 공허한 느낌이 맴돌던 때였다. 초파리가 수컷 경쟁자에게 이기려고 교미시간을 늘린다. 그 현상 자체는 모두에게 놀라운 느낌을 준다. 그리고 바로 그 행동의 신경회로를 연구하고 있고, 아주 섬세한 유전학적 도구를 사용해 회로의 일부를 밝혀냈다고 하면, 초파리가 지닌 강력한 유전학적 도구로 모두를 매혹시킬 수 있다. 하지만 그다음에 돌아오는 질문은 언제나 똑같고, 또 의미심장하다. 그래서 그 초파리의 교미시간으로 뭘 할 수 있는가. 무슨 치료제나 질병을 연구할 필요는 없지만, 설사 그 행동으로 사회성을 연구할 수 있다고 해도, 그 연구는 우리가 자연을 바라보는 데 어떤 큰 그림을 그려주는가, 그런 질문에 과학자는 답할 필요가 있다.

답은 언제나 연구하던 대상 속에 있고, 언제나 자신을 드러내고 있다. 문제는 과학자가 자명한 사실을 유연하게 받아들이지 못하고, 자신의 고집 속에서만 연구 대상을 바라보는 편향이다. '확증 편향confirmation bias'은 자신이 원래 가지고 있는 생각이나 신념을 확인하려는 인간의 심리적 본능이다. 보고 싶은 것만 보는 건 인간으로 태어난 모두에게 공통된 성향이다. 과학은, 그 확증 편향을 벗어나는 인류의 소중한 발명품이다. 하지만 여전히 과학자는 인간이다. 인간인 과학자가 확증 편향에서 벗어나는 방법은, 자신의 연구를 최대한 많은 동료들과 공유하고, 비판을 받아들이고, 열린 자세로 토론하고 그리고 마지막으로 가끔 경주마처럼 눈을 가리고 앞으로만 달리던 스스로를 잠시 세워, 뒤를 돌아보는 삶의 태도다. 시간지각time perception에 대한 힌트는 그렇게 다가왔다.

교수가 하는 일은 연구원 시절의 일과 완전히 다른 종류의 일이다. 사람을 관리하고, 실험실을 운영하고, 연구계획서와 논문을 쓰고, 수많은 이메일에 답하고, 학과의 사무적인 일을 처리하는 일은, 단지 실험과 논문에만 신경쓰면 그만이던 샌프란시스코의 시절과는 많이 달랐다. 연구는 큰 진척 없이 천천히 진행되고 있었고, 연구비는 언제나

처럼 얻기 어려웠으며, 몇 번의 시도에서 게재 취소된 SMD 논문을 두고 씨름을 하고 있었다. 꽤 유명한 학술지에서 논문을 심사했던 심사위원은 논문의 길이가 너무 길어서 읽기 힘들다고, 논문을 둘이나 셋으로 나누면 어떻겠느냐는 제안을 했다. 실제로 SMD 논문은 LMD 연구에서는 두 편으로 나뉜 것과 비슷한 분량의 데이터가 한 편으로 합쳐져 있는 형태였고, 아무리 친절하게 쓴다 해도 지나치게 많은 데이터로 인해 하나의 완결된 이야기로 다가오지 못했다. 논문을 두 편으로 나눌 생각을 하면서, 아주 오랜만에 구글과 펍메드에서 논문을 검색하고 읽는 시간을 가졌다. 연구를 다시 돌아보기 시작한 것이다.

뇌리를 스치는 아이디어는 거기서 시작됐다. 생체시계와 관련된 유전자가 일주기를 조절하는 방식과는 다른, 전혀 알려지지 않은 방식으로 교미시간을 조절한다. 그 말은, 일주기와는 다른 방식의 생체시계가 초파리의 신경회로에 의해 조절된다는 뜻이기도 했다. 초파리의 교미시간은 겨우 20여 분, 경쟁자의 존재는 교미시간을 약 5분 길게 만들고, 교미 경험은 교미시간을 5분 짧게 만든다. 5분, 초파리의 뇌는 이 5분을 어떻게 계산하는가. 아니, 그보다 더 앞서, 인간의 뇌는 도대체 어떻게 짧은 시간을 인지하고 계산하는가. 흘려 넘긴 몇 편의 다큐멘터리에서, 나이가 들수록 1분이라는 시간을 정확히 재는 능력이 감퇴한다는 이야기가 생각났다. 우리의 뇌는 도대체 어떻게 시간을 인지하는가. 단 한 번도 스스로에게 물어본 적 없는 질문이었다.

시간지각에 대한 논문을 검색하면서, 이 주제가 심리학과 인지과학의 가장 뜨거운 감자라는 사실을 알게 됐다.* 시간지각이란, 시간을 감각 기관과 뇌의 작용 등을 통해 심리적으로 지각하는 과정으로 정의

되는데, 이 정의에서 알 수 있듯 시간지각은 인간을 중심으로 연구되어온, 심리학의 전통적인 주제다. 넓게 보면 심리학도 생물학의 일종이라고 주장할 수 있을지 모를 일이지만, 심리학은 인간에만 독특하게 존재하는 심리적 과정을 연구하는 학문으로, 언제나 생물학과는 긴장관계를 조성해왔다.** 특히 시간지각의 능력은 인간의 두뇌가 다른 그 어떤 동물보다 월등하게 우월하며, 따라서 심리학자들은 20세기 중반부터 간단한 측정장치, 예를 들어 소리를 들려주거나 사물을 보여주고 나서 몇 초가 지났는지 말해보라고 하거나, 사건과 사건 사이의 시간을 계산해보라고 하는 등의 방식으로 인간 두뇌에 존재하는 시간지각 회로를 탐구해왔다.[21]

시간지각은 몇 가지 측면에서 독특한 특징을 갖는다. 첫째, 인간의 몸엔 시간만을 지각하기 위해 존재하는 기관이 없다. 혹은 시간만을 지각하는 독특한 기관을 진화시켰다는 종도 아직은 발견된 적이 없다. 즉, 시간지각은 우리가 사용하는 다양한 감각기관, 즉 눈, 코, 입, 귀, 피부 등을 통해 들어온 감각신호들의 결합으로 이루어질 수밖에 없다. 하지만 여기서 의문이 생긴다. 만약 모든 감각기관을 차단해도, 우리는 시간이 흐른다는 걸 느낄 수 없을까. 다양한 실험들을 통해 대부분

* 시간에 관한 이론을 가장 많이 또 오래전부터 연구해온 분야는 철학이지만, 여기서는 그 이론들을 깊이 다루지는 않는다.

** 심리학의 역사는 그 자체로 복잡하고 생물학으로 편입될 수 없는 독특한 영역을 점유하고 있다. 심리학의 발전 과정에서 심리학은 여러 분야로 가지치기를 하는데, 생물학은 그 중심에서 주류 심리학계와 갈등하고 또 융합하며 발전해왔다. 측정이론을 둘러싼 심리학 내의 갈등에 대해선 필자의 블로그 글을 참고할 것. heterosis.net/archives/713

의 감각이 차단된 상황에서도 인간은 시간의 흐름을 느낀다는 사실이 밝혀졌다. 즉, 우리 몸 안에, 혹은 뇌 속에 내부시계internal clock가 존재하는 것이다. 그 시계는 우리의 의지와는 상관없이 계속 시간을 측정하고 있으며, 가끔씩 외부 세계의 자극을 받아들여 시간을 다시 조정하는 방식으로 시간지각을 조절한다. 바로 이 가설이 내부시계가설internal clock model로, 심리학계에서 정설로 받아들여지고 있다.*

둘째, 시간지각은 자연계에 존재하는 다양한 축척scale의 시간 정보들을 모두 받아들여야 한다. 진화의 과정에서 대부분의 지구상의 생물은 24시간 일주기에 적응하며 생체주기를 진화시켰고, 그 시계가 작동하는 방식은 초파리 유전학자들에 의해 자세히 밝혀져 2017년 노벨상을 수상했다. 24시간 일주기의 조절은 동물의 항상성과 잠, 생존 활동에 중요한 시간지각이다. 그리고 인간은 아주 짧은 간격의 시간을 인지하고 이를 행동에 이용하는 동물이다. 예를 들어 우리는 밀리초 단위의 시간을 인지하고 이에 맞춰 행동을 조율할 수 있는데, 바로 이런 밀리초 단위의 시간 조절 능력 덕분에, 우리가 음성으로 대화를 하고, 피아노를 치고, 노래를 부를 수 있는 것이다. 마지막으로, 일주기와 밀리초 시간 조절 사이에 존재하는 몇 초에서 몇 시간 단위의 시간 축척이 존재한다. 이 축척을 '간격 시간 조절interval timing'이라고 부르고, 몇 초에서 몇 시간의 시간 간격 혹은 시간 지속을 지각할 수 있는 능력을 '간격 추정interval or duration estimation'이라고 부른다.

* 다음 논문을 참고할 것. Merchant, H., Harrington, D. L. & Meck, W. H. (2013). "Neural basis of the perception and estimation of time", *Annu Rev Neurosci*, 36, 313336. doi.org/10.1146/annurev-neuro-062012-170349

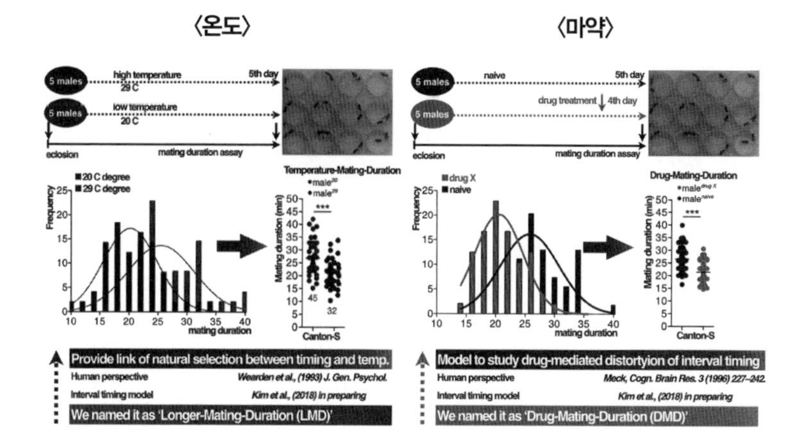

○ 간격시간 추정을 실험실의 주제로 정한 이후, 몇 가지 외부자극을 더 찾아냈다. 우선 온도가 시간 지각에 영향을 미친다. 이를 TMDTemperature-Mating-Duration라고 부르기로 했다. 온도에 따른 시간인지의 변화는 인간에게서도 잘 알려져 있다. 또한 지금은 밝힐 수 없는 어떤 마약을 처리하면, 초파리의 교미시간이 짧아진다. 마약중독자들이 겪는 현상과 정확히 같은 표현형이다. 이 연구가 지속되려면 연구비가 필요한데, 적어도 캐나다와 한국에서 이런 연구에 연구비를 주지 않는다는 건 확실하다.

마지막으로, 시간지각에 중요한 우리 몸의 내부시계는 다양한 외부자극에 의해 조율되고 달라진다. 그것이 시간지각이 아주 주관적인 감각인 이유다. 예를 들어, 어린이와 노인의 시간지각은 완전히 달라서, 노인의 시간이 더 빨리 간다는 건 잘 알려져 있다.** 내부시계는 우리가 무언가에 주의 혹은 집중할 때 시간을 정확히 계산하지 못한다. 예를 들어 독서나 게임에 완전히 몰입해 집중했을 때, 우리는 평소와는 다

** 다음 에세이를 참고할 것. 홍수. (2014). 나이 들수록 왜 시간은 빠르게 흐를까? 〈한겨레 사이언스온〉. scienceon.hani.co.kr/151419 또한, 후쿠오카 신이치의 책 《동적 평형》에도 나이가 들수록 왜 시간이 빠르게 흐르는지에 대한 생물학자의 설명이 실려 있다. 그의 책을 다룬 필자의 세 편의 서평을 참고. 김우재. (2010). 후쿠오카 신이치 교수의 《동적 평형》. 〈사이언스타임즈〉.

르게 시간이 얼마나 지났는지 가늠하지 못하곤 한다. 청소년들이 게임방에서 하루 종일 게임을 하면서도 불과 몇 시간이 지나지 않았다고 여기는 이유가 여기에 있다. 감정상태, 몸의 체온, 남녀의 성차도 시간지각에 영향을 주는 요인이다. 예를 들어 추운 곳에 사는 사람들은 시간이 더 빨리 간다고 생각하는 경향이 있다.[22] 또한 우리가 지루한 수업에서는 시간이 잘 가지 않는다고 생각하고, 친한 친구들과 놀 때는 시간이 빨리 간다고 생각하는 이유도, 우리의 감정 상태가 내부시계에 영향을 주기 때문이다. 우울증 환자의 시간은 아주 느리게 간다고 알려져 있는데, 이는 우울증과 관련된 세로토닌 신경회로가 내부시계와 연결되어 있음을 알려주는 중요한 증거다. 그리고 마지막으로 환각성 마약 중 상당수가 우리의 시간지각을 왜곡시키는 효과가 있다. 예를 들어 LSD나 코카인처럼 환각을 일으키는 마약을 복용하면 시간이 얼마나 지났는지 알지 못한다. 그 마약이 표적으로 하는 신경계의 일부가 내부시계를 조절하는 신경계와 일치하기 때문이다. 마약을 이용한 시간지각 연구는, 내부시계의 작동원리에 대한 분자적 이해에 중요하다.*

* 다음 논문들이 도움이 될 것이다.

Golombek, D. A., Bussi, I. L., & Agostino, P. V. (2014). "Minutes, days and years: molecular interactions among different scales of biological timing", *Philosophical Transactions of the Royal Society of London. Series B, Biological Sciences*, 369(1637). doi.org/10.1098/rstb.2012.0465

Buhusi, C. V, & Meck, W. H. (2005). "What makes us tick? Functional and neural mechanisms of interval timing", *Nature Reviews Neuroscience*, 6(10), 755-765. doi.org/10.1038/nrn1764

Buonomano, D. V, & Karmarkar, U. R. (2002). "How do we tell time?", *The*

초파리의 교미시간은 몇 분을 더 혹은 덜 지속해야 하는, 초파리 수컷의 시간지각과 관련된 문제로 볼 수 있다. 아니, 초파리 수컷이 다양한 외부 자극에 의해 교미 시간을 조절하는 능력에는, 심리학자들이 수십 년 동안 연구해온 시간지각의 원시적인 형태가 존재하고 있다. 그리고, 초파리를 이용한다면, 지금까지 전혀 그 분자적 작동원리가 알려지지 않은 간격 시간 조절의 유전학적 비밀을 연구할 수도 있다. 그러니까 결국 지금까지, 초파리 교미시간을 연구해온 것이 아니라, 시간지각의 비밀을 탐구해온 위대한 여정이라고 포장을 해도, 아무런 문제가 없는 것이다. 그렇게 실험실은 초파리 수컷의 교미시간의 비밀을 풀며, 인간의 시간지각 능력을 유전학적으로 연구하게 되었다. 요즘은 초파리들에게 마약을 투여하는 실험을 하고 있다. 혹시 누가 아는가. 수컷이 마약에 반응해 교미시간을 조절하게 될지.

Neuroscientist 8(1), 42-51. doi.org/10.1177/107385840200800109

Wittmann, M. (2013). "The inner sense of time: how the brain creates a representation of duration", *Nature Reviews Neuroscience*, 14(3), 217-223. doi.org/10.1038/nrn3452

Allman, M. J., Teki, S., Griffiths, T. D., & Meck, W. H. (2014). "Properties of the Internal Clock: First-and Second-Order Principles of Subjective Time", *Annual Review of Psychology*, 65(1), 743-771. doi.org/10.1146/annurev-psych-010213-115117

자기계발 서적을 싫어하고, 미디어에 등장해 성공 스토리를 늘어놓는 명사들을 그다지 반기지 않는다. 결코 일반화할 수 없는 주관적 경험들을, 아주 단순하고 명료해 보이는 개념으로 만들어 약장사를 하기 때문이다. 인간은 복잡한 동물이고, 그 인간들이 모인 사회는 더욱 복잡한 원리에 의해 움직이고 있다. 인생의 원리는 결코 과학이론처럼 일반화할 수 있는 것이 아니다. 그러니 마치 대단한 여정이었던 것처럼 포장해놓은 초파리 교미시간에 관한 연구도, 마치 과학자라면 그렇게 살아야만 한다는 식의 과대포장은 되지 않았으면 한다. 작가는 글을 써 독자를 설득하고, 독자는 그 설득을 자신의 경험과 비교해 적당히 받아들이거나 내치면 되는 일이다. 어떤 경험이, 종교적 교리가 되는 일은 누구에게도 도움이 되지 않는다.

대단한 일을 해낸 것 같지만, 초파리 행동유전학계에서 우리의 연구는 그다지 유명하지도 대단하지도 않다. LMD에 관한 논문 두 편은 이제 겨우 50회 정도 인용되었을 뿐이고,[23] SMD 논문은 출판을 위해 헤매고 있고, 어느 학회에 가도 우리 연구를 언급하는 사람들은 없다. 자넬리아 연구소의 초파리 행동유전학자들이 이미 이 분야를 점령했고, 그들과 지속적인 교류를 하고 또 이너서클에 있는 과학자들이 초파리 행동유전학 연구의 주류를 점유하고 있다. 과학자 사회가 제아무리 권위에 저항하고 실력만 있으면 모든 편견에서 자유롭게 인정받는 분위기라 해도, 과학은 기본적으로 서양에서 탄생한 학문이고, 영어로 진행되는 것이 관행이며, 대부분의 유명한 과학자가 백인이라는 사실이 변하는 건 아니다. 과학 공동체의 건강함이 병들어갈수록 과학자들도 이기적으로 변하고, 경쟁적인 연구환경에선 서로 헐뜯고 짓밟고 배척하기 마련이다. 초파리 공동체라고 그러지 말라는 법도 없고, 실제로 그런 경우를 자주 목격하기도 한다.* 그렇다고 해서 본인의 실력이 모자란 것을 환경 탓으로만 돌려서는 안 될 테지만.

2014년 오타와 대학 부임을 앞두고 참석한 콜드스프링 학회에서, 젊어 보이는 한 과학자의 발표를 듣게 됐다. 그 발표는 지금은 훌륭한 논문으로 출판되어 있다.[24] 논문의 제목이 '행동의 신경학적 회로도 그리기Mapping the neural substrates of behavior'다. 대부분의 과학 논문은 이렇게 교과서의 챕터처럼 보이는 제목을 감히 달지 못한다. 그만큼 이 논문 한 편이 보여주는 위력은 대단하다. 자넬리아의 초파리 행동연구팀은, 전자공학자, 컴퓨터과학자, 프로그래머, 데이터과학자 등과 손잡고 초고화질로 녹화된 초파리의 행동으로부터 행동의 단위들을 추출해내는 작업을 수행해왔다.** 그와 비슷한 시기에, 이미 자넬리아의 수장인 게리 루빈은 자신의 스타일대로 초파리 신경회로를 아주 작은 단위로 표시하고 그 신경회로에 원하는 유전자를 발현시킬 수 있는 드

* 과학이 미국으로 건너와서 변질된 이후, 과학자들도 모두 인지하겠지만 거대 학술지 및 연구비의 구조적 한계로 인해 과학자 공동체에도 정치적 판단과 암투가 횡행하고 있다. 언젠가는 이에 관한 책을 쓰고 싶다.

** Kabra, M., Robie, A. A., Rivera-Alba, M., Branson, S. & Branson, K. (2013). "JAABA: interactive machine learning for automatic annotation of animal behavior", *nature methods*, 10(1), 64. 이 연구에 쓰인 기본적인 행동추적 및 분석 소프트웨어의 이름은 CTRAX인데, 시모어 벤저가 연구했던 칼텍의 초파리 연구자들이 주도해 오픈소스로 공개했다. Branson, K., & Bender, J. (2012). CTRAX the caltech multiple walking fly tracker.

라이버 초파리 계통들을 수천 종이나 만들어내고 있었다.[25] 루빈이 괜히 자신을 목수라고 부르는 건 아니다. 그리고 자넬리아의 훌륭한 연구자들 중 한 명인 로렌 루거Loren Looger를 비롯한 화학생물학자들은 초파리의 신경세포를 빛이나optogenetics[26] 열로thermogenetics* 조절하고, 또 신경세포내의 칼슘 농도를 통해 활성을 실시간으로 추적하는[27] 다양한 단백질들을 개발해왔다. 이 모든 노력들을 합치기만 하면 되는 일이다. 물론 그 과정이 쉽지는 않겠지만.

2014년 콜드스프링 학회의 그 발표에서 자넬리아의 연구진은 초파리의 행동 하나하나를 마치 등고선 같은 지도로 만들어 보여주었고, 지도의 원하는 부분을 클릭만 하면 그 행동을 유발시켰던 신경회로의 지도를 함께 보여주었다. 적어도 초파리 한 마리의 행동에 관해서라면, 이미 행동과 신경회로를 연결하는 대강의 백과사전이 만들어져 있는 셈이다. 전통적인 대학의 작은 실험실에서였다면 전혀 불가능했을 규모의 작업, 게리 루빈의 도구장인으로서의 면모와, 그의 공유정신

* Bandell, M., Story, G. M., Hwang, S. W., Viswanath, V., Eid, S. R., Petrus, M. J. ... & Patapoutian, A. (2004). "Noxious cold ion channel TRPA1 is activated by pungent compounds and bradykinin", *Neuron*, 41(6), 849-857. 특히 열로 초파리의 신경세포 활성을 조절해 행동까지 조절할 수 있는 유전학 도구인 trpA1의 연구는 한국 초파리 유전학자이자 필자의 동료인 강경진 박사에 의해 크게 진전되었는데, 그는 현재 성균관대에서 연구하고 있다. Kang, K., Pulver, S. R., Panzano, V. C., Chang, E. C., Griffith, L. C., Theobald, D. L. & Garrity, P. A. (2010). "Analysis of Drosophila TRPA1 reveals an ancient origin for human chemical nociception", *Nature*, 464(7288), 597.
Kang, K., Panzano, V. C., Chang, E. C., Ni, L., Dainis, A. M., Jenkins, A. M. ... & Garrity, P. A. (2012). "Modulation of TRPA1 thermal sensitivity enables sensory discrimination in Drosophila", *Nature*, 481(7379), 76.

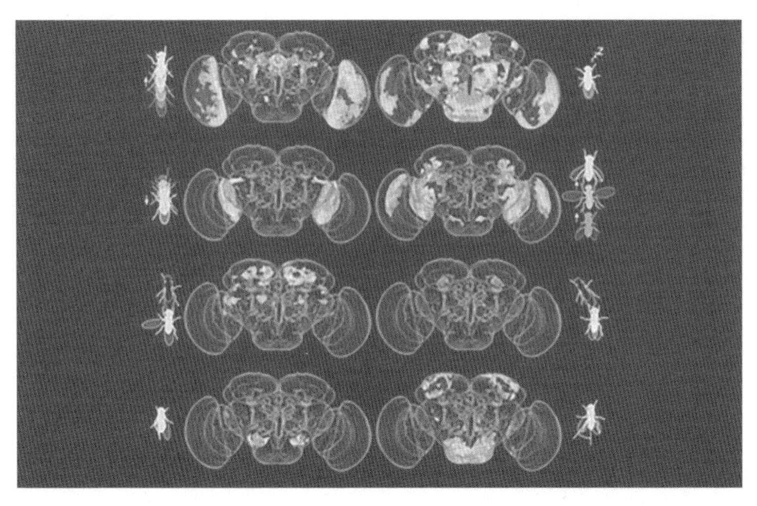

ㅇ 자넬리아는 엄청난 자금과 슈퍼 컴퓨터 그리고 학제 간 연구를 사용해서 대단위 신경회로 지도화를 시도하고 있다. 일개 신경회로 연구자가 그들과 비슷한 방식으로 연구하려는 것 자체가 자살행위인 셈이다.
출처 | Robie et al./Cell 2017

그리고 자넬리아가 추구했던 학제 간 연구 모두가 합쳐졌을 때 일어날 수 있는 가장 환상적인 연구결과가, 막 교수직에 임명되어 작은 실험실을 만들어야만 했던 조교수 앞에서 펼쳐지고 있었다.

도저히 따라잡을 수 없는 누군가를 만나면, 그를 무시하고 살아가는 것도 하나의 방법이다. 문제는, 국제화가 가장 잘 진행된 과학이라는 분야에서 자넬리아의 연구를 무시하고 연구한다는 건 불가능에 가깝다는 점일 테지만. 실제로 연구계획서를 심사했던 한 심사위원은, 도대체 오타와 같은 시골에서 어떻게 자넬리아와 비슷한 수준의 연구를 할 수 있느냐는 비판을 하기도 했다. 그러니까, 자넬리아는 동경의 무대가 될 수는 있어도, 결코 따라잡거나 모방하거나 부정할 수 있는 대상이 아니라는 현실을 인정해야 했다. 그곳에서 연구하는 학자들은 모두 친절하고 협조적이고 공유정신에 투철했지만, 여전히 그 연구의 수준이 내어놓는 권위는 외지의 과학자에겐 충분히 위협적이었다.

연구비 신청에서도 매번 탈락하고, 자넬리아의 압도적 연구에 정체성의 혼란을 겪던 시절, 그 유치하고 치졸한 피해의식에 금을 내준 것도 과학자 동료였다. 레오나르도 메일러Leonardo (Len) Maler 혹은 렌. 오타와 대학에서 40여 년간 전기뱀장어가 어떻게 먹이를 잡는지 연구해온 과학자다. 렌은 연구에 미쳐 있다. 연구에 관계된 대화가 아니면 시간낭비라고 생각하는 편이지만, 젊은 과학자들에게 조언하는 데는 시간을 아끼지 않는다. 영어에 서툰 대부분의 연구비 계획서가 렌의 손에서 새롭게 태어났고, 만날 때마다 새로운 아이디어를 내놓아 젊은 과학자들의 혀를 내두르게 하는 재주도 있다. 그런 렌에게 몇 번 자넬리아의 연구를 이야기했고, 자넬리아에 대해 누구보다 잘 아는 렌은, 루빈의 그 예의 버섯체 논문을[28] 읽고 이런 이야기를 해주었다.

> "정말 대단한 연구야. 어떻게 이렇게 생물학적 원리에 대해 깊이 파고들어가지 않고, 아니 일부러 그런 건가? 여하튼 대단한 연구야. 정말 방대해. 버섯체를 아주 파헤쳐놨구먼. 근데, 그래서 알아낸 게 뭐지? 도대체 어떤 일반원리가 있다는 거야?"

생물학, 생물학은 생명의 원리를 탐구하는 학문이다. 루빈은 훌륭한 도구장인이고 그 역시 생물학자라는 사실을 부정할 수는 없다. 문제는 생명의 원리를 탐구하기 위해 때로는 아주 넓은 땅을 파헤치고, 때로는 좁은 땅을 선택해 우물을 파기도 해야 한다는 데 있다. 루빈은 우물을 파지 않는다. 그는 여기저기로 옮겨 다니며 파헤쳐야 할 땅을 우리에게 선사한다. 정글에 가려져 있던 그 땅에서 정글을 걷어내는 도구들을 만들어 정글을 걷어내고는 다른 정글로 이동하는 식이다. 파헤쳐진 그 땅을, 누군가는 깊게 파야 한다. 이 작은 실험실에서, 루빈이 걷어낸 정글에서, 그가 선사한 유전학적 도구들로 우리가 해야 할 일은 분명하다. 시간인지의 유전학적 원리를 밝히는 것이다. 모두가 자넬리아처럼 연구할 수는 없다. 자넬리아 수준의 연구는 자넬리아에서만 가능하다. 우리는 다른 길을 걸어야 한다. 그 길은 다르지만 틀린 길은 아니다. 전기뱀장어만 외롭게 연구해온 노학자는, 그렇게 어린 학자의 어깨를 다독였다. 길은 하나가 아니다.

우연인지 운명인지 모르게 초파리 행동유전학 분야에서 연구하게 되면서, 다시 우연인지 운명인지 모르게 진화생물학자들과 조우하게 됐다. 처음 동물행동학자가 되겠다고 결심했을 때 그리고 최재천 교수를 만나고 혼자 진화생물학을 독학으로 공부하면서, 그렇게 멀게만 느껴지던 진화생물학자들과, 이제 수행 중인 연구를 중심에 두고 만나게 된 것이다. 이미 언급했듯이, LMD 연구는 영국의 진화생물학자 트레이시 채프먼과 그의 제자 어맨다 브렛먼의 2009년 논문을 실험실에서 재현해보면서 시작되었다. 애초에 이 행동이 진화생물학자들이 활발하게 연구하는 수컷 간의 정자경쟁의 좋은 지표가 되었기 때문이다. 하지만 진화생물학의 연구 프로그램과 행동유전학의 연구 프로그램 사이에는 큰 간극이 있다.

첫째, 진화생물학자들은 모건의 실험실에서부터 내려온 실험실 야생형과 돌연변이 계통을 사용하지 않고, 자연상태와 최대한 가까운 상태의 야생형 계통만으로 실험을 하는 경향이 있다. 그들의 연구 프로그램이 가장 중요하게 여기는 것 중 하나는, 측정하고자 하는 행동과 다양한 지표들이 정말 자연계에서 일어나는 일이라고 확신할 수 있느냐는 것이다. 진화생물학은 실제 자연계에서 벌어지는 자연선택과 성선택 그리고 개체 간의 치열한 경쟁을, 다양한 방법으로 증명하는 연구 프로그램이다. 따라서 최대한 자연에 가까울수록 좋은 데이터로 간주되는 경향이 있다.* 교미시간 연구도 마찬가지다. 채프먼과 브렛먼이 초파리 공동체라면 당연히 알고 있을 다양한 돌연변이와 신경회로

추적 기술을 사용하지 않는 이유는, 그런 인위적인 유전적 조작이, 자연상태에만 존재하는 어떤 표준을 망친다고 생각하기 때문이다. 하지만 그들은 다윈의《종의 기원》을 지지하는 가장 강력한 근거가 인간의 인위선택에 의해 탄생한 비둘기와 개를 비롯한 가축과, 작물이 되어버린 식물이었다는 사실을 잊은 것 같다.

LMD에 관한 첫 논문이 〈네이처 뉴로사이언스〉라는, 그래도 꽤 유명한 학술지에 출판되었지만, 이후 거의 4년 동안 브렛먼은 이 논문을 인용하지 않다가, 경쟁자를 인식하는 감각을 다룬 2016년의 논문에서야 처음 LMD를 거론한다.** 특히 경쟁자를 인식하는 주요 감각을 두고 브렛먼은 우리 결과와 대립하고 있다.*** 세세한 결론에서 서로 다를지언정, 결국 그들의 진화생물학적 관점과, 우리의 신경생물학적 관점이 이 행동을 완벽하게 설명하는 좋은 보완제가 될 수 있음에도 불

* 물론 이런 해당 분야의 지침서는 공식적인 문서로 기록되어 남지 않는다. 해당 분야를 지배하는 지침서들은 실험실이나 스승에서 제자로 암묵지 형태로 전승되며, 그것이 한 분야의 지침서를 형성하고 문화를 만든다. 연구 현장에 가까이 있지 않은 과학학자들은 과학자들이 다루고 수행하고 가끔 어기기도 하는 이 지침서의 존재를 알지 못한다. 과학의 지침서 개념은, 지금은 은퇴한 과학철학자 이상하 박사와 함께 공부하면서 얻은 것이며, 거의 전적으로 그에게 빚지고 있다.

** 물론 그 방식도 부정적이었다. 그들은 시각이 가장 중요하다는 우리의 결론을 여전히 부정한다. Rouse, J., & Bretman, A. (2016). "Exposure time to rivals and sensory cues affect how quickly males respond to changes in sperm competition threat", *Animal behaviour*, 122, 1-8.

*** 예를 들어, 우리가 수행했던 거울 실험을 다시 수행한다든가. Bretman, A., Rouse, J., Westmancoat, J. D. & Chapman, T. (2017). "The role of species-specific sensory cues in male responses to mating rivals in Drosophila melanogaster fruitflies", *Ecology and evolution*, 7(22), 9247-9256.

구하고, 진화생물학계는 여전히 생리학을 전통으로 하는 분자생물학 전통에 적대적이다. 그리고 그 연원은 제임스 왓슨과 에드워드 윌슨이 대립하던 20세기 중반으로 거슬러 올라간다. 요약하자면, 20세기 중반 '진화의 근대종합modern synthesis'이라는 이름 아래 진화생물학과 유전학의 화해가 이루어진 후, 승리에 자축하던 오래된 진화생물학자들은 DNA라는 신무기를 장착한 젊은 생물학자들을 맞이해야 했고, 분자진화를 주장하는 그들에 맞서 무리한 정치적 투쟁을 했다.*

DNA로 무장한 젊은 생물학자들은 진화생물학의 패러다임만 공격한 게 아니었다. 그들은 실제로 미국과 유럽 전역의 대학에서 행동생물학, 개체군유전학, 분류학, 고생물학, 곤충생물학 등을 연구하던 오래된 자연사 전통의 생물학자들을 실제로 몰아냈다.** 하버드에서 벌어진 왓슨과 윌슨의 대립이 바로 그 상징적인 분위기를 보여준다.*** 다윈에서 이어지는 자연사natural history 그리고 진화생물학의 전통과, 라마르크와 파스퇴르 같은 과학자로 거슬러 올라가는 생리학physiology 그리고 분자생물학의 전통은 여전히 충돌 중이다. 시모어 벤저의 행동유전학은, 시모어 벤저가 분자생물학자로 경력을 시작했다

* 이에 관한 과학사 논문은 다음을 참고할 것. Dietrich, M. R. (1998). "Paradox and persuasion: negotiating the place of molecular evolution within evolutionary biology", *Journal of the History of Biology*, 31(1), 85-111.

** 한국에서도 이와 비슷한 사건이 1980~90년대 벌어진다. 다음 장을 참고할 것.

*** 이에 관한 자세한 설명은 우선 필자의 블로그 글 '분자전쟁: 다윈에서 황교주까지'(heterosis.net/archives/1260)와 마틴 브룩스의 《초파리》에 대한 서평 '진화분자의 두 생물학 전통위에 초파리 날다'(〈한겨레 사이언스온〉, 2010) 참고.

는 사실만으로도 어디에 가까운지 분명하다. 행동유전학은, 그 발견의 함의가 진화생물학에 아무리 가깝게 닿아도 진화생물학의 주류와 잘 섞이지 않는다. 앞에서 설명한 이유로, 또 각 분야의 관심의 차이로, 똑같은 생물학자지만 교미시간을 연구하는 진화생물학자와 행동유전학자는 지금까지 단 한 번도 이메일조차 주고받은 적이 없다.

둘째, 진화생물학은 수백만 년에 걸쳐 일어나는 자연선택을 연구하는 학문이다. 따라서 진화를 실험실에서 관찰한다는 건 어려운 일이다. 진화생물학자들은 수백만 광년 떨어진 천체를 연구하는 천문학자나, 복잡한 인간사회의 경제활동을 연구하는 경제학자와 비슷한 위치에 놓여 있다. 이 세 학문이 조작 실험operational experiments 없이도 과학으로서의 측정량과 이론을 구축할 수 있는 이유는, 실험이 제공하는 기능을 일부분 수학적 도구로 대용할 수 있었기 때문이다. 즉, 현대의 진화생물학은 수학적 도구를 필수적으로 사용하는 분야로 변해왔다. 비록 그들의 가장 위대한 선조가 의사 출신의 찰스 다윈이라는, 수학에는 별다른 재주가 없던 생물학자였음에도 불구하고, 그에겐 사촌인 프랜시스 골턴Francis Galton이 있었다. 다윈의 자연선택이 발표되고 나서도 주류 생물학에 편입되지 못한 이유는, 그의 논리가 의학과 생리학의 전통에서 연구하던 파스퇴르나 클로드 베르나르Claude Bernard와 같은—당시로는 최첨단의—연구자들에게 받아들여지지 않았기 때문이다. 다윈의 개념은 대중에게 외면되어 진화의 근대종합이 이루어질 때까지 학문적으로 불안정한 시기를 보낸 것이 아니라, 그의 이론이 설명하지 못하는 대물림의 원리와, 자연선택이 이루어지는 작동원리의 부재 때문에 표류했다. 현대 진화생물학은 멘델의 유전학이 다윈의 자연선택과 겨우 화해하고,* 로널드 피셔, 시월 라이트,** 모투 기무라 Motoo Kimura와 같은 통계학과 수학으로 무장한 이들이 등장하고 나서야 완성될 수 있었다. 현대 진화생물학을 경제학과 연결시키는 게임이론도 수학의 한 분야에서 발전한 것이고 보면, 현대의 진화생물학은 다윈의 자연선택을 중심으로 다양한 유전통계적 기법과 수학이론이 융합한 학문이라고 말할 수 있다.

다행히 LMD 행동의 진화적 의미는 애초에 그 행동을 발견했던 영국 진화생물학자들에 의해 멋지게 수학적으로 밝혀진 상태였다. 브렛먼의 연구결과가 보여주는 가장 중요한 의미는, 그들이 밝힌 수컷의 생리학적 기제가 아니라,*** 도대체 5분의 시간 동안 교미를 더 오래한 수컷이 생식적합도reproductive fitness, 즉 자손의 생산에서 어떤 이익을 얻느냐는 것이다. 브렛먼의 논문에서, 경쟁자에 노출되었건 아니건 그 수컷으로부터 나오는 자손의 숫자와 성비는 동일했다. 즉, 교미를 오래한다고 해서 더 많은 자손을 만드는 건 아니라는 뜻이다. 다시 교미 시간의 조절이 수컷 간의 경쟁이라는 점을 떠올려보자. 수컷 초파리가 교미를 오래 해서 얻는 이익은 자손의 숫자나 자손의 건강상태 혹은

* 이 과정을 잘 다룬 글을 소개한다. 양우성. (2010). 유전통계학과 수리통계학의 역사. wsyang.com/2011/06/history-of-genetical-statistics-and-mathematical-statistics/

** 라이트에 관한 설명은 필자의 블로그에 실린 글을 참고할 것. 라이트, 진화종합의 변두리에서(heterosis.net/archives/1299).

*** 사실 그들의 실험은 조잡하고, 필자의 연구실에서 재현되지 않는 경우가 많았다. 다만 자손을 측정하는, 그들이 가장 잘하는 실험만큼은 확신을 가지고 그들의 데이터를 신뢰한다.

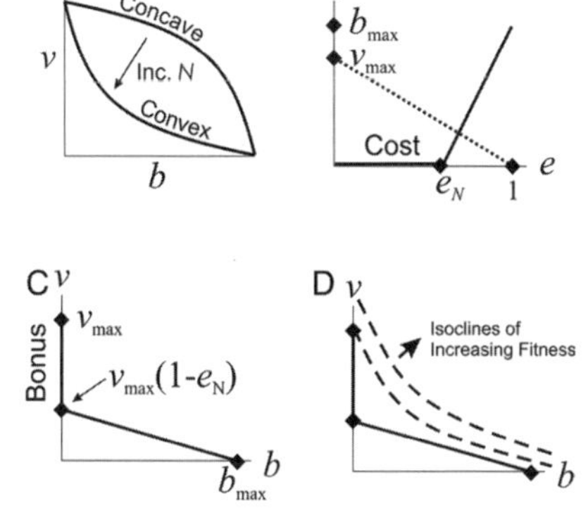

○ 진화생물학은 경제학 혹은 통계학에서 유래한 다양한 수학적 도구를 바탕으로 실험으로 얻을 수 있는 인과적 원인을 추론한다. 진화생물학 논문에선 다양한 수학적 도구들을 만날 수 있다. 행동유전학은 수학적 도구보다 실험을 통한 조작실험을 통해 원인을 밝히는 학문이다. 둘은 같은 행동을 다루지만, 많이 다른 학문의 전통을 지녔다.

출처 | Michod, R. E. (2007). "Evolution of individuality during the transition from unicellular to multicellular life", *Proceedings of the National Academy of Sciences*, 104(suppl 1), 8613–8618.

성비가 아니다. 수컷 초파리가 교미를 오래하면, 암컷을 다른 수컷으로부터 더 오래 보호할 수 있다. 브렛먼은 논문에서 경쟁자에 노출된 수컷과 그렇지 않은 수컷과 교미한 암컷을 분리해, 그 암컷에게 또 다른 수컷과 교미할 수 있는 기회를 주었다. 그러자 교미시간의 증가가 지닌 확실한 효과가 나타났다. 교미시간을 증가시킨 초파리 수컷은, 바로 그 암컷과 또 교미할지도 모를 다른 수컷의 정자가 암컷의 난자를 수정시킬 확률을 낮춘다. 즉, 경쟁자에 노출된 수컷과 교미했던 암컷에게선 그렇지 않은 수컷과 교미했던 암컷보다 훨씬 적은 비율로 다음 수컷의 자손이 태어났다. 교미를 오래하면, 다른 수컷의 정자가 히치하이킹을 하지 못하는 것이다.

이제 SMD의 진화적 의미를 알아야 했다. 논문이 두 번이나 게재를 거부당할 때마다 심사위원들이 SMD의 진화적 의미가 무엇이냐고 물었기 때문이다. 오랫동안 실험을 계획했고 또 진행할 수 있었지만, 진화생물학자로 훈련받지 못한 탓에, 가장 최적의 실험을 디자인하고 이를 설명하는 수학적 이론을 만들 수 없었다. 기회는 우연히 왔고, 그것도 술집에서 왔다. 오타와의 반값 할인 치킨집에서 칼튼 대학교의 진화생물학자 강창구 박사와 만나 연구 이야기를 하던 중에 SMD에 관해 설명했더니, 한번 해보겠다는 제안을 받은 것이다. 그렇게 SMD의 진화적 의미를 밝히는 아주 간단한 수학이론이 만들어졌고, 그 아름다운 이론이 제안하는 몇 가지 가설을 테스트하는 실험을 진행했고, 아주 황홀한 실험결과를 얻었다. LMD와 마찬가지 결과였다. 즉, 이미 암컷과 교미를 경험한 수컷은 그다음 오는 수컷에게 정자 히치하이킹을 당하는 확률이 높다. 즉, 교미 경험이 충분한 수컷은 교미시간에 덜 투자하는 것이 진화적으로 이익이 되는 것이다. 강창구 박사와 함께 만든 교미시간의 투자 손익 분기 그래프와 그래프를 만드는 수학이론은, SMD뿐 아니라, LMD를 설명하는 데도 유용하게 사용될 수 있다.

최재천, 브렛먼, 강창구. 지금까지 만난 진화생물학자들은 분자생물학에서 유래한 행동유전학이 주류 진화생물학과 어떻게 다르며, 같은 행동을 연구하면서도 어떻게 서로 다른 지침서를 따라 다른 연구 프로그램이 진행될 수 있는지 똑똑히 보여준다. 생물학은 하나가 아니다. 그 사실은 다양한 과학사 문헌들을 통해 공부해 머리로만 이해해서가 아니라, 실제 진행되는 연구를 통해 몸으로 겪으면서 알게 된 것이다. 다윈의 추종자들과 멘델의 추종자들은 왜 그렇게 치열한 전투를 했는지, 진화종합의 기수들은 왜 분자진화를 주장한 이들을 못살게 굴었는지, 나아가 왜 같은 교미시간 연구를 진행하면서도 두 진영의 생물학자는 교류가 없는지, 이 모든 이유의 배후에는 생물학의 두 전통이 놓여 있다. 언젠가 생물학의 두 전통을 거론하며 썼던 글의 일부로

이 장을 마무리한다. 융합이라는 건 그렇게 아무렇게나 막 할 수 있는 게 아니라는 걸, 한국 일부 과학자들과 정책관료들이 좀 깨닫기를 바라면서.

"바로 이 구절이 우리가 마틴 브룩스의 책을 읽으며 놓치지 말아야 하는 주제다. 물론 이 책은 매우 재미있게 쓰여 있고(부록에는 웃음을 자아내는 초파리 돌연변이들의 이름들이 나열되어 있다), 주로 초파리를 가지고 연구하는 주제들이 다루어지고 있지만, 그래도 끊임없이 놓치지 말아야 하는 것은 생물학의 발전과정에서 두 전통이 갈등했던 역사에 대한 재조명이다. 우리는 과학사를 지나치게 단순하게 선형적으로 이해하는 경향이 있다. 물리학이 과학사 연구의 중심이던 20세기 초엽에 형성된 이러한 견해들은 과학에 대한 대중의 이해를 심각하게 왜곡시켰다."

한국의 초파리 학자들

1장에서 초파리 유전학은 한 사회 기초과학의 수준을 측정하는 지표가 될 수 있다고 말했다. 그 학문이 꼭 초파리 유전학일 필요는 없다. 식물학의 애기장대도, 예쁜꼬마선충도, 어쩌면 최재천 교수 외에는 존재하지도 않는 동물행동학 연구도 기초과학의 지표가 될 수 있다. 하지만 초파리 유전학에는 기초과학이라는 이유보다 조금은 더 특별한 묘미가 있다. 초파리 유전학은 생물학이 다루는 대부분의 영역을 연구할 수 있는 몇 안 되는 분야다. 생태학에서 발생학과 질병연구까지, 초파리는 다른 모델생물들보다 조금 우위에 서 있다. 초파리를 연구하는 이들은 정말 초파리를 사랑한다는 말이 있다. 사실이다. 초파리를 사랑하지 않고, 초파리 연구를 할 수는 없다. 하지만 생쥐를 싫어해도 생쥐를 연구하는 사람은 많다.

1986년 한국유전학회 학술지에 실린, 강영선 박사의 〈우리나라 유전학회의 어제와 오늘〉이라는 짧은 강연록이 있다. 그는 해방 전 일본 북해도 대학에서 유전학을 공부했고, 당시 한국에서 누구도 유전학을 신경쓰지 않았다고 말한다. 당시 유전학이 일반인의 입에 오르내릴 때는 우장춘 박사의 업적이 가끔 소개될 때뿐이었다고 한다. 강영선 박사는 세포유전학을 전공했고, 경성대에서 서울대로 발족하면서, 문리과대학에 생물학과가 생겼다고 증언한다. 바로 거기서 서울대 농대 임학과에 현신규 박사가 식물육종학을, 농생물학과의 탁운학 교수가 최초로 초파리를 재료로 유전학 연구를 시작했다고 전한다. 그리고 탁운학은 6·25전쟁 때 월북해 한국에선 그의 기록을 찾을 수 없다. 그러니까, 한국 초파리 유전학의 시조는, 한국에 없다.*

탁운학 교수가 월북했을 뿐 아니라, 한국 초파리 유전학의 시조로 볼 수 있는 과학자 또한 북한에서 연구했다. 계응상, 그는 지금도 북한에서 과학자의 모범으로 거론되고 있다. 계응상은 북한의 1호 박사다. 그는 원래 일본에서 누에고치를 연구하는 유전학을 전공했지만, 나중에 소련으로 건너가 연구원이 된다. 소련에서 그는 당시 세계적인 주제였던 초파리 유전학을 접하고 모건의 학설을 공부했다. 소련을 지배하던 리센코주의에 맞서 토론하던 그의 처지가 위태로워지자, 그는 북한으로 넘어와 연구를 지속했다. 북한에서도 리센코주의자들에게 탄압당하던 그를 김일성이 직접 옹호하고, 그는 원사 교수 박사로 추앙받는 존재가 된다.** 북한의 생물학이 이후 주체적인 과학발전과 연구와 생산의 밀착을 강조하면서, 그는 초파리가 아닌 누에를 통한 양잠연구에 집중하게 된다.*** 북한 최초의 박사가 초파리 유전학자였다는 사실은, 초파리 연구가 주류 생물학에서 밀려나고 있는 최근의 현실과 씁쓸히 대비된다.

* 강영선. (1986). 우리나라 유전학의 어제와 오늘. 〈Genes & Genomics〉(구 한국유전학회지) 8(1), 34-35. 과학사가들이 탁운학에 대한 연구를 시작하면 좋을 것이다.

** 강호제. (2010). 김 주석이 직접 구명한 北 '제1호 박사' 계응상. 〈민족 21〉, 44-45. 다음 유튜브 동영상도 흥미롭다. '세계적인 과학자의 모습에서 로력영웅 원사 교수 박사 계응상' (youtu.be/DwOGt1p5oaU)

*** 20세기 북한도 박정희 식의 기술중심 과학기술정책의 세례를 받았다. 이에 관해서는 다음의 논문들을 참고할 것. 변학문. (2007). 1950~1960년대 북한 자립노선과 생물학의 변화. 〈현대북한연구〉 10(3), 138-183; 변학문. (2015). 북한의 기술혁명론. 〈과학기술정책〉 25(11), 58-65.

초파리 유전학이 남한에 들어온 시기를 정확히 가늠하긴 어렵다. 하지만 한국유전학회의 첫 학술지가 간행된 1979년의 논문 다섯 편 중 두 편이 초파리의 염색체와 행동에 관한 연구다.[29] 학술정보를 검색해보면, 1970년대와 80년대에 걸쳐, 상당히 많은 생물학자들이 토머스 헌트 모건 혹은 도브잔스키의 전통 속에서 초파리를 연구했다는 사실을 알 수 있다. 유전학회의 초창기는 대부분 초파리 학자들이 장악하고 있었다. 성기창,[30] 백용균[31] 등의 발군의 유전학자들을 필두로, 1980년대 한국의 생물학계는 초파리 유전학자들로 들끓고 있었다. 그리고 그들 대부분이 모건이 확립했고 도브잔스키가 야외로 확장시킨 염색체 연구를 주요 연구방법론으로 삼았던 이들이다. 그리고 1990년대 말이 되면, 염색체 연구를 위주로 활동하던 초파리 유전학자들이 거의 사라지고, 더는 등장하지 않는다.*

왓슨과 크릭이 DNA의 이중나선 구조를 밝히고 막스 델브뤼크, 조지 가모프George Gamow, 시드니 브레너, 시모어 벤저 등의 과학자들이 그 DNA 연구를 바탕으로 분자생물학의 전성기를 펼치던 시기에, 한국은 전쟁으로 신음하고 재건 중이었다. 당연히 과학의 발전, 특히 기초과학의 발전은 뒤처질 수밖에 없었고, 운 좋게 도미 후 한국으로 들어온 생물학자들도 이미 오래된 염색체 연구 등을 전공한 이들뿐이었

* 이 시절부터 한국 학자들이 외국 저널에 활발하게 논문을 발표했다는 점을 감안해도 마찬가지다. 1993년 필자가 대학에 들어갔을 때만 해도, 초파리 염색체 연구는 구닥다리 과학으로 여겨졌다. 당시 유전학 강의는 최영 교수가 맡았는데 그는 괴짜였고, 학생들과 많은 대화를 하지 않았다. 최영 교수는 세상을 떠나며 그의 모든 재산을 사회에 환원했다. 평생 괴짜로 불린 생물학자, 떠날 땐 따뜻했던 뒷모습. 〈MK 뉴스〉(2015).

다. 당시의 분자생물학은 지금의 인공지능이나 빅데이터처럼 유행하던 과학이었고, 그런 분야에 한국인이 들어가 다시 한국으로 돌아올 가능성은 희박했던 게 사실이다. 실제로 한국에 분자생물학이 전통적인 생물학을 밀어내고 대학에 자리를 잡기 시작하는 것이 1980년대 중반 이후다. 이미 DNA 혁명이 끝나고, 시모어 벤저는 행동유전학을, 시드니 브레너는 예쁜꼬마선충 유전학을 정초한 그 시기에, 한국은 이제 분자생물학이라는 혁명의 파도를 받아들이고 있었다. 아직도 생생하게 기억한다. 1993년, 그때만 해도 생물학과의 교과목에서 분자생물학은 신생학문이었다. 대부분의 교수들은 DNA 수준이 아니라, 진화생물학, 분류학, 혹은 생리학 분야에서 연구하고 있었다.**

그렇게 초파리 유전학의 시대는 1990년대를 기점으로 한국에서 사라지는 것처럼 보였다. 그리고 실제로 DNA의 시대에 과학의 선진국인 미국에서도 초파리 유전학은 잠시 위기를 맞는 것처럼 보였다.[32] 분자생물학의 다양한 기법들을 신속히 받아들여 새로운 영역으로 확장해나가긴 했지만, 새로운 생물학인 분자생물학자들에게 초파리는 지나치게 복잡하고 느린 생물학의 모델이었는지도 모른다.*** 분자생물학은 대장균과 포유류의 암세포를 중심으로 빠르게 발전했고, 빠르게 발전하던 한국의 과학도 그 유행에 금세 동참했다. 1990년~2000년대 한국의 생명과학은 초파리에서 분자생물학으로 빠르게 전환되어

** 한국 유전학 전통에 관한 졸고 참조. heterosis.net/archives/1301

*** 실제로 물리학에서 분자생물학으로 넘어온 막스 델브뤼크는 모건의 실험실에 들어갔다가 얼마 되지 않아 도망치듯 빠져나왔다. 필자의 글 참고. 김우재. (2010). 통섭의 경계. 〈크로스로드〉 6.

갔다. 그리고 한국의 초파리 연구도 분자생물학과 빠르게 융합되어가기 시작했다.*

미국에서 유행하는 과학은 반드시 한국에 수입된다. 막스 델브뤼크도, 유넝도 "유행하는 과학을 하지 말라"고 말했지만, 개발도상국에서 도미한 한국 유학생들에게 그런 격언은 사치에 불과했을 것이다.[33] 물론 그 덕분에 여전히 한국의 생물학은 빠른 추격형 연구에 머물며 선도형 연구를 지향만 하는 지경에 이르렀지만, 시대적 상황이란 그런 것이다. 2000년에 접어들면 한국의 생물학은 완전히 분자생물학자들이 장악한 분야가 된다.** 미국의 유행을 따른다는 건, 언젠가는 자넬리

* 1990년대 초파리 연구에 대한 추종길의 논문과 글들은, 당시 시대상황을 이해하는 데 큰 도움이 된다. 중앙대 생물학과에서 근무했던 추종길 교수는 생체시계를 연구했고, 1970년대 초 일본에서 수학했다. OSHIMA, C., INOUE, K., & CHOO, J. K. (1972). "Studies on Behavior Genetics. I. The Selection for Both Photo-positive and Photo-negative Directions in Drosophila virilis", *Environment Control in Biology*, 10(4), 192-197. 추종길 박사의 다음 논문들은 초파리 유전학자가 한국사회에 남긴, 얼마 안 되는 소중한 글의 흔적들이다. 장남기·추종길. (1995). 24시간 주기, 밤과 낮 길이 정확히 감지. 〈과학동아〉 10(7), 54-61.
장남기·추종길. (1995). 동양서는 2000년 전 발견, 질병치료에 이용(곤충의 생체시계는 어디에 있나). 〈과학동아〉 10(7), 72-75.
장남기·추종길. (1995). 빛으로 생체시계 조절, 겨울에도 여름꽃 피운다. 〈과학동아〉 10(7), 62-65.
추종길. (1997). 곤충을 이용한 유전공학적 연구. 〈과학사상〉 (21), 102-120.
추종길. (1979). 행동의 생물학적 연구. 〈생물교육〉 7(1), 17-21.
장남기·추종길. (1995). 생물, 자연주기와 생체리듬 맞춰 환경 적응. 〈과학동아〉 10(7), 66-71.

** 어쩌면 바로 그 시기에 한국에 들어온 최재천 교수도 시대를 잘못 태어났는지 모른다. 더 큰 문제는 학문의 다양성을 보장하지 않는 과학제도의 문제와, 한국 과학자들의 유행병이긴 하지만.

아의 연구가 한국에도 상륙할 수 있다는 뜻이기도 하다. 장담할 수는 없지만, 행동을 신경회로의 관점에서 연구하는 한, 초파리 모델은 결코 무시될 수 없다. 바로 그 이유 때문에, 이제 한국에서도 행동을 유전학의 관점에서 연구하는 초파리 유전학자들을 어렵지 않게 볼 수 있다. 한국의 과학은 한국의 과학자들에 의해 발전해야 하고, 바로 그래야 그 과학이 한국의 것이 될 수 있다. 한국의 초파리 행동유전학자들을 짧게 소개한다. 대부분 직접 만나 이야기를 나눠본 동료들이다. 한국에서 더 많은 초파리 유전학자들을 볼 수 있기를 바란다.

초파리 생체시계 연구는 이제 한국에서도 연구하는 과학자가 제법 된다. 우선 카이스트의 최준호 교수는 생체리듬연구실을 운영하고 있고, 그의 제자 임정훈 교수는 울산과학기술대UNIST에서 생체리듬과 질병의 관계를 연구한다. 아주대학교의 김은영 교수도 초파리 생체리듬의 전통에서 다양한 연구를 수행 중이다. 서울대학교의 정종경 교수와 그 제자인 대구경북과학원의 이성배 교수는 초파리를 모델로 파킨슨병에 관여하는 중요한 유전자를 찾은 연구로 유명하다. 초파리는 퇴행성 뇌질환 연구에서 탁월한 성과를 내고 있고, 치매, 헌팅턴 무도병, 루게릭병 등의 발병원인을 분자유전학의 수준에서 규명하는 데 적합한 모델생물이기도 하다. 생명공학연구원의 유권 박사, 이규선 박사는 초파리 뉴로펩타이드 연구의 선도주자로 특히 SMD 행동의 주요 인자이기도 한 sNPF의 연구로 유명하다. 연세대학교의 문석준 교수는 초파리의 촉각에 관여하는 채널 단백질을 연구하고, 최광민 교수는 초파리를 이용해 자가면역과 상처치유를 연구한다. 성균관대학교의 권재영 교수는 초파리 미각을 조절하는 다양한 미각수용체를 연구 주제로 삼고 있다. 성균관대에는 또 열유전학의 대가인 강경진 교수가 있고, 그는 TrpA1이라는 채널 단백질의 다양한 생리활성을 주요 연구 주제로 삼는다. 고려대학교 의과대학의 박중진 교수와 건국대학교의 조경상 교수는 초파리의 노화를 조절하는 다양한 유전자들의 기능을 밝히고 있다. 중앙대학교의 현서강 교수는 초파리를 이용해 마이크로RNA를 통해 조절되는 다양한 생리활동을 연구하고, 대구대학교의 하달수 교수는 초파리 후각의 민감성을 조절하는 분자기제를 연구한다. 인제대학교의 김만수 교수는 초파리를 이용해 질병 모델을 개발하고 특히 노화를 연구하고 있으며, 서울대학교의 이승복 교수는 초파리 신경세포의 사멸을 조절하는 분자적 기제를 연구하고 있다. 특히 이승복 교수는 문재인 정부에서 연구제도혁신기획단의 공동단장을 맡아, 기초과학자들이 느끼는 현장의 목소리를 과학정책에 반영하기 위해 노력하고 있다.* 서울시립대학교의 정연두 교수는 초파리 시각을 관장하는 채널 단백질의 기능을 연구하고, 서울대학교의 이원재 교수는 초파리 모델을 이용해 장내세균의 마이크로바이옴microbiome이 어떻게 내장기관과 상호작용하는지를 연구하고 있다. 인하대학교의 민경진 교수는 원래 초파리 진화유전학자로 훈련받았는데, 현재는 초파리를 이용해 다양한 약물의 작용을 연구 중이다. 국민대학교 이영석 교수는 초파리를 이용해 살충제의 원리를 연구한다. 이미 성펩타이드를 다루는 장에서 등장했던 광주과기원의 김영준 교수는, 아마도 초파리 행동유전학을 가장 모범적이고 멋지게 연구하는 한국의 과학자일 것이다.

* 유권 박사도 공동단장으로 중요한 역할을 수행 중이다.

미국에서 유행하는 건, 반드시 한국에 수입된다. 벤저의 실험실에도 한국인 과학자들이 몇 명 연구원으로 참여했고, 그들 중 일부가 한국에 들어와 있다. 카이스트의 최광욱 교수는 벤저의 연구실에서 박사후 연구원을 지냈고, 현재는 초파리를 이용한 발생학 연구를 위주로 실험실을 운영한다. 전남대학교 김창수 교수는 와이너의 저서 《초파리의 기억》에도 등장하는 과학자인데 그는 2003년 초파리 청각에 아주 중요한 채널 단백질을 발견하고 그 유전자의 이름에 난청nanchung이라는 이름을 지어주었다.[34] 《초파리의 기억》에 등장하는 또 한 명의 한국인 과학자 민경태 교수는 현재 울산과기대에서 연구 중이다. 그는 벤저와 함께 초파리의 기생박테리아인 월바키아Wolbachia의 작동 원리를 규명했고,[35] 초파리에 다양한 약을 먹여 수명을 늘리는 연구도 진행했다.[36] 그를 만나보지 못했지만, 그가 더 이상 초파리를 연구하지 않는다는 이야기를 들었다. 벤저의 가장 유명한 한국인 제자는 더 이상 초파리를 키우지 않는다.**

** 한국분자세포생물학회 지부로 한국초파리연구회, 약칭 한초연이 활동 중이다. 혹시 이곳에서 다루지 못한 초파리 행동유전학자가 있을지 모른다. 그만큼 많은 초파리 유전학자가 활동 중이라는 건 좋은 일이다. 양으로만 따지면, 한국 초파리 유전학의 규모는 분명히 크게 성장했다. 연구의 질도 크게 성장했다.

한국에 자넬리아 같은 수준의 기초과학이 필요할까. 한국에도 벤저의 전통이 수입되었고, 다양한 학자들이 초파리를 이용해 행동과 질병을 연구하고 있지만, 과연 기초과학이 한국에서 지니는 의미는 무엇이며, 기초과학을 지원해야 하는 이유는 무엇인지 이제 물을 때가 되었다. 얼마 전 쓴 글에서도,[37] 또 다른 글들에서도 주장해왔지만,[38] 기초과학, 넓게는 기초학문이라 부르는 분야에 대한 한 사회의 지원은, 해당 사회의 수준에 비례하며, 해당 사회가 기초학문을 용인하는 정도를 초월할 수 없다. 그리고 극단적으로 말해서, 기초학문이 없다고 해서, 그 사회가 당장 망하지 않는다. 한 가지 분명히 해야 할 것이 있다. 초파리 유전학의 역사가 유구하고, 또 자넬리아처럼 세계에서 가장 뛰어난 연구소에서 초파리 행동유전학을 연구한다고 해서, 한국사회가 그 과학을 수입할 필요는 없다. 전혀 그렇지 않다. 한국의 과학이 추격형에서 선도형으로 전환해야 한다는 말이 한국 과학기술정책관료들의 입에서 나온 게 벌써 오래전이고, 여기저기서 유행 따라 수입해 모양만 좋게 전시해놓은 과학 분야로 가득한 국가에서, 따라잡지도 못할 자넬리아의 초파리 행동유전학을 수입한다는 건 어불성설이다. 혹시라도 이 책을 읽고 그런 무모한 도전을 하려는 정치인 혹은 관료가 있다면 무슨 수를 써서라도 말리고 싶다. 한국형 과학이란, 그런 방식으로 창조될 수 없다.

기초학문이 난관을 겪고 있긴 하지만, 해방 이후 몇십 년 동안, 분명 한국형 과학 혹은 한국형 과학기술이라고 부를 만한 괄목할 성장이 있었다. 한국 근현대시대의 과학 혹은 과학기술을 끈질기게 연구해온 전북대학교의 김근배 교수는, 최근 자신의 연구를 집대성한 책《한국과학기술혁명의 구조》를 내놓았다.[39] 그는 이 책에서 해방 이후 비약적인 성장을 기록한 한국형 과학기술을 일종의 혁명에 비유한다. 그가 생각하는 한국과학기술 발전의 핵심은 '제도-실행 연계 도약론'으로 요약된다. 그가 생각하는 한국 과학기술혁명의 구조는, 토머스 쿤의《과학혁명의 구조》에서 빌려온 틀을 이용한다. 우선 그는 과학의 후발주자였던 한국이, 뒤늦은 추격을 위해 과학을 그대로 수입하지 않고 기술, 즉 엔지니어링의 측면에서 선별적으로 수입했음을 보인다. 또한 쿤의 패러다임이 과학자 사회를 지배하는 지배적인 사고방식이라면, 한국과학기술혁명에서는 국가 혹은 정부가 제시하는 제도가 그 패러다임의 역할을 수행한다. 더 쉬운 방식으로 설명하자면, 한국의 과학계는 과학이 아니라 과학으로 포장된 기술 혹은 공학을 수입해, 국가와 권력이 지시하는 방향으로 달려왔다는 뜻이다. 그리고 바로 이런 제도적 기반이 과학 공동체의 실행practices과 결합했을 때마다 일종의 작은 도약들이 일어나 한국 과학기술혁명을 이끌었다는 것이다. 바로 이런 실행들은 가족적인 방식으로 시작되어 권력이 지시한 임무를 중심으로 이루어지다가 경제가 성장하면서 점점 더 큰 규모의 실행으로 변화하고, 이제 특정 분야에 집중하는 실행의 방식으로 변화해왔다.

김근배가 보기에, 정치권력과 관료 그리고 주체적으로 과학과 기술을 사유하지 못했던 과학기술공동체가 만들어낸 한국사회의 과학기술혁명은 분명 세계사에서 그 유래를 찾기 힘든 독특한 현상이다. 분명히 한국 과학기술계는 비약적인 양적 성장을 겪었고, 연구비 규모에서도 세계 상위권을 차지하고 있다. 하지만 정부 주도로 이루어진 이런 성장이 과연 혁명이라 불릴 정도의 현상이었는지는 의문이다.* 특히 여전히 노벨상에 집착하는 권력과, 연구비를 두고 벌어지는 온갖 비리와 부패, 또 대학원생의 인권과 과학기술계 인력구조의 불공정성에서 드러나는 한국 과학기술계의 구조적인 문제를 그대로 방치한 채, 한국 과학기술계의 정부-인력 주도의 성장을 혁명이라고 부른다면, 몇몇 재벌들이 독식하고 있는 한국의 기업 생태계도 혁명이라고 불러야 한다. 또한 권력이 주도하는 상황에서 권력의 노예로 전락한 과학기술공동체가 보여주는 실행은, 이제 그 양적 성장마저 무색하게 할 정도로 썩어 앞으로 나아갈 동력을 잃었다.**

김근배가 말하는 한국형 과학은 과학사가가 과학현장의 밖에서 바라본 외피에 불과하다. 한국의 과학기술, 특히 기초과학의 현장을 겪어본 과학자라면, 지난 수십 년의 국가 주도 발전을 혁명이라고 생각하지 않을 것이다. 특히, 기초과학연구원IBS처럼 규모가 큰 연구단이 설립되는 지금에도, 한국에서 연구하는 과학자들 중 세계 수준의 명성을 지니고, 나아가 독특한 학풍 혹은 학단을 만들어낸 과학자가 거의 없다는 건 한국의 과학기술혁명이, 특히 과학에 관한 한 완전히 실패

* 필자는 홍성욱 교수의 비판에 동의한다. 홍성욱. (2017). 김근배, 한국 과학기술혁명의 구조. 〈한국과학사학회지〉 39(2), 363-369.

** 촛불을 통해 집권한 정부에서 등장하는, 마치 박정희 정부를 연상시키는 '4차산업혁명'의 구호를 보면 잘 알 수 있다. 필자가 홍성욱 교수 등과 공저한 책을 참고할 것. 김소영, 김우재, 김태호, 남궁석, 홍기빈 & 홍성욱. (2017). 《4차 산업혁명이라는 유령》. 휴머니스트.

한 혁명인 증거다.*** 그리고 과학의 학풍이란, 해당 사회가 과연 제도와 실행이 건강하게 상호작용하며 독립적으로 과학을 수행하고 있는지를 판단하는 지표일 것이다. 그리고 그런 학풍은 과학의 역사에서 스타일 혹은 사조로 나타난다.****

이미 초파리 유전학을 미국의 과학이라고 불렀다. 모건의 초파리 유전학과 오펜하이머 등에 의해 주도된 맨해튼 프로젝트 그리고 20세기 후반을 장악했던 인간유전체 계획, 미국식 과학은 규모의 연구라는 제도적 특징과, 실용주의적 연구라는 실행의 특징으로 미국식 과학을 만들었다. 특히 19세기 말까지도 여러 과학 분야에서 후발주자였던 미국이, 더는 유럽에 열등감을 갖지 않고 독립적으로 과학연구를 수행하게 만든 장본인이 모건 학파의 초파리 유전학이었다. 20세기 초, 멘델이 재발견되고 대물림과 돌연변이mutation라는 현상을 연구하는 다양한 학파의 생물학자들이 존재했다. 초파리는 그중 하나의 종이었을 뿐이

*** 김태호. (2017). '한국 과학계'는 어디에 존재하는가? 〈BRIC〉. 김태호 박사는 한국과학계의 제1세대부터 계속해서 학풍이라 부를 만한 것이 한국 밖에서 형성되는 학문의 아웃소싱 현상을 지적한다. 필자의 블로그 글 '대학교의 의미와 학풍이라는 것'은 여기서 일별한 과학적 스타일에 대한 논구의 뼈대가 되는 사유다. heterosis.net/archives/376

**** 크롬비에 의해 시작되었고, 조너선 하우드에 의해 독일 유전학과 미국 유전학의 차이를 드러내는 개념으로 쓰인 스타일style을 '사조'로 번역한다. 모더니즘, 신고전주의 등을 일컫는 예술사조와 비견되는 개념이기 때문이다. Crombie, A. C. (1994). *Styles of scientific thinking in the European tradition: The history of argument and explanation especially in the mathematical and biomedical sciences and arts*, (Vol. 2); Duckworth., Harwood, J. (1993). *Styles of scientific thought: the German genetics community, 1900-1933*, University of Chicago Press.

고, 모건, 스터티번트, 브리지스Calvin Bridges 같은 과학자를 만나, 미국이라는 부유한 땅에서 번영했을 뿐이다. 특히 20세기 초반까지 과학의 중심이었던 독일에서, 유전학은 완전히 다른 사조로 발전한다.

과학에도 사조가 있을까. 학풍 혹은 학단이라 불리는 전통은 과학에서도 발견된다. 모건의 유전학은 하나의 학풍을 만들었고, 양자역학의 코펜하겐 그룹, 열역학의 벨기에 그룹 등 과학사는 뛰어난 과학자 몇 명을 중심으로 그들의 제자와 그들이 활동한 지역을 중심으로 만들어진 학풍의 역사이기도 하다. 사조란 학풍보다 조금 더 넓은 개념이다. 사조 혹은 스타일은 예술사에 등장하는 분석적 개념으로, 보통 한 사회가 문화적으로 만들어낸 어떤 재발적인 요소들을 말하며, 그 요소들이 문화마다 다를 때 이를 스타일이라고 부른다. 예를 들어 음악과 미술의 낭만파, 인상주의, 고전파 같은 익숙한 이름들이 예술의 사조다. 과학사가 크롬비가 유럽의 전통에서 나타나는 과학의 사조를 일별한 이래,[40] 조너선 하우드Jonathan Harwood의 독일 유전학에 대한 연구는* 유전학에서도 과학의 사조가 존재했으며, 이 사조가 과학공동체의 연구 스타일에까지 영향을 미쳤음을 밝히고 있다.[41] 예를 들어, 19세기 영국과 프랑스 같은 경우에, 국가 간의 과학 스타일에 차이가 있었다.[42] 영국과 프랑스의 국가 간 갈등관계를 고려하면, 두 국가 간에 나타나는 과학 사조의 차이는 어쩌면, 국제정치의 관점에서 비롯된 것일 수 있

* 그의 책과 논문을 참조했다. Harwood, J. (1993). *Styles of scientific thought: the German genetics community, 1900-1933*, University of Chicago Press; Harwood, J. (1987). "National styles in science: Genetics in Germany and the United States between the World Wars", *Isis*, 78(3), 390-414.

다.** 혹은 근대과학이 출현하기 전, 즉 과학의 제도와 실행이 세계 보편적인 기준을 갖기 전 일시적으로 나타나던 차이였을지도 모른다. 하지만 근대과학이 성립되고 과학의 제도와 실행이 세계화되었던 20세기에도 사조가 남아 있었을까?

하우드는 그렇다고 말한다. 독일 유전학계는 유전학의 질문들을 대물림이라는 현상에 국한하지 않고, 진화와 발생이라는 더 넓은 관점 속에서 이해하려는 경향이 강했다. 독일식 유전학 사조는, 미국에 비해 단순히 추상적이거나 이론적이라서 진화와 발생을 관심사에 포함시켰던 것이 아니다. 오히려 독일의 발생학이 훨씬 경험적 전통에 충실했고, 모건 학파야말로 염색체 유전을 이론화시킨 측면이 강하다.*** 독일 유전학을 하나의 사조라고 부를 때는, 해당 사조를 만든 제도적 원인을 고려해야 한다. 즉, 미국과 독일의 유전학계 모두 유전자라는 존재에 관심을 가졌지만, 이 현상을 연구하기 위해 유전학이라는 새로

** 국제정치 외에도, 정치적 이념에 의해 한 국가의 과학이 완전히 다른 사조로 변질되는 경우가 있다. 그것이 소련에서 리센코주의라는 형태로 유전학에 영향을 미쳤고, 이후 북한에서도 비슷한 일이 일어난다. 변학문. (2007). 1950~1960년대 북한 자립노선과 생물학의 변화. 〈현대북한연구〉 10(3), 138-183.

*** 독일의 유명한 생물학자였던 헤켈, 바이스만, 네덜란드의 휘호 더프리스 등은 다윈의 진화론은 여전히 추상적이고 불만족스러운 과학이라고 생각했고, 생물학은 실험생물학의 길로 나아가야 한다고 생각했다. 즉, 그들은 유전과 발생의 실험생물학적 접근을 통해 진화의 기제로 나아가는 길이라고 생각했다. 한스 드리슈Hans Driesch 같은 발생학자는 진화를 언급하지 않고 발생학을 연구해도 된다고 방어했고, 멘델의 재발견도 유전현상을 진화와 상관없이 연구하는 전통을 만들었다. 반면, 미국의 모건은 발생과 진화의 중요성을 이해했지만, 그는 유전학을 그렇게 연결시키는 게 너무 복잡하다고 여겼고, 유전학만을 좁게 연구해 파고들었다. 모건이 다윈과 멘델의 이론 모두에 회의적이었다는 건 그의 초기 저술을 보면 알 수 있다.

운 학제discipline가 필요한지 아니면 이미 존재하던 발생학과 진화론의 학제 내에서 연구를 해야 하는지 등을 결정하는 인위적이고 문화적인 결정, 그것이 사조가 탄생하기 위한 필수 조건이라는 것이다. 하우드는 독일의 유전학이 미국과 결정적으로 다른 길을 걷게 만든 계기는 1870~1933년까지 지속된 재정적 위기, 스태그네이션 등으로 인해 대학과 연구소가 신흥학문인 유전학을 지원하고 새롭게 학제를 개편할 여력이 없었다는 이유를 든다. 바로 이런 사조 속에서, 독일의 유전학은 완전히 새로운 의미를 갖게 된다. 즉, 독일의 유전학은 발생유전학*이거나 진화유전학이** 된다.

독일의 사조가 독일 경제가 처해 있던 상황과 독일 생물학이 실행해온 전통 속에서 독일 유전학이라는 새로운 사조를 만들었다면, 미국은 새로운 신흥경제국으로 전쟁의 승리와 더불어 대학과 연구소에 어마어마한 투자를 시작하게 되면서 문명 후진국이었던 스스로를 실용주의 국가로 구축해나가기 시작한다. 바로 이런 미국의 새로운 환경 속에서 미국식 학문이라고 부를 수 있는 사조들이 탄생한다. 미국에서

* 발생학의 관점에서 초파리 유전학에 접근해 진화를 설명하려 했던 골트슈미트는 제3장에서 자세히 다룬다. 독일에서 발생학적 관점으로 발전한 유전학은 결국 1995년 크리스티아네 뉘슬라인폴하르트와 에릭 비샤우스에게 노벨상을 안긴다. 그들은 '초기 배발생의 유전학적 조절'을 발견한 공로로 노벨상을 받았다.

** 독일에서 유전학의 좁은 설명력을 반대한 또 다른 반대론자들은 다윈주의자들로, 특히 에른스트 마이어는 모건 학파의 진화에 대한 무관심을 지적하며 유전학이 진화론의 설명 아래로 들어와야 한다고 주장했다. 하지만 마이어의 반박은 허수아비치기였는데, 독일 전통에서 골트슈미트와 에르빈 바우어 등은 진화에 언제나 관심이 있었고, 야외 수집을 통해 집단 유전학적 연구를 수행했기 때문이다. 제3장의 골트슈미트 부분을 참고할 것.

맨해튼 프로젝트 같은 실험물리학, 현실문제에 천착하는 사회학 그리고 철학에서 벗어난 심리학 등이 탄생한 것은 우연이 아니다.*** 특히, 미국은 유전학 외에도 독자적인 생물학 사조인 의생명과학biomedical sciences을 탄생시킨다. 독일 유전학과 미국 유전학의 차이와 비슷한 형태로, 독일에서 시작된 생리화학physiological chemistry의 전통이 호흡이나 성장 등의 기저에 존재하는 단순한 화학반응을 연구했다면,**** 미국의 생화학biochemistry은 의과대학에서 새로운 학제로 자리잡게 되는데, 미국 생화학계는 비타민, 호르몬, 인간 영양, 질병 등과 관련된 임상연구를 수행하기 위한 과학적 기예를 제공하는 데 집중하는 모습을 보인다.***** 바로 이런 미국식 학문 사조의 등장에도 대학과 연구소라는 제도적 확장과 실용주의라는 미국식 실행의 추동력이 기저에 놓여 있다.******

*** 그 과정을 다룬 책이 번역되어 있다. 특히 이 과정에서 윌리엄 제임스 같은 심리학자와 더불어 화학자 출신인 찰스 샌더스 퍼스의 역할을 주의 깊게 읽을 필요가 있다. 루이스 메넌드. (2006).《메타피지컬 클럽》. 정주연 옮김. 민음사.

**** 생리화학에 관해서는 필자의 졸고 '유기 생물 화학의 탄생'(〈사이언스타임즈〉, 2008)을 참고할 것.

***** 이 과정을 다룬 책이 콜러의 저술이다. Kohler, R. E. (1982). *From medical chemistry to biochemistry: The making of a biomedical discipline*, Vol. 5. Cambridge University Press. 모건 학파에 대한 그의 저술과 더불어, 콜러의 저술들은 미국의 근대과학이 탄생하고 새로운 사조 혹은 학풍이 만들어지는 과정을 연구하는 좋은 지침서다.

****** 이후 분자생물학의 발전에서도 미국과 유럽은 비슷하면서도 다른 학풍을 발전시키는데, 이에 관해서는 다음 참조. Strasser, B. J. (2002). "Institutionalizing molecular biology in post-war Europe: A comparative study", *Studies in History and Philosophy of Science Part C :Studies in History and Philosophy*

근대 유럽은 근대과학의 탄생지였고, 미국은 금융자본주의의 중심에서 규모의 과학을 완성시켰다. 과학의 후발주자인 한국도 그런 학풍을 건설할 수 있을까. 연구재단을 비롯한 과학정책 관료들이 물어야 할 질문은 바로 그것이다. 노벨상이나 SCI급 논문 수 그리고 특허 수 같은 양적 지표를 넘어, 한 국가의 과학이 다른 국가와 구분되는 학풍과 사조를 지니고 당당하게 연구를 하고 있느냐는 질문, 그 질문을 던지지 않고서는 기초과학이 한국에 존재해야 할 당위는 없다. 따라서 만약 정책 관료들이 이 책을 읽는다면, 그들이 깊이 고민하고 묻고 실행해야 하는 일은, 자넬리아를 따라 초파리 유전학을 지원하는 그런 유치한 발상이 아니라, 한국적 과학, 한국만의 독특한 사조 같은 일이 일어날 수 있는 제도를 구축하고, 그 제도 속에서 연구할 과학자들의 실행을 정비하는 일이다. 한국의 과학기술정책은 제도적으로 관료주의의 타성에 젖어 있고, 그 속에서 오래도록 적응한 과학기술자들의 실행은 마치 말 잘 듣는 노예와 같다. 이제 바로 그 두 썩은 적폐를 지워야 한다. 그것이 한국형 과학이라는 말을, 적어도 수십 년이 지난 후에 우리가 어느 과학사가의 입에서 들을 수 있는 유일한 방법이다.

일왕이 망둑어 연구로 박사학위를 받았다는 건 유명하다.[43] 동물행동학은 콘라트 로렌츠나 틴베르헌* 등의 학자에 의해 유럽에서 싹을

of Biological and Biomedical Sciences, 33(3), 515-546. doi.org/10.1016/S1369-8486(02)00016-X, 미셸 모랑주의 《분자생물학》, 필자의 졸고, '벨기에산 단백질, 프랑스산 RNA, 영국산 DNA'. 〈사이언스타임즈〉(2008).

* 로렌츠는 공격성 연구로 유명한 독일의 행동생물학자이고, 틴베르헌은 도킨스의 스승이기도 하다. 꿀벌의 행동을 연구했던 카를 폰 프리슈와 함께 1973년 노벨상을

틔웠지만, 일본으로 건너가 이마니시 긴지Imanishi Kinji라는 인물을 만나면서 일본원숭이와 일본의 토착 생물연구를 통한 새로운 사조로 진화한다.** 이미 메이지 유신 이후 서구사회로 엄청난 수의 유학생을 내보냈던 일본은, 다양한 과학 분야에서 한창 떠오르던 연구 주제마다 일본 학생들을 투입했고, 바로 그 성과들이 오늘날의 일본 노벨상으로 이어지고 있는 셈이다. 특히 진화의 근대종합 역사에 등장하는 일본인 과학자 모투 기무라는, 그의 독특한 수학적 진화생물학 연구를 통해 중립진화설neutral theory of evolution을 주장해, 당시 기라성 같던 서구의 다위니즘 수호자들과 맞붙었고, 결국 그의 연구를 근대적인 진화생물학의 정식 이론으로 편입시키기에 이른다.***

미국이 초파리로 유전학의 사조를 만들었다면, 일본은 누에로 새로운 유전학 사조를 만들었다. 리사 오나가Lisa Onaga의 2012년 박사학위 논문 〈누에, 과학 그리고 국가: 근대 일본 유전학의 양잠학적 역사〉는, 제국주의적 확장을 벌이던 일본의 과학기술지원제도와 당시 활발하게 생물학에서 연구되던 유전학의 질문들이 어떻게 양잠산업을 통해 일본 특유의 유전학 사조를 만들었는지를 세밀하게 보여준다.[44] 일본이 정초한 누에 유전학은 국제적인 과학으로 성장했고,**** 누에 유전학

수상한다.

** 필자의 졸고, 이마니시 긴지와 기무라: 일본의 과학과 서구의 과학(heterosis.egloos.com/811833)을 참고할 것.

*** 그가 쓴 〈진화의 의미: 서문〉을 참고할 것. heterosis.net/archives/1305

**** 3장에서 다루게 될 초파리 발생유전학자 골트슈미트가 일본과 한국을 방문하며 미친 영향도 지대했다. Goldschmidt, R. (1960). "In and out of the

에 관한 대부분의 과학논문은 일본에서 출판되고 있다.* 한국과학에 이런 학풍이 있다면 알고 싶다. 아주 작은 학풍의 불씨라도 연구하고 살려, 그 사례를 한국과학의 본으로 삼아야 할 테니 말이다.

ivory tower: The autobiography of Richard B. Goldschmidt", University of Washington Press. 골트슈미트는 한국도 방문했었다. 그는 한국에 대해 이렇게 기술했다. "a visit to Korea, at that time a beautiful country with rolling hills and high mountains inhabited by mild-mannered, good-looking people." 골트슈미트의 추종자 중에 리센코가 있었다. Dietrich, M. (2003). "Richard Goldschmidt: hopeful monsters and other heresies", *Nature Reviews Genetics*, 201(2000), 194-201.

* Onaga, L. (2015). "More than Metamorphosis: The Silkworm Experiments of Toyama Kametaro and his Cultivation of Genetic Thought in Japan's Sericultural Practices, 1894-1918." *New Perspectives on the History of Life Sciences and Agriculture* (pp. 415-437). Springer. 누에는 아직도 유전학의 훌륭한 모델로 자리잡고 있다. Goldsmith, M. R., Shimada, T. & Abe, H. (2005). "The genetics and genomics of the silkworm, Bombyx mori. Annu", *Rev. Entomol.*, 50, 71-100.

역사:

초파리,

생물학의 두 날개

△

두 생물학은 초파리 유전학을 중심으로 연결되어 있다. 두 생물학은 관심 분야도 지침서도 연구 프로그램도 문화도 모두 다르지만, 초파리 유전학은 그 둘의 중계자로 역사 속에 남아 있고, 여전히 그 역할을 수행 중이다. 인간이 사는 곳이면 어디서든 적응하는 초파리처럼, 초파리 유전학도 어디에나 적응해왔다. 진화생물학의 거성들과, 분자생물학의 신인들이 과학 안에서뿐 아니라, 정치적 암투를 벌이던 상황에서도, 초파리 유전학은 그 둘이 만나 대화하고 화해할 수 있는 자리를 마련해주었다. 초파리 유전학만 그 중계자 역할을 한 것은 아니지만, 20세기 초반 유전학의 시대를 만든 초파리라는 모델생물을 중심으로 한동안 그런 두 생물학의 대화가 이루어진 것은 분명하다. 3장은 초파리 유전학을 중심으로 펼쳐졌던 두 생물학의 긴장관계와 상호작용의 역학에 대한 이야기다. 생리학과 유전학 그리고 진화생물학의 긴장관계를 이해할 때, 베이트슨, 도브잔스키, 골트슈미트 등이 주장했던 생물학적 이론의 실마리가 풀리는 경험을 할 수 있게 된다. 지금까지 진화생물학의 교양서들은, 생물학의 나머지 반쪽 전통인 생리학의 지침서를 무시해왔고, 그 결과 두 생물학의 적대적 공생을 설명할 수 없었다.

다윈과 로마네스

○ 조지 로마네스는 다윈의 자연선택을 실험 생물학의 전통에서 조명한 최초의 생물학자라고 볼 수 있다.

진화론에 관한 대중서는 상당수 번역되어 있지만, 조지 로마네스라는 이름을 아는 사람은 드물다.

조지 로마네스George John Romanes는[1] 다윈의 젊은 친구이자 연구조교였지만, 다윈과는 다른 관점에서 진화를 바라본 학자다. 훌륭한 과학 작가였던 올리버 색스는 그의 책《의식의 강》에서 로마네스에** 관해

** 로마네스는 캐나다 출생이다. 그는 각종 동물과 인간의 심적 능력의 발전을 진화의 입장에서 연구했다. 1888-1891년 왕립연구소 생리학 교수로 있었다. 새로운 종의 출현을 두고 그는 다윈의 자연선택보다 생리적 선택, 즉 생식적 격리가 자연선

다음과 같은 이야기를 남겼다.

"다윈의 지렁이에 관한 책 말고도 내가 좋아하는 책은, 로마네스가 1885년에 쓴 《해파리, 불가사리, 해삼: 원시신경계 연구》였다. 이 책에는 간단하고 매혹적인 실험과 아름다운 삽화가 수록되어 있었다. 로마네스는 다윈의 젊은 친구이자 학생으로서, 해변의 풍경과 동물상에 관심을 가지고 평생 동안 그 연구에 열정을 보였다. 그의 목표는 무엇보다도 해파리, 불가사리, 해삼의 '마음'이 행동으로 드러난 사례를 수집하여 연구하는 것이었다. 나는 로마네스의 개인적 스타일이 마음에 쏙 들었다. 그는 책에 이렇게 적었다. "나는 해변에 설치된 연구실에서 무척추동물의 정신과 신경계를 행복한 마음으로 연구한다. 내 연구실은 부드러운 바닷바람에 그대로 노출된 작고 아담한 오두막집이다." 그가 평생 동안 추구했던 과제는 '무척추동물의 신경계와 행동을 연결 짓는 것'이었으며, 그는 자신의 연구를 비교해부학에 빗대어 비교심리학이라고 불렀다."[2]

다윈이 죽기 전 8년 동안 로마네스는 다윈의 조수research associate로 일했다. 하지만 로마네스는 다윈과는 조금 다른 진화적 관점을 가지고 있었고, 그 관점을 그 스승과—이미 전설이 되어버린—스승의 친구

택 이전에 일어날 수 있다고 주장했고, 바그너H. Wagner와 같은 지리학자의 지리적 격리가 종분화의 유일한 원인이라는 이론과도 싸웠다.

들에게 말하는 데 주저함이 없었다. 무척추동물의 행동과 신경계를 연구했고, 다양한 생명체의 행동연구가 진화를 이해하는 데 도움이 된다고 생각했던 그는 19세기의 벤저였고, 백 년을 앞서간 초파리 행동유전학자였다.

로마네스의 의문엔 타당한 이유가 있었다. 다윈의 이론엔 중대한 약점이 하나 있었기 때문이다. 그건 '다윈의 불도그'라고 불리던 토머스 헉슬리Thomas Huxley가 이미 지적했던 것이었는데, 바로 새로운 종의 출현에서 나타날 수밖에 없는 생식적 부적합성 혹은 잡종불임hybrid sterility의 문제였다. 이 문제는 꽤 간단하게 이해할 수 있다. 다윈이 평생에 걸쳐 자연선택을 통해 설명하고자 했던 문제는, 어떻게 새로운 종species이 탄생해 진화가 일어날 수 있느냐의 문제였다. 아주 오랜 시간에 걸쳐 일어나는 종분화speciation, 즉 새로운 종의 탄생을 현실에서 관찰하는 것은 불가능하기 때문에, 다윈의 《종의 기원》은 인위선택에 의한 가축의 다양한 형질, 갈라파고스에서 관찰한 핀치들의 부리 등의 추론을 통해 자연선택을 주장했다. 문제는, 가끔 서로 다른 종끼리도 교잡해서 자손을 만드는 경우가 관찰되는데(노새나 라이거처럼) 그런 교잡종은 생식능력이 없는 경우가 대부분이라는* 데서 출발한다. 다윈은 육종을 통해 다양한 가축과 재배식물을 만들어내는 육종가들을 관찰하며 이 문제를 해결하고 싶어 했다. 하지만 문제는, 같은 종에서 원하는 형질만 골라 교잡해 아무리 많은 육종을 해도, 다른 종을 교잡했을 때처럼 잡종불임이 나타나지 않는다는 데 있었다. 이 현상이 문제

* 이 문제가 바로 잡종불임이다.

가 되는 이유는 다음과 같다. 인위선택에 의한 다양한 형질의 출현이 자연선택의 중요한 추론의 근거가 된다. 하지만 같은 종의 교잡을 통해 생식적 격리가 전혀 일어나지 않는다면, 새로운 종이 출현하지 못하고 다시 그 형질은 집단 내로 희석될 수밖에 없다. 다윈은 육종가들의 인위선택 실험에서 잡종불임을 통한 생식적 격리의 문제를 풀지 못했다. 이대로라면, 새로운 종은 출현할 수 없다. 같은 종 내에서라면, 생식적 격리가 전혀 나타나지 않기 때문이다.

로마네스는 이 문제를 그가 생리적 선택Physiological selection*이라 부른 방식으로 해결하려 했다. 그의 생리학적 선택이론은 다윈이 제기한 자연선택을 정면으로 거스르는 측면이 있었다. 즉, 다윈의 자연선택은 우연히 출현한 다양한 형질들 가운데 당시 환경에 가장 잘 적응한 형질만이 자연에 의해 선택되고, 이 형질이 집단 내에 더 광범위하게 퍼져나간다고 주장한다. 즉, 어떤 형질이든 반드시 자연선택이라는 선택 앞에 노출될 수밖에 없고, 바로 그것이 진화의 가장 강력한 추동력이라는 게, 《종의 기원》의 핵심 논증 중 하나인 것이다. 하지만 가축의 교잡이나 다른 종의 교잡에서 나타나는 잡종불임과 생식 부적합성 문제는, 다윈의 이론을 지지하지 않는다. 왜냐하면 아무리 형질이 자연선택되더라도, 생식적 격리가 동반되지 않으면 그 형질은 다시 집단 속으로 희석되어버릴 것이기 때문이다.

바로 여기에서 로마네스의 의문이 시작되었다. 로마네스는 이 문제를 해결하는 방법으로, 생식적 격리가 먼저 우연히 일어나고, 그 격리

* 다윈의 자연선택을 보완하는 개념으로 선택한 것이다.

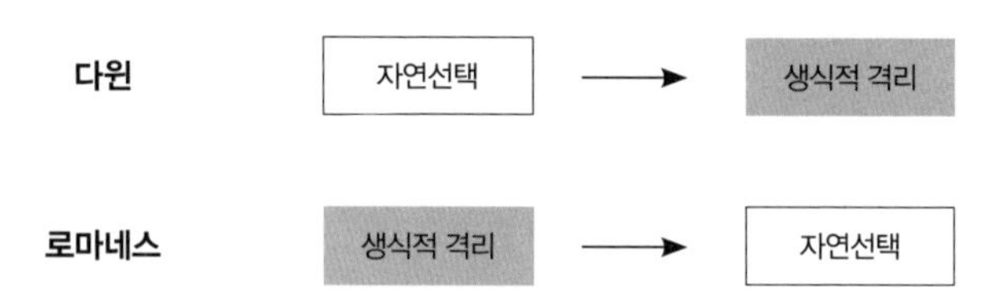

○ 다윈과 로마네스가 새로운 종의 출현을 바라보는 관점은 달랐다. 다윈에겐 자연선택이 가장 중요한 단 하나의 원리였던 반면, 로마네스는 생식적 격리가 먼저 일어나야 했다. 로마네스의 의문은, 육종가들의 인위선택 실험에서 나타나는 당연한 귀결을 받아들인 결과였다. 로마네스는 현대의 행동유전학자들과 같은 실험생물학자였기 때문이다.

에 의해 나타난 형질들 중에 자연선택이 일어날 수 있다고 제안했다.

이렇게 된다면, 잡종불임도, 같은 종에서 나타나는 생식적 적합도의 문제도 깔끔하게 해결될 수 있다. 하지만 그의 생리적 선택 이론은 자연선택에 전혀 노출되지도 않은 무의미한 형질이 단지 생식적 격리를 유도한다는 이유만으로 자연선택된다는, 즉, 자연선택이 없이도 선택이 일어날 수 있다는 결론을 유도하고, 이는 다윈의 추종자들에겐 이단의 목소리로 들렸다. 바로 그 이유로, 로마네스의 책 《생리적 선택: 종의 기원에 추가하고 싶은 제안》은[3] 다윈의 동료였고 이미 권위있는 과학자들이었던 앨프리드 러셀 월러스Alfred Russell Wallace, 토머스 헉슬리, 조지프 후커Joseph Hooker 등을 비롯해 다윈의 아들인 프랜시스 다윈Francis Darwin 등의 강력한 비판에 직면하게 된다. 로마네스의 이론을 지지하며 이 모든 반박에 답한 인물이 윌리엄 베이트슨William Bateson으로, 그는 훗날 '멘델의 불도그'*라 불렸다.[4]

* 토머스 헉슬리가 스스로를 '다윈의 불도그'라고 부르며 다윈의 수호자를 자처했듯이, 윌리엄 베이트슨은 멘델의 불도그였고 다윈의 계승자들과 치열한 전투를 치렀다. 이 과정을 다룬 필자의 졸고, '이야기꾼들이 만들어낸 멘델…… 몇 가지 오해'와 '다윈은 영리했고, 멘델은 소박했다'(〈한겨레 사이언스온〉, 2010) 참조. 특히 다윈주의자들과 멘델주의자들의 싸움은 통계학사에서도 아주 중요한데, 조재근 교수는 다음 논문에서 이 과정을 아주 세밀하게 기술하고 있다. 반드시 읽어야 할 논문이다. 조재근. (2008). 생물측정학—멘델주의 논쟁에 대한 통계학사적 고찰. 〈CSAM(Communications for Statistical Applications and Methods)〉 15(3), 303-324.

"유전에 대한 완전한 설명으로서 분자운동을 이야기하는 것이, 나에게는 당뇨병 같은 알기 어려운 질병의 원인이 지속적 힘의 작용이라고 말하는 것처럼 보인다. 의심의 여지없이 이것은 궁극원인이다. 그러나 병리학자는 유용한 과학적 성과를 위해 일종의 근접원인들을 더 요구한다."[5]

베이트슨은 몇 가지 측면에서 독특한 인물이다. 그는 멘델을 재발견해 이를 영어권 학자들에게 알린 인물이며, 멘델의 유전학 이론을 수호하기 위해 다윈주의자들을 격렬하게 공격한 것으로 유명하다. 또한 그는 '유전학genetics'이라는 말의 창시자이기도 하며, 아들 그레고리 베이트슨Gregory Bateson은 유명한 인류학자가 된다. 그리고 베이트슨은 미국에 유전학의 전통을 전파시킨 장본인이다. 또한 그는 초파리 유전학을 창시하게 되는 모건과 함께, 유전학의 시대를 열었다.** 멘델이 재발견되고, 그의 저작들이 19세기 말 20세기 초 베이트슨에 의해 영어로 번역된다. 당시 세포학과 발생학 위주로 진행되던 생물학의 전통에서, 새로운 땅 미국은 학문적으로도 제도적으로도 새로운 유전학이 자리잡기 좋은 위치에 있었다.[6]

** 모건과 베이트슨 모두 윌리엄 브룩스William Keith Brooks의 제자였다. 또한 그들이 미국과의 연결성을 지닌 인물들이라는 점에서, 왜 초파리 유전학이 미국에서 탄생할 수 있었는지에 대한 단서를 짐작할 수 있다. 엘로프 칼슨의 다음 글 참조. tbrnewsmedia.com/william-bateson-and-the-dawn-of-genetics/

"19세기 말에서 20세기 초, 미국에서 독자적인 학문 분야로서의 생물학은 의학으로부터 분리되면서 시작되었다. 물론, 생물학은 생리학, 식물학, 동물학, 및 비의학적 생물학의 분야를 총망라하였다. 생물학 분야의 성장은 대학 내 생물학과의 형성, 생물학 전문 저널 및 생물학 연구소의 형성과 더불어 생물학자라는 정체성을 지닌 과학자 집단의 등장으로 가능하게 되었다."[7]

로마네스는 1894년 불과 46세를 일기로 세상을 떠났지만, 윌리엄 베이트슨의 저작 속에서 그리고 이후 현대적 의미의 진화생물학이 정립되면서 그의 이론이 지닌 정합성을 정당하게 인정받게 된다. 하지만 과학사가들이 그의 이름을 다시 끄집어내기 전까지, 로마네스의 이름은 역사 속에 묻혀 있었다. 로마네스에서 베이트슨을 거쳐 모건으로 흐르는 생물학의 전통이야말로 초파리 유전학 탄생과정의 비화다. 로마네스도 베이트슨도 또 모건도 모두 다위니즘 혹은 다윈의 이론이 지닌 실험적 부적합성과 모호한 논리를 의심했고, 그 이론에 반드시 실험을 통한 유전학적 원리가 전제되어야 한다고 생각했다. 모건은 실험과학자로 성장했고 스스로를 발생학자라고 생각했다.* 바로 여기에 왜 초파리 유전학이 다윈의 자연사 연구에서 시작한 진화생물학은 물

* 그것은 멘델도 마찬가지였다. 멘델의 실험과학자 혹은 발생학자로서의 재해석을 두고 많은 과학사가들과 과학자들이 논쟁을 벌였다. 수많은 논문과 책들이 출판되어 있지만, 국내의 학자들은 무관심한 듯하다. 관심 있는 독자들은 오렐Vitezslav Orel과 올비Robert Olby의 이름으로 된 논문들을 읽어볼 것을 권한다.

론, 실험생리학 전통에서 유래된 분자생물학의 가운데에서 다리 역할을 하는지에 대한 이유가 있다. 대물림의 과정과 유전물질의 기능을 다루는 유전학은, 그 탄생부터 진화론과 생리학의 다리 역할을 하며, 때로는 종분화와 돌연변이 등의 근거를 제시하고, 때로는 유전물질의 물리적 근거와 그 작동법의 근거를 제시하는 튼튼한 기둥 역할을 해왔던 것이다.

이제 20세기의 다윈이라고까지 불렸던 에른스트 마이어Ernst Mayr가 도대체 왜 조지 로마네스가 다윈에게 쓴 편지를 찾아내—지금은 마이어의 것이라고 많은 이들이 착각하는—궁극인과 근접인에 대한 그의 진술이 모호하다고 조롱했는지 추측할 수 있다.[8] 그는 오래된 다윈주의자로 다윈이 제시한 핵심적인 이론에는 그 어떤 흠결도 없다고 생각하는 구세대 생물학자였다. 젊은 생물학자들이 DNA 염기서열을 바탕으로 분자진화molecular evolution 개념을 제시하고 새로운 진화생물학의 시대를 열고 있을 때, 그는 과학적 근거가 아닌 다윈과 자신의 이름을 권위로 이들을 겁박하고 힐난했다.** 하지만 마이어는 로마네스의 편지를 완전히 이해할 수 있는 과학자가 아니다. 그의 진화생물학에서의 권위가, 곧바로 생물학 전체에 대한 이해를 보장하지 않는다. 그는

** 디트리히의 이 논문이 분자적 관점과 다윈주의자들의 충돌에 관한 거의 유일한 논문이다. 반드시 읽을 것. Dietrich, M. R. (1998). "Paradox and persuasion: negotiating the place of molecular evolution within evolutionary biology", *Journal of the History of Biology*, 31(1), 85-111.
이에 관한 좀 더 쉬운 설명은 우선 필자의 블로그 글, 분자전쟁: 다윈에서 황교주까지(heterosis.net/archives/1260)와 마틴 브룩스의 《초파리》에 대한 필자의 서평, 진화분자의 두 생물학 전통 위에 초파리 날다(〈한겨레 사이언스온〉, 2010)를 참고할 것.

자연사 전통에서 성장했고, 바로 그 전통의 시각으로만 생물학을 바라봤다. 그의 책《이것이 생물학이다》는, 그런 의미에서 반쪽짜리 생물학의 역사다.* 다윈의 수호자였던 그는 로마네스가 다윈을 공격하는 것을 참지 못했고, 실험과학자의 정체성으로 무장한 로마네스가 경험칙을 통해 생물학의 두 원인의 차이를 간파한 핵심을 보지 못했다.

로마네스는 생물학의 두 원인을 거론하며 굳이 당뇨병과 병리학을 인용한다. 마이어는 생물학의 두 원인을 설명하면서 질병을 언급한 적이 없다. 왜냐하면 질병의 원인은 진화생물학의 전통적인 주제가 아니기 때문이다. 특히 생식 적합도와 전혀 관계없는 당뇨병과 같은 질병의 원인과 치료는, 다윈의 이론이 잘 적용되는 분야가 아니다. 로마네스는 생리학과 의학을 공부했고, 실험과학자의 길을 걸었던 인물이다. 질병의 원인은 의학과 생리학의 연구 주제이며, 개체가 그 세대에서 적응하는 과정, 즉 개체발생ontogeny의 수준에서 연구되어야 하는 분야다. 진화론은 종분화 과정, 즉 phylogeny의 수준의 연구다. 바로 그 이유로, 생리학과 병리학에서 근접인은 원인의 모든 것이다. 병리학자는 진화적 궁극인을 고려할 이유가 별로 없다. 병리학자와 생리학자에게 원인이란 곧 생리학적 기능이며 기제일 뿐이다. 마이어는 그 두 생물학의 전통과, 각 전통이 지켜나가는 지침서 그리고 바로 그 차이로 인해 나타나는 과학의 맥락 의존성을 포착하지 못했다. 그것이 마이어처럼 위대한 생물학자이자, 생물철학자였던 인물이 현대의학이 진화

* 적어도 미셸 모랑주의《분자생물학》과 함께 읽어야만 생물학의 완전한 모습을 복원할 수 있다.

생물학의 서로 다른 두 종류의 질문	**근접인** 유기체의 작동방식을 구조와 기제, 개체발생을 통해 설명하는 방식
	궁극인 혹은 진화적 설명 왜 유기체가 현재와 같은 방식으로 작동하게 되었는지를 자연선택과 그들의 계통발생을 통해 설명하는 방식

○ 생물학의 두 원인은 진화생물학과 생리학을 가르는 지침서의 원형이다. 생물학의 두 원인에 대한 자세한 설명은 고인석의 다음 논문을 참고할 것. 고인석. (2005). 생명과학은 물리과학으로 환원되는가? 〈범한철학〉 39, 179-202.

의학과 조화를 이루지 못하는 이유를 찾지 못하는 이유이기도 하다.[9]

흔히 다윈의 자연선택에 처참히 부서져 실패한 과학자로 그려지는 장 라마르크Jean Lamarck는 생리학 전통의 시작인 인물이다. 생물학biology이라는 이름도 라마르크가 처음 사용했고, 그를 조롱하는 데 쓰이는 획득형질의 유전도 《동물 철학》의 한 구석에 적어놓은 주장의 일부일 뿐이다. 그는 생물학을 다음과 같이 정의했다.

> "생물학은 지상계 물리학의 세 가지 분야 중 하나이다. 생물학은 살아 있는 물체와 그 조직화에 관계된 것들을 포함하고, 그들의 발생학적 과정과, 지속적인 생기의 움직임으로부터 야기되는 구조적 복잡성 및 특별한 기관을 만들어내는 경향, 중심에 초점을 맞춤으로써 생명체를 주변으로부터 격리시키는 것들을 다루는 학문이다."[10]

생물학은 생명체를 주변으로부터 격리시키는 것을 다루는 학문이며, 생리학은 바로 그 지침서를 따라 발전해왔다.

베르나르, 실험생물학의 탄생

로마네스는 생물학의 원인을 설명하며 당뇨병을 예로 들었다. 그는 생리학의 지침서를 따라 진화를 연구했던 실험생물학자이자 의사였다. 따라서 생리학이 과학이 되는 과정이 의사이자 과학자였던 이들에게서 시작되는 건 이상한 일이 아니다.* 이미 언급했듯이, 생물학의 두 원인 중 하나인 근접인은 생리학과 병리학 연구의 지침서로 훌륭하게 작동한다. 궁극인은 의학의 핵심 주제인 생리학과 병리학에서는 원인으로 받아들여지지 않는다. 왜냐하면, 궁극인을 실험적으로 증명하는 것은 불가능하기 때문이다. 생리학에 통제된 실험이라는 기법을 도입해서 현대적 의미의 실험생리학을 만든 사람은 프랑스의 외과의사이자 실험생리학자였던 클로드 베르나르다. 그는 다윈과 거의 동년배로 같은 시대를 살았다.

베르나르는 외과의로 훈련을 받았지만, 실험생물학자로 평생을 살았다.** 그는 현대적 의미의 생리학이 대학에 자리잡는 데 큰 공헌을 했고, 특히 《실험의학방법론Introduction à l'étude de la médecine expérimentale》이라는 교과서***의 집필을 통해 실험생물학의 철학적 의미를 동시대

* 국내에서도 생리학사는 의학사의 일부로 받아들여지고 있다. 황상익·김옥주. (1992). 19세기 서유럽 생리학의 전문과학화 과정. 〈의사학〉 1(1), 36-44.

** 베르나르에 대한 가벼운 소개는 다음 글을 참고할 것. 황진명. (2016). 클로드 베르나르-현대 실험생리학의 창시자. 인류문명사와 함께 한 과학/기술과 인문학의 통섭. blog.naver.com/kbs4547/220671315755

*** 이 책을 읽으며 전율을 느꼈던 기억이 또렷하다. 특히 한국의 분자생물학자들

○ 실험을 통해 가르치는 베르나르. 훗날 분자생물학의 원형이 되는 대부분의 실험생물학 지침서는 베르나르의 실험생리학에서 비롯된다. 그리고 그는 의사였다. 두 생물학이 확연한 두 영역으로 구분되는 특징 중 하나는 의학과의 연관성이다. 필자도 의과대학에 속해 있고, 이곳에서는 생물학과와의 교류가 거의 없다. 생물학과엔 진화생물학과 생태학자들이 모여 있기 때문이다.

출처 | www4.ncsu.edu/~kimler/hi481/bernard.htm

의 과학자들에게 가르쳤다.* 베르나르는 생리학의 실험적 방법론을 의학으로부터 독립시켜 일반생리학이라는 길을 열었고, 당시만 해도 물리학에 비해 뒤처져 있었던 생물학에 과학적 방법론을 선물해, 생물학자들이 더는 생기론이나 사이비 과학의 오명을 쓰지 않아도 되는 길

은 이 책을 자신의 철학적 바이블로 삼을 만하다. 클로드 베르나르. (1985). 《실험의학방법론》. 유석진 옮김. 대광문화사.

* 클로드 베르나르에 관한 논문이 한기원에 의해 발표되어 있다. 반드시 읽을 것. 한기원. (2010). 클로드 베르나르의 일반생리학. 〈의사학〉 19(2), 507-552; 한기원. (2000). 클로드 베르나르의 일반생리학의 형성과 그 배경. 〈Doctoral dissertation〉, 서울대학교 대학원.

을 열었다.**

베르나르가 생물학을 정립된 과학으로 만들기 위해 했던 첫 작업은, 생명이라는 신비한 현상을 설명하기 위해 생물학자들이 고안해냈던 개념인 생기vital라는 개념을 철저히 물리화학적 개념으로 환원시킨 것이다. 19세기 생리학은 생기론자로 불리는 일군의 학파로 인해 정체되어 있었다. 화학이 앙투안 라부아지에Antoine Lavoisier 이전과 이후로 나뉘는 과정에서 연금술의 흔적을 지워야 했듯이, 생물학도 정립된 과학으로 나아가기 위해선 측정량에 의해 검증되지 않는 초자연적 이론을 버려야 했다. 그것이 생기론을 거부하고 물리학과 화학의 개념을 적극적으로 차용해야 한다고 베르나르가 주장했던 이유다.

그리고 놀랍게도 베르나르는 통계학의 도입을 거부함으로써 생리학이 과학의 위치에 도달할 수 있다고 생각했다. 이건 좀 놀라운 사고방식이다. 베르나르가 통계학을 혐오했다는 건 과학사에서 유명한 일인데, 19세기 말에서 20세기 초에 일어난 확률혁명probabilistic revolution이 물리학은*** 물론 심리학을 비롯한 사회과학 전반을 과학적으로 무장시켰다는 점을 생각해보면,**** 베르나르의 생각은 구시대적으로 보

** 베르나르가 실험적 기법으로 생물학의 과학화를 추동했다면, 통계적 기법이 생물학에 도입되어 정밀한 생물학을 만든 역사도 존재한다. 이에 대해선 필자의 블로그 글을 참고할 것. 생리학의 정량화 역사(heterosis.net/archives/732), 생리학이라는 전통의 확립(heterosis.net/archives/738)을 반드시 읽을 것.

*** 고전역학과 상대성이론에서까지 유지되던 물리학의 확실성은 과학철학에서 인과관계의 모범으로, 또 베르나르에게도 인과성의 모범으로 여겨졌던 것 같다. 하지만 볼츠만의 통계역학을 통해 물리학도 통계적 사고를 받아들이게 된다.

**** 확률혁명에 관한 가장 자세한 해설은 다음 책을 읽어야 하지만, 간략한 역

인다. 그는《실험의학방법론》에서 다음과 같은 말들로 통계학의 불필요성을 주장했다.

"즉, 실험의 조건이 충분히 확정되어 있으면, 이미 통계 같은 것을 낼 필요는 없다……. 또 여기서 알고 있어야 할 일은, 우리들이 통계를 내는 것은, 다른 일을 하는 것이 불가능한 경우에 한한다는 것이다."

"따라서 통계학은 추측과학을 육성하는 데 불과하다. 적극적인 실험과학, 즉 일정한 법칙에 따라서 현상을 지배하는 과학을 결코 만들어내지 않을 것이다. 통계학으로써는 어느 주어진 경우에, 다소의 어느 가망성으로써 억측을 얻을 수는 있겠지만, 결코 확실한 것은 얻을 수 없다. 절대적인 결정은 얻을 수 없다."

"통계는 확실히 병자의 예후에 대해 의사를 지도할 수가 있다. 그 점에서는 소용이 되는 것이다. 따라서 나도 의학에서 통계를 사용하는 것을 배척하는 것이 아니고, 다만 그 이상 나아가 탐구하려 하지 않는 것을, 또 통계학을 가지고 의학의 기초로 삼으려

사는 필자의 블로그 글을 참고할 것. Kruger, L., Kruger, L., Daston, L. J., & Heidelberger, M. (1999). *The Probabilistic Revolution: Ideas in History*, v. 1. MIT Press. 생리학의 정량화 역사(heterosis.net/archives/732), 생리학이라는 전통의 확립(heterosis.net/archives/738).

고 믿고 있는 것을 비난하는 것이다."

하지만 물리학이 보여주는 수준의 확실성과 물리학이 사물의 원인을 알아내는 수준의 인과관계가 있어야만 생리학이 엄밀한 과학이 된다고 생각했던 베르나르가, 통계학을 거부해야 하는 이유는 분명했다. 베르나르는 통계학이 보여주는 상관관계가 아니라, 인과관계를 실험을 통해 알아내는 방식으로만 생리학이 엄밀과학의 수준에 도달한다고 생각했다. 그는 통계학을 완전히 부정하지는 않았다. 하지만 다른 일이 불가능할 경우에만, 한정적으로 통계학을 통해 사물의 이치를 알아낼 수 있다고 생각했다.* 하지만, 실험생리학은 이미 현미경과 같은 분석적 도구들을 지니고 있었고, 유기화학에서 발전한 생리화학physiological chemistry의 분석도구들은** 통계학을 차선책으로 사용해도 될 만큼 이미 충분한 과학적 실험분석법을 제공하고 있었다. 통계학의 발전은 위협적이고 눈부셨지만, 정밀한 실험적 분석기법을 통한 대조군 실험이면 엄밀한 인과관계를 알아내기에 충분했다. 우선 그것이라

* 통계적 사고와 생리학 그리고 유전학의 관계에 관해선 필자의 이전 글을 참고할 것. 김우재. (2010). RNA와 두 가지 생물학. 〈사이언스타임즈〉.

** 화학의 전통에서 넘어온 생리화학과 생화학biochemistry의 간략한 역사는 다음 책을 참고할 것. Farber, E. (2012). *The Evolution of Chemistry: A History of Its Ideas, Methods, and Materials. Literary Licensing*, LLC. 그리고 이에 대한 간략한 소개는 필자의 졸고들을 참고할 것. 김우재. (2008). 단백질에 관한 초기의 이론들. 〈사이언스타임즈〉.
김우재. (2008). 단백질 시대의 형성. 〈사이언스타임즈〉.
김우재. (2008). 유기 생물 화학의 탄생. 〈사이언스타임즈〉.
김우재. (2008). 필수 아미노산의 발견사. 〈사이언스타임즈〉.

도 해내야만, 생물학이 물리학이나 화학 같은 엄밀과학으로 대접받을 수 있었다. 베르나르가 통계학을 거부하는 배경의 본질은 바로 이런 맥락에서다. 그가 실험을 강조하고 실험으로만 과학이 완성된다고 믿는 이유도, 바로 여기에 있다. 그것은 베르나르의 궁극적 목표가 실험생리학을 의학의 기초가 되는 과학으로 만들어, 의학을 실험의학이라는 좀 더 과학적인 기예로 만드는 것이었기 때문이다.

그리고 베르나르도 두 생물학의 차이를 명확히 꿰뚫고 있었다.

> "우리는 우선적으로 생리학이 결코 자연사적인 과학이 아니며 실험과학임을 분명히 해야 한다. 자연사적 과학과 실험과학은 (생명이 없는 무기체이든 생명을 지닌 유기체이든 간에) 동일한 대상을 연구한다; 그러나 이 두 종류의 과학은 각각의 관점과 다루는 문제가 본질적으로 다르기 때문에 극명하게 서로 구별된다. 모든 자연사적 과학은 관찰의 과학, 즉 단지 예측에 이르는 데 그칠 수밖에 없는 자연에 대한 사색적인 과학이다. 반면에 모든 실험과학은 그 실험과학에 기초를 제공하는 관찰 과학과는 거리가 먼 행동의 과학, 즉 자연을 정복하는 과학에 이르게 된다. 이 근본적인 구분은 관찰과 실험의 정의로부터 유도된다. 관찰자는 자연이 제공해주는 조건들 내에서 현상들을 다룬다; 그러나 실험가는 그가 만들어낸 조건들 내에서 현상들이 나타나게끔 한다."[11]

이미 오래전부터 생물학의 두 전통은 긴장관계 속에서 공존하고 있었다.* 진화생물학의 전통은 다윈을 중심으로 과학이 되기 위해 발버둥쳤고, 결국 멘델과 통계학적 분석을 받아들인 후에야 과학의 모습을 갖출 수 있었고, 생리학의 전통은 물리학과 화학의 방법론적 기법들을 흡수하며 과학의 길을 걸었다. 바로 이 시기부터, 둘로 나뉜 생물학의 전통은 독자적인 길에 들어서게 된다.** 특히 분자생물학은 베르나르 이후 의학에서 넘어온 전통과 더불어 미국화되면서 제도화된다.[12]

* "이런 조류는 결코 특수한 것이 아니었다. 의학이 정량적인 과학으로 발전해가던 독일에서도 비슷한 일이 일어났다. 반면 의학은 이 시기를 통해 실험생리학 방법을 받아들여 과학화되고 있었으며, 이를 통해 인간이나 동물의 구조와 기능을 정확히 이해하고 또 인간이 정상기능을 회복하도록 효과적으로 치료한다는 목적에 접근하고 있었다. 또한 실험적 방법을 사용하면서 독일 의학계에서는 환원주의가 확산되기도 했다……. 당시 독일 의학계에서 진화는 주요 논의의 주제가 되지 못했다. 예를 들어 루트비히는 그가 살아 있는 동안 자신의 저술에서 단 한 번만 다윈을 언급했을 정도로 진화에 거의 관심을 보이지 않았다. 일부 생리학자들이 자연선택 이론을 개괄적으로 받아들였지만, 그것은 그들의 작업에 거의 영향을 미치지 않았다." 최진아의 논문, 모건의 재생 연구의 성격(서울대학교 대학원, 2004)에서 인용.

** 베르나르와 다윈을 비교한 아래 글들도 두 생물학의 갈림길을 그리고 있다. Cziko, G. (2000). *The things we do: Using the lessons of Bernard and Darwin to understand the what, how, and why of our behavior*. MIT press; Caponi, G. (1997). "Claude Bernard, Charles Darwin y los dos modos fundamentales de interrogar lo viviente", *Principia*, 1(2), 203.

모건과 도브잔스키

토머스 헌트 모건, 초파리 유전학의 시조이자* 가끔은 멘델을 제치고 유전학의 창시자로 불리기도 하는 과학자다.** 그는 염색체의 유전 이론을 발견한 공로로 노벨생리의학상을 수상했고, 왓슨과 크릭이 DNA의 이중나선 구조를 밝히고 DNA가 유전물질임이 밝혀지는 20세기 중반까지, 염색체가 유전자의 물리적 실체이며 유전자란 염색체에 일렬로 배열되어 있는 어떤 물리적 구조라는 점을 초파리를 통해 알아냈다. 두 생물학의 전통에서 모건은 독특한 위치를 점유한다. 왜냐하면 그는 생리학의 전통에서 훈련받은 발생학자였지만*** 결국 유전학이라는 학문을 과학의 위치에 올리는 과업을 달성하기 때문이다.

모건의 학문적 배경과 그 학문적 배경에서 비롯된 그의 과학적 스타일 모두를 이해할 때 초파리 유전학이 실험과학의 형태로 정립된 과정을 이해할 수 있다. 우선 모건은 베이트슨처럼 윌리엄 브룩의 생

* 영화 〈파리방The Fly Room〉은 모건의 제자 캘빈 브리지스와 그의 딸의 이야기를 그린 영화다. 이 영화를 만들기 위해 제작진은 모건의 컬럼비아 대학 파리방을 다시 재현했다. 영화 홈페이지 theflyroom.com에서 그 영상을 확인할 수 있다.

** 20세기 유전학의 발전과정에서 모건의 역할과, 독일과 프랑스에서 펼쳐진 생리학적 유전학physiological genetics과 골트슈미트와 모건의 고전유전학의 차이에 대해서는 정성욱의 다음 글 참고. 정성욱. (2010). 20세기 유전학: 멘델에서 인간게놈프로젝트까지. 과학의 역사와 문화. 《과학교양》(과학중점고등학교 교과서). 한국과학창의재단.

*** 모건이 생물학자로 훈련받던 시기에 실험생리학의 과학적 기법에 의해 극명한 발전을 보인 분야는 발생학이었고, 독일의 발생학은 세계 최고 수준이었다. 최진아. (2004). 모건의 재생 연구의 성격. 서울대학교 대학원.

리학 전통에서 훈련받았고, 당시 브룩의 실험실은 가장 현대적인 수준의 실험생리학을 수행하던 곳이었다. 바로 이런 실험실에서 훈련받은 모건은 클로드 베르나르와 유사한 실험과학자의 엄격함을 지니게 된다. 바로 그 훈련과정이 모건에게 실험과학자의 엄격함을 가르쳐준 동시에, 모호한 사변적인 이론과학과 특히 다윈주의에 대한 비판을 유도했다.**** 모건은 다윈의 자연선택 이론이, 정확히 선택에 대해 어떻게 작동하는지에 대한 기제를 밝히지 않고, 사변적으로만 현상을 설명하고 있다고 비판했다. 다윈만이 아니었다. 그는 베이트슨에 의해 재발견된 멘델주의도 공격했는데, 왜냐하면 멘델이 가정한 유전자는 물리적 실체 없이 추상적으로 구성되어 있었기 때문이다. 실제로 멘델 자신조차 유전자의 물리적 실체를 상상조차 할 수 없었고, 이건 다윈의 경우도 마찬가지였다. 심지어 다윈은 궁색하게 '제뮬gemmule'이라는 가상의 유전자를 동원해 자신의 자연선택을 정당화하려고 했다.

머튼이 보여주었듯이, 이상적인 과학자 공동체에선 조직적 회의주의가 작동한다. 또한 머튼이 말한 보편주의는 과학적 연구의 타당성은 계급, 인종, 성별, 국적 등과 같은 과학자의 사회적 배경 그리고 나아가 과학자의 권위와도 독립적으로 평가되어야 한다고 말한다. 모건은 바로 그 이상적인 과학 공동체에서 내려온 이상적인 과학자였다. 지금

**** 모건은 "Evolution and genetics"(1925)라는 소논문을 통해 다윈을 비판했고, "The theory of the gene"(The American Naturalist, 51(609), 1917, 513-544)을 통해 멘델을 비판했다. 모건의 자연선택 비판에 대한 논문은 앨런의 글을 참고할 것. Allen, G. E. (1968). "Thomas Hunt Morgan and the problem of natural selection", *Journal of the History of Biology*, 1(1), 113-139.

시대에 생각해도, 당시로서는 거의 신화 수준에 가까웠던 다윈과 멘델을, 아직 그다지 유명하지도 않았던 과학자가 과감하게 비판했다는 건, 대단한 일이다. 모건은 그런 과학자의 삶을 살았고, 거기서 자신과 비슷한, 어쩌면 자신보다 더 독특한 과학자 한 명을 제자로 받는다.*

* 모건의 실험실에서 어떻게 초파리 유전학이 탄생했는지에 대한 글은 수없이 많다. 개인적으로는 이미 소개한 《초파리의 기억》과 《모건과 초파리Thomas Hunt Morgan, Pioneer of Gerretics》라는 책을 추천한다. 영어로 된 최고의 책은 당연히 콜러의 《파리의 제왕》이다. 아직 번역되지 않았다. 콜러의 책이 번역되지 않는다는 건 정말 불행한 일이다. 이 세상 그 어느 책도 이 책보다 자세하고 풍부하게, 초파리 유전학의 역사를, 역사와 그 철학적 의미를 놓치지 않으면서도 흥미롭게, 풀어내지 못한다. 역사에 남는 중요한 책은 돈이 안 되는 법이다. 로버트 콜러는 하버드에서 화학으로 박사학위를 받고, 과학사가로 전향했다. 아마도 토머스 쿤이 1948년부터 총장 코넌트의 후원으로 물리학자에서 과학사가로 변신했던 전통에 서 있는 인물일 것이다. 펴낸 책들을 보면 단 한 권 만만한 책이 없다. 화학자로서의 정체성과 현장의 경험을 가지고, 의학적 화학이 생화학으로 변해가는 모습으로 표현한 책부터, 초파리 방의 역사에 대한 이야기, 야외와 실험실이라는 간극을 두고 벌어지는 생물학의 두 진영에 대한 이야기, 생물학자들을 지탱하는 연구재단에 대한 이야기까지, 현장의 경험을 지닌 과학자가 과학사에 접근할 때 펴낼 수 있는 이야기들이다. 필자는 한국에서 이런 저술을 단 한 번도 본 적 없다. 논문을 제외하고 읽고 사유의 폭을 넓혔던 책들과 비슷한 류의 과학서적이, 한국엔 없다. 여기선 과학이 초등학생들의 전유물이 되거나, 애써 수준 높은 독자들을 외국으로 쫓아낸다. 번역청의 설립이 절실한 이유다. 아래 책들은 콜러가 내어놓은 훌륭한 과학사적 통찰들이다.

Kohler. (2006). *All Creatures: Naturalists, Collectors, and Biodiversity*, 18501950. Princeton University Press, 2006.

Kohler. (2002). *Landcapes and Labscapes: Exploring the LabField Border in Biology*, University of Chicago Press, 2002.

Kohler. (1994). *Lords of the Fly: Drosophila Genetics and the Experimental Life*, University of Chicago Press, 1994.

Kohler. (1991). *Partners in Science: Foundations and Natural Scientists, 1900-1945*. University of Chicago Press, 1991.

Kohler. (1982). *From Medical Chemistry to Biochemistry: The Making of a Biomedical Discipline*. Cambridge University Press, 1982.

Kohler. (2013). "Reflections on the history of systematics", *Patterns in Nature*,

그의 이름은 테오도시우스 도브잔스키Theodosius Dobzhansky, 우크라이나 출생의 초파리 유전학자로 "진화의 개념을 통하지 않고서는 생물학의 그 무엇도 의미가 없다"**는 선언으로 유명한 인물이다.***

모건의 수제자는 캘빈 브리지스와 앨프리드 스터티번트로 알려져 있다. 실제로 모건의 실험실은 모건이 죽고 이 둘에게 계승된다. 그리고 도브잔스키는 이 둘보다는 조금 늦게 모건의 실험실에 합류한다. 실험실에 도착했을 때, 스터티번트와 브리지스는 이미 실험실의 영주였다. 브리지스는 타고난 테크니션으로 모건 실험실의 모든 초파리 계통을 관리하고 실험기법을 보유하고 있었고, 스터티번트는 문헌을 관리하고 모건이 자리를 비우면 마치 자신인 교수인 것처럼 실험실을 관리했다. 모건의 철학처럼, 실험실 내에서는 정보의 공유가 기본이었고, 공동연구는 일상화되어 있었다. 도브잔스키는 언제부턴가 스터티번트가 마치 모건의 모든 것을 물려받은 듯이 구는 것에 염증을 느끼기 시작했는데, 이는 실험실의 분위기가 모건을 왕처럼 모시는 브리지스와 스터티번트에 의해 실험실 전체의 연구를 위한 개인의 희생에

ed. Andrew Hamilton, Universisty of California Press.

** Theodosius Dobzhansky, "Biology, Molecular and Organismic", *American Zoologist*, vol. 4 (1964), 443-452: 449에 다음과 같은 형태로 처음 등장했다. "nothing makes sense in biology except in the light of evolution, sub specie evolutionis."

*** 필자는 이미 도브잔스키라는 인물의 과학적 성과와 초파리 유전학에서 그의 역할을 다룬 적이 있다. 이 책에서는 그런 세부사항은 건너뛰고 도브잔스키를 통해 두 생물학과 초파리의 관계에 집중할 것이다. 다음 글을 꼭 읽을 것. 김우재. (2010). 진화-분자의 두 생물학 전통 위에 초파리 날다. 〈한겨레 사이언스온〉.

○ 도브잔스키는 진화생물학자로만 알려져 있고, 그가 모건의 실험실 출신이라는 점은 흔히 간과된다. 게다가 그가 로마네스가 의문을 가진 잡종불임 연구로 진화생물학자로서의 과업을 시작했다는 점이 시사하는 바는 분명하다. 그는 실험과학의 전통에서 훈련받은 실험생물학자였다는 사실이다.

초점을 맞추었기 때문이기도 했다. 도브잔스키의 연구는 모건 그룹에서 곧 독보적인 위치를 차지하게 되는데, 그는 데이터를 전혀 남기지 않고 모두 출판하는 논문기계라고 불릴 정도였다. 특히 그는 야심가로 지나치게 성공에 집착했고, 개인의 성공보다 공동체의 성공을 위하는 모건의 전통에서 조금씩 비껴가고 있었다.

도브잔스키가 노랑초파리*D. melanogaster* 대신 까망초파리*D. pseudobscura**

* patents.google.com/patent/KR101224030B1/ko를 보면, 실험실의 초파리 *D. melanogaster*는 '노랑초파리'라는 우리말이 있지만, *D. pseudobscura*는 '슈도옵스큐라'라고 하여 아직 우리말 종 이름이 없다. 종명을 번역하면 '가짜로 검은'이라는 뜻이 된다. 아마도 이 초파리 종이 검은색을 띠고 있기 때문인 듯하다. 한국말로는 거무튀튀하다는 정도의 의미가 될 것 같은데 '까망초파리'라는 이름을 붙여주면 어떨까 싶다. 참고로 노랑초파리의 'melanogaster'는 '노랗다'는 의미이다.

ㅇ 까망초파리는 모건의 실험실에서 유래된 노랑초파리와는 달리, 진화유전학의 모델생물이 된다. 노랑초파리는 실험실로 들어오고, 까망초파리는 야외로 나가 두 생물학의 전통 모두에서 활약하는 초파리 유전학의 모델이 되는 셈이다. 출처 | flybase.org

를 연구 주제로 삼기 시작한 것도 바로 이즈음이었다.

특히 그는 다윈이 풀지 못했고 로마네스와 베이트슨이 그 약점을 파고들어 다윈을 공격했던, 잡종불임Hybrid sterility 연구를 위해 까망초파리를 사용하기 시작했다. 이유는 단순했다. 그는 진화적 관점에서 생물학의 문제에 접근하지 못한다면, 연구에 아무런 의미가 없다고 생각했고, 다윈이 풀지 못한 문제로부터 시작하는 것이 가장 좋은 방법이라는 점을 알고 있었다. 그는 랜스필드Lancefield라는 학생과 함께 까망초파리의 잡종불임을 연구하기 시작했고, 이 연구를 통해 다윈이 풀지 못했던 종분화speciation의 원리를 발견하려 했다. 그는 미국 전역에서 잡히는 까망초파리의 아종이 존재한다는 걸 알았고, 그 아종들을 교배시키면서 종분화에 대한 아이디어를 만들어나갔다. 그리고 도브잔스키의 실험적 작업들은, 다윈의 이론을 수학적으로 종합했던 피셔, 라이트, 홀데인 등의 연구에 풍부한 재료를 제공해, 진화의 근대종합Modern synthesis의 기틀이 된다.

스터티번트도 잡종불임의 유전학적 기제에 관심이 많았다. 하지만 까망초파리의 잡종불임과 종분화를 위한 연구 재료는 야외로 나가 실제 자연에 서식하는 다양한 까망초파리를 수집하는 방식으로 연구했던 도브잔스키에게 훨씬 풍부했다. 모건이 컬럼비아 대학의 구석에서 학부생이었던 브리지스와 스터티번트와 함께 유리병에 가둬 기르기 시작했던 노랑초파리의 유전학 연구는, 점점 실험실labscape 과학으로 정착해 실험생리학의 전통을 향해 질주하기 시작했지만, 도브잔스키의 까망초파리 유전학 연구는 종분화의 원리를 밝히기 위해 야외landscape로 나가 진화생물학의 친구가 되기 시작했다. 도브잔스키의 진화유전학evolutionary genetics은 그렇게 탄생했다.[13]

실험실과 자연

두 생물학은 실험기법, 문화, 스타일에서만 다른 것이 아니라 과학자의 연구장소에서도 다르다. 실험실 유전학 혹은 고전유전학classical genetics이라고* 불리는 분야에서는, 실험실에서 통제할 수 있는 종, 즉 노랑초파리만을 연구한다. 하지만 도브잔스키에 의해 창안된 진화유전학은 야외에 나가야만 실험 재료를 구할 수 있다. 왜냐하면 자연선택이 이미 펼쳐둔 다양한 변이들이 그들의 연구 재료이며, 이 재료들은 세계 각지에 흩어져 인간의 눈에 띄지 않은 채 자라고 있기 때문이다.

과학사가 로버트 콜러는 바로 이 두 생물학의 특징을 'landscape'와 'labscape'라고 표현했다.** 이 책은 도브잔스키가 모건의 실험실에서 뛰쳐나와 자신만의 학문 분야를 만들어나간 과정을 추적해, 두 생물학의 갈등과 긴장관계 그리고 상호작용을 기술한다.

로마네스가 의사이자 실험생리학자이면서 다윈을 따라 진화생물학에 뛰어들었듯이, 발생학자였지만 진화에도 관심이 많았던 모건이 유전학을 창시했듯이, 도브잔스키는 다윈이 풀지 못한 종분화의 미스테리를 풀기 위해 초파리를 야외로 끌어냈지만, 스스로는 실험실 과

* 모건의 실험실에서 등장한, 실험생리학의 전통에서 실험을 통해 유전자의 기능을 연구하는 분야를 일컫는다.

** 콜러의 책은, 필자가 '두 생물학'이라고 부르는 전통을 야외생물학과 실험실생물학으로 구분한 과학사 저술이다. 일독을 권한다. Kohler, R. E. (2002). *Landscapes and labscapes: Exploring the lab-field border in biology*, University of Chicago Press.

ㅇ 콜러의 책 《Landscapes and Labscapes》는 진화생물학/생리학의 두 전통의 대립을 야외/실험실로 구분해 설명한다.

학자였다.

도브잔스키는 야외형 생물학자로 훈련받지도 않았을뿐더러, 그의 사유 방식은—그가 다윈을 숭배했고, 진화의 법칙에 집착했다는 것만 제외하면—전형적인 실험과학자의 것이었다. 그가 야외로 나가 수집을 하게 된 것은 전적으로 그의 제자 랜스필드가 게을렀기 때문이다. 랜스필드가 가진 까망초파리 계통은 한 종류뿐이었고, 잡종불임을 연구하려면 어떻게든 다른 종류의 까망초파리 계통을 구해야 했던 것이다. 그는 시애틀로 날아가 새로운 종류의 까망초파리를 얻는다. 우연히 야외로 나가기 시작하면서, 그는 자신의 방법론이 다윈의 종분화를 증명하는 더 나은 실험이라는 점을 깨닫게 된다. 즉, 모건이 시작한 고전유전학은 표준화된 실험실 노랑초파리만을 사용*하기 때문에, 진화를 추동하는 자연적 변이를 얻을 수 없다. 즉, 실험실의 표준화된 초파리는 자연에 실제로 존재하는 다양성을 죽인다. 도브잔스키는 자연의 변이의 다양성을 표준화하고 없애야 하는 대상이 아니라, 연구해야 할 대상으로 변화시켰다. 바로 이러한 노력으로부터 실험집단유전학experimental population

* 하지만 역설적으로 바로 그 표준화된 실험실 환경 덕분에 연구 재료를 공유하는 문화가 발전할 수 있다.

genetics의 전통이 시작된다.

고전유전학에도 변이, 즉 돌연변이가 있다. 모건의 실험실에서 처음 등장한 화이트white는 눈 색깔이 하얗게 변하는 돌연변이였고, 이후에 모건의 실험실은 자연적으로 발생한 다양한 돌연변이들과 방사선이나 화학물질을 사용해 인위적으로 제조한 엄청난 숫자의—지금 초파리 공동체가 신경회로도를 그리기 위해 사용하는 초파리 계통의 숫자는 상상을 초월한다—돌연변이들을 지니고 있었다.** 그리고 그들의 연구 프로그램은 엄청나게 생산적이었다. 하지만 도브잔스키는 바로 그런 돌연변이들이 자연상태의 변이를 반영한다고 생각하지 않았다. 왜냐하면 그런 돌연변이들은 그저 실험실에서 인위적으로 무작위로 창조된, 자연선택에 노출된 적 없는 변이일 뿐이고, 따라서 종분화와는 아무런 상관이 없을 것이기 때문이었다. 모건과 그 제자들이 인공적인 돌연변이를 이용해 염색체에 유전자 지도를 그리며 생산적인 시기를 보내고 있을 때, 도브잔스키는 잡종불임을 만드는 유전자를 찾는데 실패하고 있었다. 종분화를 유도하는 유전자를 찾는 데 실패한 후에, 그의 진화유전학 프로그램도 표준화되기 시작한다. 정자의 생성과정이나 세포의 모양을 관찰하는 연구들이 진행되었지만, 도브잔스키에게 그것은 중요한 연구가 아니었다. 1934년이 되면 도브잔스키의 실험실에서 노랑초파리는 완전히 자취를 감춘다.

** 모건의 실험실에서 연구했고, 나중에 방사능을 이용해 다양한 초파리 돌연변이를 만들어 노벨상을 수상한 허먼 멀러에 대한 이야기는 엘로프 칼슨의 다음 논문을 참고할 것. CARLSON, E. A. (2009). "Hermann Joseph Muller: Biographical Memoir", *Biographical Memoirs*, 91, 189.

도브잔스키와 스터티번트가 서로를 완전히 적대시한 건 아니었다. 여전히 둘은 공동연구를 진행했고, 서로의 연구 주제에 침범하지 않는 선에서 잘 지냈다. 스터티번트는 고전유전학을 계속했고, 도브잔스키는 세포학cytology 연구를 진행하며 분업을 진행했고, 서로의 주제를 존중했다. 1935~1936년에 이르면 도브잔스키의 까망초파리가 점점 유명세를 타기 시작하는데, 이건 전적으로 그가 엄청난 노력을 들여 정말 다양한 까망초파리 계통을 수집했기 때문이다. 또한 1934년엔 침샘거대염색체를 이용해 유전자 좌위를 시각화하는 방법이 개발되었는데, 이 실험기법이야말로 연관분석linkage analysis으로만 알 수 있던 염색체의 역위inversion를 직접 눈으로 관찰할 수 있는 진보였다. 이 실험기법 덕분에, 도브잔스키의 실험실은 넘쳐나는 데이터로 몸살을 앓았고, 그 생산적인 실험실에 합류하려는 젊은 과학자들도 당연히 많았다.

침샘염색체를 통해 알아낸 가장 중요한 사실 중 하나는, 까망초파리 염색체의 역위가 지리적으로 다르게 분포한다는 흥미로운 결과였다. 바로 이 사실이 진화유전학의 연구 프로그램으로 자리잡았고, 자연집단연구의 표준이 되었다. 스터티번트와 도브잔스키는 원래 하던 다른 일들을 내려놓고, 바로 이 연구 프로그램을 사용해 엄청나게 생산적인 공동연구를 진행하게 된다. 문제는 여기서 발생한다. 서로 간섭하지 않던 연구 주제에 몰입하던 시절에는 없었던 긴장관계가 시작된 것이다. 1936년 봄, 스터티번트는 그동안의 연구결과를 통계유전학자인 시월 라이트에게 보내 집단유전학적population genetics 분석을 의뢰하고, 이 사실을 알게 된 도브잔스키는 더는 스터티번트를 공동연구자가 아닌 경쟁자로 인식하기 시작한다.

스터티번트와 도브잔스키, 모건의 실험실에서 갈라진 이 두 과학자의 차이는 두 생물학의 연구 프로그램이 만들어내는 과학적 스타일의 차이를 드러낸다. 스터티번트도 진화에 관심이 많았지만, 그건 서로 다른 종이 지닌 차이에 대한 호기심, 즉 계통분류학적phylogenetics 연구일 뿐, 종분화 같은 과정에는 관심이 없었고, 모든 생물을 표준화해 실험생물학의 기법으로 기능적 원인을 탐구하려는 욕구가 있었다. 반면 도브잔스키는 모든 종을 최대한 자연상태 그대로 보관하려고 노력했고, 자연종을 가축화하면 안 된다고 생각했다. 나중에 캠핑 생활에 중독되어버린 도브잔스키의 야외 채집이 지속되면서, 도브잔스키와 스터티번트의 까망초파리와 노랑초파리는 완전히 다른 연구전통으로 자리잡게 된다. 그리고 그 전통의 차이가 교미시간을 두고 벌어진 우리 실험실과 브렛먼의 실험실이 여전히 긴장관계를 유지하는 기원이기도 하다.*

과학사에서 다루는 기원들은 대개 애매모호하다. 하지만 초파리 유전학의 기원은 과학사에서 가장 명백한 사례 중 하나다. 20세기 초반 뉴욕, 모건의 실험실에서 모든 게 시작됐다. 바로 그곳으로 실험실과 야외로 갈라지게 될 두 과학자가 들어선 것이다. 결국 다시 갈라져버리고 말았지만,** 초파리 유전학은 잠시나마 그들을 하나의 관심사와

* 콜러의 다음 논문은 표준화된 실험실이 어떻게 자연을 실험실로 들여오게 되었는지 기술하고 있다. Kohler, R. E. (2002). "Labscapes: Naturalizing the lab", *History of science*, 40(4), 473-501.

** 도브잔스키와 스터티번트는 진화에 대한 관심뿐 아니라, 성격과 스타일 모두에서 확연하게 달랐다. 이미 언급했듯이, 도브잔스키에게 진화란 종분화였고, 스터티번트는 전 세계 모든 초파리의 비교분류학에 관심이 있었다. 도브잔스키는 잡다하고 광범위하게 관심사를 유지했을 뿐 아니라 해석을 과장하는 법이 많았다. 반면,

연구 프로그램 아래 묶어둘 수 있었다. 오직, 초파리 유전학에서만 두 생물학의 전통은 가끔 마주치고 갈등하고 또 서로의 길을 간다.

스터티번트는 섬세하고 조용하고 또 자신의 결과를 해석하는 데 극도로 조심스러웠다. 두 사람의 결별은 과학적 스타일의 차이로만 설명할 수 없다. 그건 모건이 말년인 70세가 되어서도 은퇴를 고려하지 않고, 스터티번트와 브리지스가 모건의 퇴임만을 기다리고 있었다는 사실에서도 비롯된다. 모건은 장차 자신의 실험실을 물려받아야 할 스터티번트에게 행정 업무를 전혀 맡기지 않았고, 따라서 스터티번트는 교수로 해야 하는 업무에 익숙해질 수 없었다. 그리고 도브잔스키도 모건의 자리를 노리고 있었을 수 있다. 그럴 자격은 충분했다. 1936년 5월, 텍사스 오스틴과 콜드스프링하버 연구소에서 도브잔스키에게 교수 자리를 제안했고, 이를 들은 모건은 칼텍에서 정교수가 되는 게 어떻겠느냐고 제안한다. 도브잔스키는 모건과 이야기를 마치고 스터티번트와 상의하러 갔고, 거기서 스터티번트는 모건에게 떠날 것을 종용한다. 도브잔스키는 칼텍에 남고 싶다고 말했지만, 이미 모건의 자리를 넘겨받을 확신에 차 있던 스터티번트는 그런 도브잔스키를 무시하는 제스처를 취했다. 이후부터 도브잔스키는 스터티번트를 적대시한다. 스터티번트는 도브잔스키의 이름이 점점 유명해지고 그의 대중강연이 미디어에 회자되면서 모건의 자리를 차지하지 못할지 모른다는 불안감을 느꼈을 수 있다. 특히 과학적으로 상당히 오만했던 스터티번트가, 자신보다 전문가도 아닌 도브잔스키가 진화와 유전의 전문가로 소개되는 것을 달갑지 않게 생각했다는 증언들이 있다. 모건이 은퇴하고 나서, 이 둘의 사이는 완전히 갈라진다. 종분화가 이루어진 것이다. 말년의 모건이 진화보다 생화학과 유전학에 더 관심을 가졌다는 사실도 이 종분화에 크게 기여했다. 도브잔스키가 모건의 그런 스타일을 못마땅해했기 때문이다. 게다가 도브잔스키는 학생들에게도 가혹해지기 시작했다. 마치 고전유전학과 진화집단유전학의 모델생물인 노랑초파리와 까망초파리처럼, 두 분야는 그렇게 종분화를 시작했다.

Gannett, Lisa and James Griesemer. (2004). "Classical Genetics and the Geography of Genes", *Classical Genetic Research and its Legacy* 1: 57-88.

Dunn, Matt. "Supporting the Balance View: Dobzhansky's Construction of Drosophila Pseudoobscura", *Identifying Mutation*: 119.

Kuklick, Henrika, and Robert E Kohler. (1996). "Introduction", *Osiris* 11: 1-14 www.jstor.org/stable/301924. 이 논문은 필드와 실험실의 차이를 필드를 중심으로 기술했다.

CARLSON, E. a. (1974). "The Drosophila group: the transition from the Mendelian unit to the individual gene", *Journal of the History of Biology*, 7(1), 31-48.

생물학의 두 날개를 부여잡고, 초파리 유전학을 그 해결책으로 삼았던 과학자 중 한 명으로 리하르트 골트슈미트Richard Goldschmidt가 있다. 그는 20세기 역사에서 가장 논쟁적인 과학자이자 이단heresies이라고까지 불리며 진화생물학자들에게 공격을 받은 인물이다. 특히, 한국에서 그의 이름은 창조과학자들이 자신들의 이론을 정당화하기 위해 사용하기 때문에, 인터넷에서 한글로 그에 관한 균형 잡힌 정보를 얻는 일은 불가능에 가깝다. 골트슈미트가 창조과학자들에게 인용되는 이유는 그가 '희망적인 괴물hopeful monsters'이라 불렀던 종분화 이론 때문이다. 창조과학자들은 골트슈미트가 이런 이상한 존재를 가정해야만 했던 이유가, 바로 종분화를 통한 진화가 불가능함을 인정했기 때문이라고 말한다.* 골트슈미트가 살아 있다면, 아마 이들을 명예훼손으로 고소했을지 모른다. 골트슈미트야말로 다윈이 풀어내지 못한 점진적 진화를 통한 종분화의 미스테리를 풀어, 진화론을 완성하려 했던 진화생물학자였기 때문이다.

골트슈미트를 공격하는 건 창조과학 진영만이 아니다. 20세기 말,

* 창조과학자들은 같은 이유로 굴드와 엘드리지의 '단속평형설'을 골트슈미트의 이론과 같은 선상에서 자신들의 논리를 강화하는 사례로 언급한다. 물론 굴드가 미국에서 진화생물학자들에 의해 이단으로 취급받은 골트슈미트를 다시 재조명한 건 맞다. 하지만 골트슈미트의 괴물이론과 굴드의 단속평형은 완전히 다른 기제와 진화의 속도를 전제한다. 이에 대한 자세한 반박은 무의미하다. 인터넷을 통해 한글로 굴드와 골트슈미트에 대한 정확한 정보를 얻는 일은 불가능하다.

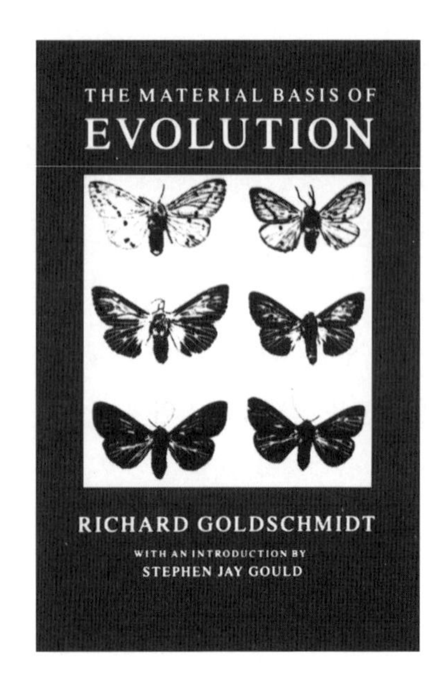

ㅇ 국내에서 골트슈미트는 창조과학자들에 의해 주로 인용되곤 한다. 하지만, 골트슈미트야말로 실험과학의 전통에서 엄밀성에 기대 자연선택을 증명하려 했던, 엄격한 진화생물학자로 불려야 한다. 그는 결코 이단이 아니다. 사진은 그의 저서 《The Material Basis of Evolution》.

진화생물학계를 둘로 갈랐던 도킨스와 굴드의 논쟁을 둘러싸고,* 도킨스 진영에 서 있는 과학자 혹은 철학자들은 골트슈미트의 이론을 조롱하는 글을 자주 써왔다. 우선 도킨스는 그의 저서 《눈먼 시계공》에서 다음과 같은 방식으로 골트슈미트와 굴드 모두를 조롱했다.

"이러한 의태가 진화 초기에는 자연선택의 혜택을 받을 수 없었다고 주장하는 사람들이 있는데, 그들 중 가장 두드러지는

* 굴드와 도킨스의 논쟁에 관해선 다음의 책을 참고할 것. 킴 스티렐니. (2002) 《유전자와 생명의 역사》. 장대익 옮김. 몸과마음. 필자의 졸고도 도움이 될 것이다. 김우재. (2015). 우리의 이론과 언어로 도킨스와 굴드를 읽는 날을 기다리며. 《작가가 사랑한 작가, 대단한 저자》. 알라딘.

학자는 독일계 미국인 유전학자 리하르트 골트슈미트이다. 골트슈미트의 찬미자인 굴드 교수는 새똥을 닮은 곤충을 두고 다음과 같이 말했다. '어느 각도에서 보면 5퍼센트 정도는 똥으로 보인다는 말이 가능한 이야기인가?' 골트슈미트가 살아 있는 동안에는 제대로 평가받지 못했으나 실제로 그가 우리에게 많은 것을 가르쳐주고 있다는 말이 최근 들어 유행하게 된 것은 굴드의 영향력이 커진 까닭이다.** ……골트슈미트가 토대로 삼고 있는, 이 흔들리는 기반 위에 서 있으면 누구나 다 그러한 빈정거리는 병에 걸리게 된다…… 이로써 골트슈미트가 제기한 것은 전혀 문제가 되지 않음이 확실해졌다. 그는, 진화가 작은 계단을 하나씩 밟아 올라가는 식이 아니라 단번에 몇 개를 뛰어 올라가는 식으로 일어난다는 믿음을 갖고 있었고, 그의 연구 활동 대부분을 그 극단적인 믿음에 의존하였다. 덧붙인다면, 5퍼센트의 시각이 전혀 보지 못하는 상태보다는 낫다는 것이 다시금 증명된 것이다."[14]

에른스트 마이어는《이것이 생물학이다》에서 골트슈미트의 이론을 '도약진화주의'라고 명명하고, 대표적인 비다윈적 혹은 반다윈적 이론

** 사실 그렇지 않다. 골트슈미트의 발생과정에서의 돌연변이에 대한 강조는 현대 진화발생생물학evo-devo이 근거로 삼고 있는 이론이기도 하다. 골트슈미트의 연구 주제와 그의 과학적 이론들은 분명히 의미 있고 여전히 강력하게 생물학에 영향을 미치고 있다. 단지 그의 표현방식이 다윈을 추종하는 이들의 심기를 거슬렀을 뿐이다.

이라고 말한다. 그는 도약진화주의가 "다윈 이전 시대를 지배한 전형적인 사고의 결과로 다윈의 동시대인들 중에는 헉슬리와 쾰리커에 의해 지지되었"으며, "진화적 종합의 시대로 들어오면 멘델주의자들(베이트슨, 드 브리스, 요한센)과 몇몇 다른 사람들(골트슈미트, 윌리스, 신데볼프)에 의해 지지되었다"고 주장한다. 게다가 여기서 더 나아가 그는 "개체군 사고가 더 널리 인정되고 종분화의 도약진화주의적 과정을 받쳐줄 만한 증거를 찾지 못하게 되자 도약진화론은 마침내 폐기되었다"라고 말한다. 20세기의 다윈, 혹은 다윈주의의 열렬한 옹호자로 분자진화론이 등장하자 이를 막기 위해 고군분투했던 이 늙은 다윈주의 투사는, 생물학을 다윈의 이론 하나로 통일시키고자 하는 자신의 맹목적인 믿음은 알지 못한 채, 골트슈미트와 같은 유전학자의 타당한 의심을 목적론과 라마르크주의와 같은 계열의 반다윈적 진화론으로 폄하했다. 더 큰 문제는 도킨스나 마이어처럼 다윈주의의 전통에 있는 진화생물학자들은, 골트슈미트와 같이 생리학 전통에서 유전학을 통해 진화생물학에 도달한 학자의 궤적을 이해하지 못한다는 점이다. 그가 왜 신다윈주의라는 진화생물학의 주류 이론에 반감을 표했는지는, 그의 과학자로서의 궤적을 살펴봐야 이해할 수 있다.

골트슈미트는 독일에서 발생학을 연구하며 생물학자로서의 여정을 시작했고, 이후 유전자gene라는 단어를 고안해낸 빌헬름 요한센Wilhelm Johannsen의 저작을 읽고 유전학, 특히 성결정 기제에 관심을 갖게 된다. 그는 태생부터 생리학 전통의 인물로 모건처럼 유전자의 대물림 기제보다는, 유전자의 생리학적 기능을 밝히는 데 더 관심이 있었고, 그에게 유전학의 가장 중요한 질문은, 대물림의 기제를 밝히는 일이 아니라 유전자가 어떻게 발생과정에서의 생리적 기능을 조절하는지를 밝히는 일이었다. 발생과정에서 어떻게 성별이 결정되는지를 이해한다면, 유전자가 생리적 기능을 조절해 발생과 진화를 조절하는 모든 과정을 이해할 수 있다는 것이 골트슈미트의 생각이었다.

독일이 나치 치하에 신음할 때, 그 역시 다른 과학자들처럼 미국으로 도피했고, 버클리 대학에 자리를 잡는 1920년대가 되면, 골트슈미트의 조수였던 커트 스턴Curt Stern이 그의 실험실에 초파리를 들여온다.* 모건의 실험실에서 당대 가장 유명했던 초파리 유전학자들에게 초파리 유전학을 배운 스턴은 그의 스승이던 골트슈미트에게 초파리 유전학을 전수하는데, 그의 나방 연구가 진척이 더디자 골트슈미트는 연구 재료를 초파리로 바꿔 온도가 발생에 미치는 영향을 연구하기 시작했다. 골트슈미트는 도브잔스키와 스터티번트 등이 연구하던 염색체 돌연변이를 이용해 전통적인 유전자 개념을 의심하기 시작하고,

* 커트 스턴은 골트슈미트의 조수였고, 모건 실험실에서 초파리를 이용해 염색체의 재조합을 연구했다. 훗날 그의 연구 주제가 인간유전학으로 확장되었을 때, 인종학살에 사용되던 인간유전학을 비판하고, 과학적 근거 위에 세워진 인간유전학의 기틀을 세웠다.
그가 모건 실험실에 들어가게 된 배경이 재미있다. 그는 당시 유명한 발생학자이자, 유전자를 연구하던 리하르트 골트슈미트의 논문을 읽고 그 논문을 비판하는 편지를 써 보냈는데, 골트슈미트는 6개월 후에 조용히 그를 불러 모건 실험실에서 연구할 수 있는 펠로우십을 주었다. 바로 그 덕에 학생에 불과했던 그는 당시 가장 유명했던 초파리방에 합류할 수 있었다.
칼 포퍼를 지겹도록 싫어했고 스승의 이론을 반박하는 데 모든 열정을 쏟던 폴 파이어아벤트는, 그 스승을 피해 독일로 도망을 갔었는데, 거기서 얻은 첫 직장은 칼 포퍼가 미리 조용히 자신의 동료에게 부탁했던 자리였다. 내가 아는 위대한 학자들은 그런 스승이기도 했다. 한국에서는 그런 스승을 본 적 없다.

유전자의 물리적 구조와 기능에 대한 스스로의 이론을 만들어나갔다.*

그는 《진화의 물질적 기반The Material Basis of Evolution》이라는 저작을 통해 대진화macro evolution가 일어나는 기제로 대규모 돌연변이와 발생 과정의 대단위 돌연변이systemic mutation and developmental macromutations를 들었다.** 이런 급격한 돌연변이로 인한 종분화의 기제는 다윈식 점진주의를 지지하던 도브잔스키에 대한 반박으로 이어졌다. 특히 발생과정에서 아주 중요한 기능을 담당하는 유전자에 일어난 돌연변이는, '희망적인 괴물'이라는 극적인 형질의 전환을 이끌어낼 수 있고, 결국 이런 개체의 등장으로 인해 새로운 종이 생긴다는 그의 주장이 동시대 다윈식 점진주의를 따르던 진화생물학자들에게는 문제가 됐다. 그의 새로운 아이디어는 시월 라이트처럼 진화생물학을 수학적으로 종

* 골트슈미트는 원래 나방을 연구했고, 특히 매미나방gypsy moths의 지리적 분포에 관심이 많았다. 마치 다윈의 비글호 항해처럼, 이단으로 불리던 발생학자 골트슈미트는 1914년에서 1934년에 걸쳐 세 번 일본과 동아시아를 방문한다. 그리고 그는 나방 표본을 수집하기 위해 당시 식민지 조선도 방문했던 것으로 보인다. Goldschmidt, R. (1960). *In and out of the ivory tower: The autobiography of Richard B. Goldschmidt*, University of Washington Press. 훗날 초파리 유전학을 이용한 연구로 진화발생유전학의 창시자가 되지만, 골트슈미트의 나방에 대한 관심은 그의 생애 내내 계속되었다. Allen, G. (1974). *Opposition to the Mendelian chromosome theory: the physiological and developmental genetics of Richard Goldschmidt*, J. Hist. Biol. 7, 4992

Gilbert, S. (1988). *The American Development of Biology*, eds Rainger, R., Benson, K. & Maienschein, J., 311346, Rutgers Univ. Press, New Brunswick, New Jersey, 1988.

** Goldschmidt, R. (1982). *The material basis of evolution*, Vol. 28., Yale University Press. 다음 논문은 골트슈미트의 이론을 역사적으로 잘 설명하고 있다. Dietrich, M. (2003). "Richard Goldschmidt: hopeful monsters and other heresies", *Nature Reviews Genetics*, 201(2000), 194-201.

합하던 생물학자에게 중요한 영감이 되었고, 라이트는 훗날 이를 자신의 동균형이론Shifting balance theory에 포함시키며, 진화적 변화의 한 가지 중요한 가능성으로 남겨둔다. 골트슈미트는 말년에 초파리의 체절을 조절하는 유전자 돌연변이를 이용해 거대한 발생과정의 돌연변이의 기능을 연구했고, 그의 이러한 연구는 진화론과 유전학을 근대적으로 종합했던 도브잔스키, 마이어, 심슨 등의 '진화의 근대적 종합modern synthesis'과는 다른 전통에서 발생학과 진화이론을 종합한 것으로 평가된다. 그의 이러한 노력들은 지금은 모든 생물학자가 받아들이는 진화발생생물학Evo-devo의 원류로 평가받는다.***

20세기 미국 생물학계에서 가장 논쟁적인 과학자, 훗날 미국 한림원의 회원이 되고, 국제유전학회장에 오른 그가 생물학의 발전에 끼친 영향은 지대하다. 특히 베이트슨이 멘델주의에 근거해서 점진적 진화

*** 골트슈미트를 진화발생종합의 관점에서 바라보기 위해서는 발생학 교과서의 저자이자, 발생학을 생물학의 역사에서 잘 위치시켜 이보디보에 이르는 과정을 설명한 스콧 길버트Scott Gilbert의 저작들을 참고할 것. 특히 발생학을 둘러싼 유전학과의 종합에 대해서는 이 책을 보라. Gilbert, S. F. (1998). "Bearing crosses: a historiography of genetics and embryology", *American Journal of Medical Genetics*, 76(2), 168-182. 진화발생생물학에 대한 그의 관점은 이 책에 잘 나와 있다. Gilbert, S. F., Opitz, J. M., & Raff, R. A. (1996). "Resynthesizing evolutionary and developmental biology", *Developmental biology*, 173(2), 357-372. 장대익의 박사학위 논문과 그의 대중서 《다윈의 식탁》을 통해 길버트의 견해를 반복하고 있는데, 그의 지적 전통인 해밀턴-도킨스를 따라 콘라드 워딩턴의 운하 개념을 보다 강조하고, 골트슈미트의 역할을 축소하고 있다. 장대익. (2005). 이보디보 관점에서 본 유전자, 선택 그리고 마음. 서울대학교 대학원; 장대익. (2015). 《다윈의 식탁》. 바다출판사. 특히 집단유전학이 진화생물학을 대체하는 과정에서 발생학이 사라졌다는 그의 주장은, 두 생물학의 갈등의 역사를 간과한 표현이다. 발생학은 언제나 거기 있었고, 이보디보의 형태로 진화생물학과 만나기 전까지, 생리학의 전통에서 아주 확고하게 자리잡고 있었다.

가 아니라 불연속적인 진화를 주장하며 신다윈주의자들과 대척했다면, 골트슈미트는 발생학 연구의 전통에서 신다윈주의의 약점을 공격했다.* 특히 발생학자였던 모건이 발생학에서 유전학을 완전히 분리시켜, 유전학을 통해 발생학을 통합하려고 했다면, 골트슈미트는 초파리 유전학의 도구들을 이용해 발생학을 좀 더 잘 이해하고, 이를 통해서만 진화적 관점을 가질 수 있다고 생각했던 발생학 통합론자였다. 즉, 그는 유전학과 다윈주의가 잠시 잊고 있던 발생학의 자리를, 생물학에 정당하게 위치시키려고 했던 인물이었다. 골트슈미트가 생각하는 생물학은 다음 페이지의 수식으로 표현될 수 있다.[15]

골트슈미트가 기능생물학이라고 언급한 기능생물학은 한 세대 안에서 일어나는 생리학적 기능들을 연구하며, 그것이 두 생물학의 근접인을 다루는 한 축인 생리학적 전통이라고 말했다. 골트슈미트에 따르면, 발생학은 기능생물학을 시간, 즉 배아에서 성체가 되는 시간 t의 함수로 미분하는 학문이며, 진화생물학은 발생학을 시간, 즉 종분화가 일어나는 시간 t의 함수로 미분하는 학문이다. 따라서 기능생물학적 연구가 없다면, 발생학과 진화생물학의 연구는 존재할 수 없다. 바로 생물학에 대한 이런 관점이, 이후 1938년 자신의 저서에 《생리학적 유전학Physiological genetics》이라는 제목을 단 이유다.[16] 그는 유전학의 목

* 앨런의 논문은 골트슈미트가 멘델리즘을 거부한 이유, 즉 멘델주의에서 제기하는 유전자의 물리적 구조가 지닌 실험유전학과의 비정합성을 그의 발생학적 관점에서 설명하고 있다. Allen, G. E. (1974). "Opposition to the Mendelian-chromosome theory: The physiological and developmental genetics of Richard Goldschmidt", *Journal of the History of Biology*, 7(1), 49-92.

기능생물학	=	**해부학, 생리학, 세포학, 유전자 발현**
발생학	=	δ **[기능생물학]**/δt
진화생물학	=	δ **[발생학]**/δt

○ 골트슈미트는 기능생물학을 시간에 따라 미분한 것이 발생학이며, 발생학을 시간에 따라 미분한 것이 진화생물학이라고 생각했다. 그에게 있어 발생학을 건너뛰고 바로 진화생물학으로 건너뛴다는 것은 불가능한 일이다.

표를 다음과 같이 설명한다.

> "유전학은 대물림에 관한 연구다. 대물림되는 모든 형질의 원인들은 수정된 배아에서 발견된다. 따라서 유전학은 생식세포 내에 존재하는 매개물과 발생이 끝난 성체에서 발현되는 형질을 연결하는 것을 목표로 한다. 이를 이해하는 데 몇 가지 문제가 있다. 첫째, 생식세포 내에 존재하는 그 매개물의 물리적 실체와 대물림의 기제가 아직 완전히 밝혀지지 않았다. 둘째, 어떻게 그 매개물이 성체로의 발생과정을 조절하느냐는 것이다. 발생학과 유전자를 연결하는 이 학문을 나는 생리학적 유전학이라고 부를 것이다."

골트슈미트는 발생학이 지닌 중요한 성격, 즉 다윈주의가 작동하기 위해 필요한 발생학적 이해의 중요성을 일찍 깨달았던 실험생물학 전통의 과학자였다. 그는 실험생물학으로부터 등장하는 증거가 다윈주의를 지지하지 않을 때, 이를 과감히 비판하고 논쟁했을 뿐이다. 하지만 도킨스나 마이어 같은 다윈의 추종자들은 다윈에 대한 공격이 진화론에 대한 공격이라고 착각하는 경향이 있다. 과학은 과학자라는 권위를 만들면 안 된다. 특히 생물학의 두 날개에 대한 현장경험이 없는 진화생물학자들이 이런 오류에 빠지기 쉽다. 도킨스도 마이어도, 생리학적 전통에서 등장한 생물학의 다른 날개에 대한 이해가 없는 인물들이다. 특히 제대로 된 진화생물학자 하나 없고, 진화생물학을 외국학자들의, 그것도 편협한 독서로만 접한 과학철학자가 골트슈미트를 평가할 때, 그의 생물학자로서의 위치를 정확히 파악하지 못하고 오류에 빠지기 쉽다.*

골트슈미트는 1958년 완성한 《이론유전학Theoretical genetics》의 서문에서 자신의 이론유전학은 이론물리학에 비견되는 자연철학[17]이라고 설명했다. 실험실에서 출발한 생물학자가, 자신의 연구를 논문으로 출판하고 이를 종합해 하나의 철학으로 완성하는 모범을, 골트슈미트는 보여준다. 연구논문이라고는 박사학위 논문뿐인 대중과학자나** 과학연구가 진행되는 과정에 무지한 과학철학자가 평가하기엔, 골트슈미트라는 거인이 실천해왔고, 또 영향을 미친 과학이 너무 깊고 크다.***

* 국내에서 골트슈미트를 그나마 조금이라도 다룬 논문은 장대익의 박사학위 논문뿐이다. 그는 골트슈미트를 자신의 전통에서만 바라보고 있다.

** 도킨스가 그렇다.

*** 골트슈미트를 새롭게 조명한 고생물학자 스티븐 제이 굴드에 대해선 다음의 논문을 참고할 것. Dietrich, M. R. (2011). "Reinventing Richard Goldschmidt: Reputation, Memory, and Biography", *Journal of the History of Biology* 44(4), 693-712.

"이론 유전학은 다음 질문들과 연결된 문제들로 구성된다. (1) 유전물질의 본성은 무엇인가? (2) 유전물질은 발생과정을 어떻게 특수하게 조절하는가? (3) 유전물질의 본성과 작용은 어떻게 진화를 설명할 수 있는가? 이 세 문제들은 긴밀하게 연결되어 있다. 한 질문에 대한 대답이 다른 질문에 영향을 미치기 때문이다. 이 문제들이 유전학적 사실들의 몸체 모두를 포함하기 때문에, 이를 위한 분석법은 세포학, 실험발생학을 비롯한 다양한 분야에서 유전학에 접근하는 모든 분야에서 가져와야 할 것이다. 이 저술은 교과서나 종설논문이 아니므로, 독자에겐 일반생물학과 유전학에 대한 상당한 사전 지식이 필요할 것이다."[18]

멀러, 방사선과 인류의 진화

초파리 유전학 역사와 생물학 전반의 역사를 통틀어 절대 빼놓을 수 없는 인물, 특히 생물학의 두 날개를 모두 잡고, 초파리 유전학을 통해 생물학을 통합하려고 했던 과학자, 허먼 조지프 멀러의 이야기를 생략하고 초파리 유전학을 이야기하긴 어렵다.* 멀러는 살아 있는 세포에 방사선을 쬐어 돌연변이를 만들 수 있으며, 방사선이 염색체의 유전적 변화를 일으킨다는 발견으로 1946년 노벨상을 수상했다. 그는 모건의 실험실에서 스터티번트, 브리지스와 같은 시절 연구했으며, 후에 텍사스 오스틴에서 방사선을 이용한 실험을 진행했다. 1933년엔 소련의 레닌그라드로 옮겨 모스크바 유전학 연구소에서 일하게 되는데, 사회

* 멀러의 제자 칼슨과 유전학자 제임스 크로에 의해 그의 생애가 자세히 밝혀져왔다. 아래의 논문들을 참고할 것.

CARLSON, E. A. (2009). "Hermann Joseph Muller." *Biographical Memoirs*, 91, 189.

Glad, J. (2003). "Hermann J. Muller's 1936 letter to Stalin", *Mankind Quarterly*, 43(December 1934).

Pontecorvo, G. (1968). "Hermann Joseph Muller. 1890-1967", *Memoirs of Fellows of the Royal*, 14, 349-389.

CARLSON, E. A. (1967). "The legacy of Hermann Joseph Muller: 1890-1967", *Canadian Journal of Genetics and Cytology*, 9(3), 437-448.

Pontecorvo, G. (1968). "Hermann Joseph Muller", *Annual Review of Genetics*, 2(1), 110.

Crow, J. (2006). "H. J. Muller and the 'Competition Hoax.'", *Genetics*, 514(June), 511-514.

Otis, L. (2007). *Muller's Lab*, Oxford University Press.

Crow, J. (2005). "Hermann Joseph Muller, Evolutionist", *Nature Reviews Genetics*, 6(December), 941-945.

○ 멀러는 방사선이 돌연변이를 일으킨다는 사실을 발견한 초파리 유전학자일 뿐 아니라, 사회주의자로 자신의 사회적 신념을 표현하는 데 주저하지 않았던 과학적 지식인이었다. 그는 20세기 초반 이미 진보적인 과학자였다.
출처 | www.britannica.com/biography/Hermann-Joseph-Muller

주의자였던 그에게 소련이 진보적인 사회로 보였기 때문이다. 하지만, 당시 리센코T. D. Lysenko의 획득형질 유전을 기반으로 한 비과학적 유전학이 소련에서 공인되면서, 그는 리센코와 학문적 논쟁을 벌이다 1937년 소련을 떠나게 된다. 이후 지금은 미국 초파리 보관소가 위치한 블루밍턴의 인디애나 대학교에서 교수로 재직했다.

그의 연구 주제 자체가 그가 유전과 진화 모두에 관심을 가지고 있었음을 보여주는데, 그는 다윈의 자연선택이 작동하기 위한 가장 작은 단위가 유전자라고 주장했고, 방사선에 의한 돌연변이는 바로 그 유전자에 작동한다는 점을 증명했다. 그리고 훗날, 모건 방의 수제자 중 한 명이 1946년 노벨상 강연의 첫 문장에 다윈을 등장시킨다.

"다윈이 생명체의 적응력은 변이를 만드는 어떤 목적론적 경향 때문이 아니라 자연선택이라는 과정 때문에 유지된다고 생각했다면, 바로 그 대물림되는 변이들은 대부분의 경우에 다양한 방향으로 발생해야만 자연선택의 과정이 다양한 선택지를 가지고 선택할 수 있는 재료가 될 것이다."[19]

바로 이 강연에서, 그는 다윈의 자연선택이 작동하는 방식을 가장 첫 문장에 요약하며, 바로 그 원리가 지닌 약점으로 꼽혔던 변이의 대물림과, 다양한 변이의 존재에 대한 작동방식이 자신의 연구 주제임을 말하고 있다. 멀러의 인생에서 진화란 평생의 연구 주제였고, 그는 어린 시절부터 죽기 전까지 다윈이 풀지 못한 자연선택의 작동방식을 풀어내고자 했다. 따라서 그의 연구방향이 도브잔스키처럼 서로 다른 초파리 종의 교배에 걸쳐 있었다는 건 이상한 일이 아니다. 특히 그는 왜 많은 생물종이 단성이 아니라 양성생식을 하는지 궁금해했고, 종에서 보이는 다양한 방식의 성의 역할을 다윈의 자연선택의 관점에서 설명해내려고 노력했다. 그는 노랑초파리와 어리노랑초파리를 이용해 다른 종간의 교잡에서 방사선이 미치는 영향을 조사했고, 이를 통해 종분화에 대한 몇 가지 가설을 제시하기도 했다.[20]

사회주의자였고, 그 이념을 존중했던 과학자이기도 했던 멀러는, 생물학의 역사에서 큰 짐으로 남아 있는 우생학eugenics과 관련해 복잡한 유산을 남겼다. 우생학은 인간에 대한 응용유전학이다. 20세기 중반 멘델의 재발견과 초파리 유전학을 통한 유전원리들이 생물학의 주요 주제로 등장하면서, 생물학자들은 이 중요한 발견들을 인류의 복지를 위해 사용할 수 있다고 생각했다. 가축을 육종하거나 식물의 품종을 개량하듯이 인간의 품종을 개량하고 더 많은 천재들을 만들어 인류가 발전할 수 있다는 생각, 이런 응용유전학적 사고방식이 우생학이다.* 방사선을 이용한 돌연변이 연구를 통해, 그는 대부분의 돌연변이가 해롭다는 사실뿐 아니라 돌연변이 발생률이 너무 높거나 낮은 경우 모두, 종에 해롭다는 사실을 깨달았다. 즉, 돌연변이 발생률이 너무 낮으면 진화의 원동력인 변이가 너무 적어 자연선택이 작동할 수 없어 종이 멸종하고, 돌연변이 발생률이 너무 높으면 한 종이 견딜 수 있는 돌연변이 무게가 너무 커져 종이 멸종할 수 있는 것이다. 그가 평생 방사선이 인류에 해로울 수 있다는 점을 경고하고 다닌 이유다.

멀러는 사회주의자였고, 바로 그의 이념은 인간이 지닌 이타성의 기원에 대한 생물학적 질문에 그의 관심을 기울이게 했다. 멀러뿐 아니라 훗날 로널드 피셔, J. B. S. 홀데인 그리고 빌 해밀턴Bill Hamilton 등에 의해 정식화되는 이타성의 진화에 대한 진화생물학적 이론은, 멀러가 제기한 친족 선택kin selection이라는 개념에 빚지고 있기도 하다. 그는 인간의 본성이 친족에게만 친절하고 협력적이며, 외부인에겐 반대일 수 있다고 생각했고, 문명이 발전하는 과정에서 친족을 대할 때마다 나타나는 그 이타성을 권장하고 외부인에 대한 배타성을 억제시킬 필요가 있다고 생각했다. 그는 끊임없이 인류의 미래를 걱정했는데, 우

* 필자는 우생학에 대해 다양한 글을 써왔다. 우생학에 대한 졸고들을 참고할 것.
김우재. (2013). 생쥐Musmusculus: 우생학과 유전학. 〈과학과 기술〉, 525(0), 76-77. 한국과학기술단체총연합.
김우재. (2008). 오바마, 단백질 그리고 인종차별. 〈사이언스타임스〉.

생학에 대한 그의 최초의 관심도 바로 그 사회주의적 이념 때문이었다. 하지만 그는 우생학적 인류개량이 사회적 불평등으로 인해 실현 불가능한 꿈이라는 사실을 깨닫고 좌절했다. 그는 해로운 유전자를 제거하는 방식으로 인류의 형질을 개선하자는 '음성 우생학negative eugenics'에 반대했다. 생물학적으로도 나이브하고, 사회적으로도 용인되지 않는다고 여겼기 때문이다. 대신 그는 '양성 우생학positive eugenics'이라고 부르는 방식으로 인류를 개량시켜, 누구나 양자역학을 이해하는 시대가 올 수 있다고 믿었다. 이 과정에서 인공수정의 여부를 여성이 스스로 선택해야 하며, 권력에 의한 압력이 없어야 한다고 주장하긴 했지만, 이미 그의 그런 발언들은 사회에서 반대 의견에 부딪혀야 했다.

다윈의 아들인 레너드 다윈Leonard Darwin은 다윈의 자식들 중 가장 오래 살았던 인물로 우생학자로 스스로의 정체성을 표현했다. 그가 《우생학 종설Eugenics Review》에 남긴 글은 당시 생물학자들 대부분이 유전학의 발달과 다윈 진화론의 사이에서 우생학을 당연한 귀결로 여겼다는 점을 보여준다.[21]

> "결론을 이야기하자면, 대부분의 생물학자들이 이제 자연선택이 진화라는 과정의 가장 중요한 기제라는 데 동의한다고 생각합니다. 그런데도 그 생물학자들 중에 이런 지식을 사용해서 미래를 대비하기 위해 인류의 형질을 개선하려는 노력을 하는 학자가 별로 없다는 건 놀라운 일입니다. 더 많은 생물학자들이 우생학 운동에 동참하길 촉구하는 바입니다."

1946년, 그가 노벨상을 수상하던 시점에 했던 강연엔 우생학이라는 말은 등장하지 않는다. 그는 유전학이 가장 체제전복적인 학문이라고 생각했다. 유전에 대한 비밀은, 인류의 욕망을 건드리고, 바로 우생학과 같은 학문과 나치의 인종청소 등으로 나타날 수 있기 때문이다. 20세기 초 대부분의 생물학자들이 우생학에 호의적이었지만, 그들 중 사회적 불평등을 지적하며 인류 단위의 우생학 실험이 그 불평등을 해소하기 전까진 절대로 수행되어선 안 된다고 주장했던 이는 드물다. 20세기 초반 젊은 멀러를 사로잡았던 사회주의적 이념이 멀러라는 과학자의 상식을 그 정도에서 견디게 만든 것인지, 아니면 과학자로 유전학에 대해 파고들었던 그 공부의 깊이가 그런 결론을 내리게 한 것인지는 알기 힘들다. 하지만, 그는 노벨상을 수상한 이후 더는 우생학자로 스스로를 표현하지 않았고, 당시 증가하던 산업시설의 방사선으로 인해 축적된 돌연변이가 인류의 유전자 풀에 미칠 해악을 사회에 알리기 위해 노력했으며, 산업화가 가속화되면서 나타날 방사능의 위험을 적극적으로 대중과 사회에 알리는 데 주저하지 않았다. 아마도 나치와 미국 이민법의 해악이 알려졌기 때문이겠지만, 노벨상 수상 이후 그는 우생학 프로그램을 위해 남자의 정자를 기증받아 냉동 보관하는 일에 적극적으로 반대했다.

멀러라는 초파리 유전학자의 이름에는 여러 이미지가 혼재한다. 그는 모건의 수제자 중 한 명으로, 지금도 초파리 유전학자들이 사용하는 밸런서 염색체balancer chromosome를 개발했고, 초파리 유전학에 큰 다리를 놓았다.* 독립연구자가 되었을 때부터 진화론에 대한 그의 열정은 생리학적 전통의 실험방식인 방사선에 의한 유전자 조작과, 초파리라는 유전학의 모델생물을 통해 자연선택의 작동방식을 밝히는 방향으로 선회하기 시작했고, 바로 이 연구들이 그에게 노벨상을 안겨주었다. 사회주의자이기도 했던 그는 소련을 방문했지만, 리센코와 논쟁하기도 했다. 그는 우생학적 아이디어에 관심을 가지기도 했지만, 그건 그가 사회주의자로 간직하고 있던 인본주의적 관점에서였다. 그는 언젠가 과학자의 의무에 대해 이렇게 말했다. 20세기 초반의 우생학을 변호할 생각은 없지만, 그 시대를 살았던 유전학자들의 순수함을 시대적 상황에서 생각해볼 필요가 있는 이유다.**

> "대부분의 과학자들이 개혁가가 되어 사회에 발언하는 걸 어려워한다. 자신의 과학을 즐길 뿐, 그 발견들이 어떻게 사용될지 별로 고민하지 않는다. 물론 멀러는 그렇지 않았다. 그리고 멀러만 그런 스탠스를 지킨 건 아니다. 줄리언 헉슬리, J. B. S. 홀데인Haldane, 라이너스 폴링Linus Pauling, 조슈아 레더버그Joshua Lederberg 그리고 제임스 왓슨 등은 시민에게 해로울지도 모를 공공정책에 대해 비판적인 발언을 하는 데 주저하지 않았던 인

* 2장의 '엔트로피를 막는 염색체' 꼭지를 참고할 것.

** 20세기 초반은 이념의 각축장이었고, 당시 과학계를 이끌던 과학자들도 그 이념으로부터 결코 자유롭지 않았다. 특히 20세기 초 영국의 지도적인 과학자들은 대부분 사회주의자들이었다. 아래의 두 책은 우생학과 연결지어 당시 시대상을 읽을 수 있는 관점을 제공한다. 또한 필자의 블로그에 실린 '좌파과학의 전통'(heterosis.net/archives/839)도 참고하라.
게리 워스키. (2016). 《과학과 사회주의》. 송진웅 옮김. 한국문화사.
게리 워스키. (2014). 《과학 좌파》. 김명진 옮김. 이매진.

물들이다. 멀러는 유전학이 가장 급진적이고 체제전복적인 학문이라고 생각했는데, 왜냐하면 인간 본성의 가장 근본적인 부분을 연구하는 학문이기 때문이다. 유전학자는 자연선택과 진화를 부정하는 사람일 수 없고, 인간의 생식과 관련된 공공정책에 관한 한, 반드시 공공의 논쟁에 참여해야 한다. 왜냐하면 그들의 발견이 사회정책에 반영될 수 있기 때문이다. 소련이나 독일 나치가 했듯이, 유전학의 잘못된 응용은 심각한 결과를 초래하기도 한다. 우생학에 대한 멀러의 관점은 복잡했다……. 멀러는 인본주의에 봉사했고, 산업화 과정에서 초래될 방사선 남용을 경고하고 이를 막는 데 큰 공헌을 했다."[22]

멀러는 미국의 실험실에서 유전학에 입문했고, 스스로를 마르크스주의자이자 사회주의자로 여겼으며, 소련으로 건너갔지만 리센코와 논쟁하고 패퇴해야 했고, 유전학자로 지녔던 인본주의를 펼치는 방식 때문에 사회에서 지탄받기도 했지만, 결국 인류에 대한 그 손을 놓지 않은 유전학자다. 20세기, 과학이 가속화되면서 대부분의 과학자들이 사회에서 눈을 돌려 자신의 실험실로 시야를 좁히게 되지만, 멀러는 그런 이기적인 과학자가 아니었다. 덕분에 과학과 정치 그리고 사회의 가운데서 복잡한 정서를 지니게 되었을 것이다. 멀러의 인생이야말로, 델브뤼크가 말했던 과학자의 삶에 가까울지 모른다. 즉, 과학자는 속세를 떠나기 위해서도, 또 연결되기 위해서도 자신의 작업이 필요하다는 말. 그는 자본주의 사회에서는 (양자역학을 이해하는 것처럼 탁월한) 유전적 장점과 (부유한 부모를 얻은 것 같은) 환경에서 받은 영향을 구분할 방법이 없다고 생각했다. 바로 자본주의 사회가 품고 있는 사회적 불평등 때문이다. 그리고 이 사고방식이, 유전학자 멀러가 각종 이념이 대립하고, 또 과학의 발전이 가속화되던 시기를 살면서 고민했던 흔적이다.* 이젠 그런 과학자를 보는 일이 정말 어려워졌다.**

* 멀러가 유전학자로 사회 속에서 적극적으로 발언했던 역사는 다음 책의 곳곳에 등장한다. Paul, D. B. (1998). *The politics of heredity: Essays on eugenics, biomedicine, and the nature-nurture debate*, SUNY Press.

** 21세기도 아닌 20세기에, 이미 멀러는 정열적인 페미니스트였고, 모든 직업이 여성에게 개방되어야 한다고 공공연하게 주장했다. Paul, D. (1984). "Eugenics and the Left", *Journal of the History of Ideas*, 45(4), 567-590. doi.org/10.2307/2709374

우생학 그리고 유전학자 선언

20세기 격동기를 살았던 멀러는, 현대의 관점에서 본다면 우생학자였다. 우생학은 과학, 특히 생물학의 어두운 과거로 남겨져 있고, 그 이미지는 물리학의 맨해튼 프로젝트, 즉 핵폭탄의 개발과 비슷한 수준이다. 20세기는 과학이 빠르게 발전한 시기였지만, 과학과 과학자에 대한 이미지가 우생학, 핵폭탄 등과 연결되면서, 과학은 위험하고, 과학자는 미치광이라는 대중의 인식이 생겨나기 시작한 시기이기도 하다. 나치의 인종청소, 미국의 이민법 등에 적용된 우생학에 대한 오해는 심각해서, 대부분의 비과학자 지식인들은 20세기 초반, 대부분의 생물학자들이 우생학자이기도 했다는 사실과, 심지어 조선의 독립운동가들 중 상당수가 우생학 운동에 긍정적이었다는 시대적 상황을 간과하고*** 우생학 운동을 현대적 관점의 전지적 시점으로 단죄하려는 경향이 있다.**** 인간의 유전적 형질이 사람을 차별하는 기준이 되어서는

*** 신영전. (2006). 식민지 조선에서 우생운동의 전개와 성격: 1930년대 〈우생優生〉을 중심으로. 〈의사학〉 제15권 제2호. 이 논문의 일부를 인용해보면, 조선우생협회의 발기인은 크게는 비의사군과 의사군으로 나눌 수 있다. 특별히 의과대학을 졸업한 사람의 수는 전체 발기인 85명 중 25명에 달한다. 이는 당시 우생 관련 논의에서 서구의 근대과학, 특별히 유전학에 영향을 받는 의사들의 역할이 상당했음을 보여주는 것이다. 나머지 발기인은 당시 사회 전반에 걸쳐 큰 영향력을 가지고 있었던 교육가, 언론인, 정치인, 종교인들 다수를 포함하고 있으며, 우생 개념이 당시 중요한 사회 담론으로 자리하고 있었음을 알 수 있다. 또한, 발기인의 대부분은 일찍부터 서양 문물을 접했던 지식인들이었다. 더욱이 발기인의 상당수가 독일, 일본, 미국 등의 유학 경험을 가지고 있었다.

**** 그런 경향을 가장 노골적으로 보여주는 예가 박노자다. 그는 우생학의 역사를 체계적으로 공부하지 않은, 과학자도, 과학사가도 아닌 문학 전공자다. 박노자.

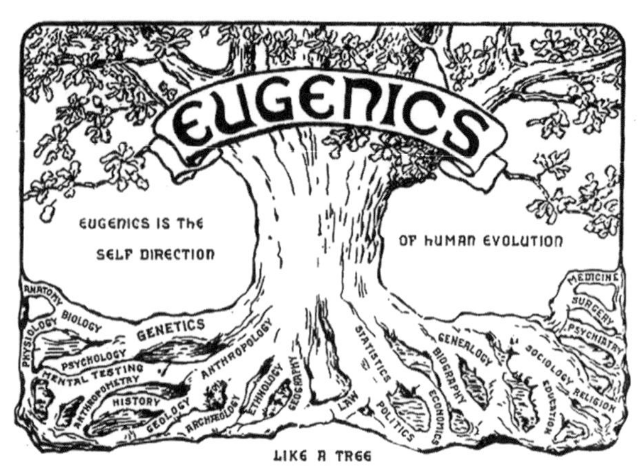

○ 우생학은 20세기 생물학의 주류였다. 20세기 우생학은 마치 생물학의 다양한 지식을 모두 흡수해 사회에 응용하는 나무 같은 이미지로 표현되기도 했다. 우생학자들 중에는 가장 진보적이라 할 수 있는 좌파들도 섞여 있었는데, 이들을 통해 과거 시점에서 우생학을 바라볼 필요가 있다.

출처 | the AmericanPhilosophical Society, Philadelphia, USA.

안 된다는 건 이제 상식이다. 하지만 그렇다고 해서, 우생학 운동을 무조건 나쁘게만 인식한다거나 과학자가 과학을 사회에 적용하려는 모든 시도를 제어하려는 시도는 과학과 사회 모두에 좋은 선택이 아니다. 바로 그 이유를 20세기 초반 좌파 우생학left eugenics 운동을 주도하던 과학자들과, 그 운동으로부터 등장한 〈유전학자 선언The Geneticists' Manifesto〉을 통해 알아볼 것이다.

대니얼 폴Daniel Paul의 논문 〈우생학과 좌파Eugenics and the Left〉는 바로

(2003). 우생학 연구자여 반성하는가? 〈한겨레 21〉 제481호.

과학과 과학의 사회적 적용 그리고 과학자의 사회적 활동에 대한 흥미로운 이야기를 전해준다.* 우생학의 역사가 흔히 19세기 사회다윈주의social darwinism의** 확장 정도로 여겨지는데, 이런 방식의 단순한 구분은, 사회다윈주의를 주장하던 보수적이었던 세력과 비견되는 좌파 그룹(여기에는 여성운동 세력도 포함된다), 특히 바로 이 좌파 그룹이 왜 열광적으로 우생학을 옹호했는지에 대한 사회/역사적 맥락을 놓치게 만든다. 흔히 '볼셰비키 우생학'으로 불리던 운동이 존재했고, 영국과 미국의 생물학자들과 이들에 동조하는 다른 학문 종사자들 사이에는, 사회적 이상향으로 소련을 상정하고, 소련이라는 사회를 통해 우생학이라는 생물학적 실험을 할 수 있다는 기대가 공유되고 있었다. 특히 이들은 소련처럼 불평등이 사라진 사회에선, 우생학 실험을 통해 인류의 진보를 도모할 수 있다고 생각하는 데 아무 주저함이 없었다.[23]

사회주의자이자 당대 이미 유명한 진화유전학자였던 J. B. S. 홀데인은, 그의 책《유전과 정치학Heredity and politics》을 통해서[24] 우생학에 대한 태도는 좌파 혹은 우파 등의 정치사상에 대응하지 않는다고 말한다. 많은 사회과학자들이 홀데인 같은 좌파 우생학자들이 훗날 우생

* Paul, D. (1984). "Eugenics and the Left", *Journal of the History of Ideas*, 45(4), 567-590. doi.org/10.2307/2709374
다음 책에는 우생학과 당시 정치의 상관관계에 대한 더 많은 글들이 실려 있다. Paul, D. B. (1998). *The politics of heredity: Essays on eugenics, biomedicine, and the nature-nurture debate*, SUNY Press.

** 허버트 스펜서 등을 중심으로 19세기 말 영국에서 펼쳐진, 정치적으로는 제국주의와 우익에 가까웠던 이념이다. 스펜서는 다윈주의를 사회로 확장해서, 제국주의적 침략을 정당화하는 이론을 만들었다.

학을 비판한 이유가 우생학이 반계급적인 성격을 지녔기 때문이라고 주장했지만, 사실 홀데인은 죽을 때까지 우생학을 새롭게 재공식화할 생각을 했지, 우생학을 축출하겠다는 생각을 한 것이 아니다. 좌파 우생학자라고 부를 수 있는 홀데인, 랜슬롯 호그벤Lancelot Hogben, 조지프 니덤Joseph Needham, 줄리언 헉슬리 등은 모두 당대에 과학자로 유명했고, 당시 사회에서 가장 진보적이라고 부를 수 있는 지식인이었다.* 당시 상당수의 좌파에게, 우생학은 기본적인 과학적 사상이었다. 홀데인 같은 과학자조차, 천재들의 정자를 냉동보관해서 이를 여성들이 이용하면 모든 인류가 다윈이나 뉴턴 같은 천재가 될 수 있다는, 지금 생각하면 어이없는 생각에 동의하곤 했다.

하지만 우생학 운동은, 좌파와 우파를 가리지 않고 1940년대를 기점으로 아주 빠르게 소멸되어 1960년대가 되면 자취를 감춘다. 어떤 이들은 그 이유를 유전학이 발견한 다형유전성polygenic이나 유전자-환경의 복잡한 상호작용 때문이라고 말한다. 1939년이 되면 멀러가 주도한 〈유전학자 선언Geneticists' manifesto〉을 통해 좌파 우생학자들이 공유하던 생각이 뚜렷해진다. 이들은 더는 강력하게 인종의 개량을 주장하지 않고, 오히려 사회적 불평등의 개선을 촉구하기 시작한다. 이 선언에 동참한 과학자 중에는 도브잔스키도 있었는데, 도브잔스키는 우생학에 중립적인 생각을 지닌 인물이었고, 멀러와는 완전히 다른 의견을 지니고 있었다. 예를 들어, 멀러와 같은 생리학 전통에서 진화에 접근한 우생학자는 좋은 형질을 선택해서 이를 선택교배하면 인류의 형

* 이건 우생운동을 전개했던 조선의 독립운동가들도 마찬가지다.

질이 좋아진다는 생각을 하고 있었지만, 도브잔스키는 자연계에 보이는 변이의 다양성 자체가 인류의 진보라고 생각했다. 즉 유전적 다양성과 인류의 진보에 대해 이처럼 극단적인 생각을 갖고 있던 멀러와 도브잔스키 모두가 유전학자 선언에 서명했다는 건, 이 선언을 이끈 사회적 분위기와 그 추동의 원인이 과학이나 논리 내부에 있지 않았음을 증명한다. 리처드 르원틴Richard Lewontin이** 회고했듯, 유전학자 선언에 서명한 모든 과학자들은 "인간의 생물학적 본성이 가진 가장 큰 특징은, 바로 인간이 자신의 생물학적 본성에 구속되지 않는다는 것"이라는 하나의 논리에 동의했고, "인류가 만든 사회적 제도와 문명의 기원이 어떤 인종이나 계급의 유전적 특성 때문이 아니"라는 상식을 공유했다.

사실 당시 과학적 시각으로만 본다면, 우생학적 시각은 아무런 내적 모순이 없었다. 과학자들은 원래 새로운 이론에 열광하는 직업군이고, 그 새로운 이론을 중심으로 모이는 경향이 있다. 상대성이론이 그랬고, 양자역학이 그랬으며, 다위니즘이 그랬다. 우생학은 유전학이 생물학의 중심으로 떠오르던 시기에 바로 그 새로운 패러다임이었고, 대부분의 생물학자들은 우생학을 중심으로 모여 있었다. 바로 그렇기 때문에 현대적 시각으로는 생물학적 결정론이라고 비판받아 마땅한 우생학 운동이, 정치적으로 우익, 리버럴, 마르크스주의자, 비마르크스

** 초파리 유전학을 통해 진화생물학을 연구했던 생물학자이자, 과학적 사회주의자로 유명한 과학자 스티븐 제이 굴드의 친한 동료이기도 했다.

사회주의자, 좌익 모두에게서 지지받을 수 있었던 것이다.* 20세기 초반의 모든 유전학자들은, 인류의 구원을 위한 하나의 방법이 유전자를 개량하는 것이라는 데 별다른 이의가 없었고 이를 당연하게 받아들였다. 그들의 정치적 스펙트럼이 다양하다고 해도, 현대의 시각으로는 그들 모두를 유전적 제국주의자라고 부를 수 있을 것이다.

우생학의 몰락은 아주 거대한 사회적 변화로 인해 시작되었고, 그 몰락은 순식간이었다. 독일에서 나치가 우생학을 근거로 인종청소를 감행했고,** 스탈린이 소련을 장악했으며, 세상은 정치적으로 혼란스러웠고, 전운이 감돌고 있었다. 1920~30년대 멀러, 홀데인, 헉슬리, 니덤 등의 좌파 우생학자들은, 그들의 우생학적 주장이 우파우생학의 인종/계급 차별과 다른 운동이라는 걸 주장하기 위해 싸우는 동시에, 극단적인 좌파 환경 결정론자environmentalist들과도 싸워야 했다. 하지만 1940년대가 되면, 2차 세계대전이 발발하고, 우파의 인종/계급적 차별은 파시즘으로, 극단적 환경론은 소련에서 리센코주의로 변질된다. 이 양극단과의 불안한 경계의 중간에 있던 좌파 우생학은 이 거대한 정치적 소용돌이 속에서 신속하게 정당성을 상실했다. 특히 좌파 우생

* 현대에는 심지어 과학자들에게도 돈이 종교이지만, 20세기 초반만 해도 과학자들에게 과학은 종교와 비슷한 이념이었다. 당시 과학자들에게 과학적 이론과 증거 그리고 거기서 파생되는 사회적 사상은 정치사상에 우선했다.

** 생물학자들의 나이브한 응용학문과 장광설에 불과하던 우생학이 미국과 독일에서 제도 속에 편입되면서 나타나는 현실은 이 논문을 참고할 것. 박희주. (2000). 새로운 유전학과 우생학. 〈생명윤리〉 1(2), 14-28.

학자 중 일부는 소련에서 탈출해야 했다.*** 그 소련은 1930년대 좌파 우생학자들이 우생학적 실험을 수행할 평등한 기회가 주어지는 유일한 이상적 사회로 생각했던 곳이었다. 좌파 우생학자들은 서양의 산업화와 자본주의가 불평등을 만든다고 생각했고, 서구 사회의 불평등에 불만이 많았다. 대공황은 그 증거였다. 1940년대에 접어들면서, 더 이상 소련이 그들의 기대하던 이상적 사회가 아님이 증명되었고, 좌파 우생학의 작은 희망조차 사라진다.

그렇다고 끝난 건 아니었다. 20세기 초반, 아직 과학정신이라 부를 만한 열정이 살아 있던 그 시대에, 과학자들에게 과학적 논리는 종교보다 강렬한 이념이었다. 히틀러의 인종청소를 거쳤지만, 좌파 우생학자들은 1960년대까지도 우생학을 주장했다. 물론 이전처럼 강하게 주장하지 않았을 뿐이다. 그들은 생각을 바꾸지 않았고, 좌파 우생학 그룹으로 더는 새로운 학자들이 유입되지 않았기 때문에 그 명맥은 유지되지 않았다. 그들 대부분이 죽을 때까지 사회의 진보와 인간의 생물학적 진보의 연관관계를 고민했다. 그들의 제자들은 이미 달라진 사회환경 속에서 스승의 의견을 공공연하게 내세우지 않았다. 1970년대 에드워드 윌슨의 사회생물학sociobiology이 재등장하는 건, 아마도 1940년대의 끔찍한 기억이 사라진 것과 관계가 있을 것이다. 우생학이라는 유전학자들의 열망은 사라진 게 아니라 사회적/정치적 환경의 변화 속에서 수면 아래로 가라앉아 있었을 뿐이다. 에드워드 윌슨은, 바로 그 증거다.

*** 이전 꼭지의 멀러를 참고할 것.

좌파 우생학 운동이 보여주는 가장 흥미로운 특징은, 이들 대다수가 스스로를 좌익으로 자처했고, 당시 가장 진보적인 지식인이었다는 점이다. 1920~1940년대 영국의 과학계는, 스스로를 좌익이라고 부르는 과학자들로 북적였다. 그들 대부분은 스스로를 J. D. 버널의 《과학의 사회적 기능》이라는[25] 저술에서 영향을 받았고, 스스로를 'Bernalist'라고 불렀다. 과학사가 게리 워스키Gary Wersky는 이들 과학자 집단을 '보이는 대학Visible College'이라고 불렀는데, 17세기 로버트 보일이 정치적 문제에는 관여하지 않고 오로지 학문 연구만을 위한 비밀 모임인 '보이지 않는 대학Invisible College'을 만든 것과 대비하기 위해서였다.*

J. D. 버널, J. B. S. 홀데인, 랜슬롯 호그벤, 하이먼 레비 그리고 조지프 니덤 등으로 일별되는 좌파 과학자들은 과학과 정치를 구별하지 않았다. 그들에게 연구와 정치는 구분되는 개념이 아니었고, 이에 대한 논리적 근거는 버널이 제공했다. 과학은 사회 속에서 기능하고, 사회를 유지하고 더 건강하게 만들기 위해서 필요하며, 과학적 방법론과 사유는 사회의 발전을 도울 수 있다. 또한 반대로, 그런 이유 때문에 사회는 과학을 지원해야 한다. 이들에게 더 많은 과학은, 더 많은 민주주의를 의미했다. 20세기 초반의 영국에서 이들 모두가 빨갱이로 몰렸고 니덤은 중국으로 도피까지 해야 했다. 니덤은 자신의 연구 주제였던 발생생화학 연구의 진척이 언제나 정치 문제 때문에 더디게 진행되었음을 아쉽게 여겼지만, 훗날 중국의 근대와 문명을 과학사가로

* 이에 대한 책이 송진웅에 의해 《과학과 사회주의》라는 제목으로 번역되어 있다.

조명하는 작업을 진행하면서도 정치적 삶을 후회하지는 않았다. 그리고 이들 모두가 사랑했던 과학자 버널이 정치적 논쟁에 자주 휩싸이고 동료 과학자들에게까지—예를 들어 물리학자 러더퍼드E. Rutherford는 버널이라면 질색을 했다—욕을 먹으면서도 과학자로 사회변혁의 일선에 서는 이유를 그의 친구 폴 랑주뱅P. Langevin은 이렇게 대변했다.

> "내가 할 수 있는 과학 연구는 다른 사람들이 할 수 있고, 또 할 것이다. 머지않아 그렇게 될 수도 있고, 한동안 시간이 걸릴 수 있다. 그러나 정치적 활동이 없다면 미래에 과학은 아예 존재할 수 없을 것이다."

우생학의 역사에 관련되어 있긴 하지만, 좌파 우생학자들은 선의로 사회적 변혁에 동참한 지식인이었다. 특히 버널은 20세기 초 영국의 정치적 격변기의 아이콘이었고, 동시에 위대한 과학자였다. 좌파 우생학의 역사로부터 우리가 배워야 하는 교훈은 바로 이 점이다. 과학자가 자신의 학문적 배경을 통해 사회와 조우하고, 또 나아가 사회를 변화시키려는 노력들이, 단지 우생학과 핵폭탄 같은 이유로 인해 좌절되어야 할 필요는 없다. 좌파 우생학의 역사와 이후 민중을 위한 과학을 주장한 과학자들의 역사는, 과학자의 사회적 참여가 중단되어서는 안 된다고 말한다. 특히 한국처럼 과학자가 사회적 변화의 중심에 서본 역사가 없고, 언제나 정치의 주변부에서 수동적이고 노예 같은 직업군으로 정체성을 구성해온 사회에선 더욱 그렇다.

우리에겐 버널 같은 과학자가 없고, 정치의 일선에 나서는 과학자들이 있다 해도 버널처럼 이미 과학자로 성공한 이후에 과학을 통한 투철한 철학으로 무장한 인물도 없다.* 특히 한국에선 과학자의 정치를 무력화하는 박정희 시대의 패러다임이 여전히 강력한 무의식으로 기능하고 있다. 박정희 시대에 만들어진 과총 같은 어용조직이 여전히 과학자들의 대변인을 자처하며 우습지도 않은 퍼포먼스를 일삼고, 과학자로 업적은 쥐꼬리만큼도 없는 정치과학자들이 정치 관료들과 합작해 연구비를 좌지우지하는 한국에서, 20세기 영국의 좌파과학자들이 이끌었던 사회변혁의 운동은 음미해볼 만하다. 과학자가 정치를 하면 달라야 하고, 다를 수 있다. 한국의 과학공동체도 이제 새로운 정치를 꿈꿀 때가 됐다. 아인슈타인을 위한 정치, 다윈을 위한 정치, 그것도 아니면 초파리를 위한 정치라도, 작은 한 걸음엔 의미가 있을 것이다.**

1939년, 멀러가 주도하고 당시 유전학계를 이끌던 과학자 모두가 서명한 〈유전학자 선언〉은 바로 과학자의 사회적 참여에 대한 하나의 대답이다. 사회주의자 멀러는, 자신의 학문인 유전학의 사회적 적용과, 사회 속에서 과학의 위치를 치열하게 고민했던 지식인이었다. 그는 레닌의 독트린을 유전학적으로 검토하기도 했다. 〈유전학자 선언〉은 당대 유전학자들의 지식인다운 면모가 드러나는 사건으로 파악해야 한다. 이제 그런 과학자이자 지식인인 사람을 찾기 힘든 시대가 됐다. 유전학자들에게서조차도 잊힌 이 선언을 오늘날에 되살린다는 것

* 김우재. (2014). 텅 빈 지대: 한국사회 진보진영의 지형도와 버널 사분면(진보적 과학지식인 그룹)의 정립을 위한 소고. 〈말과활〉, 3, 52–63.

** 필자의 졸고에 이와 비슷한 주장이 담겨 있다. 김우재. (2010). 아인슈타인을 위한 정치. 〈새사연 칼럼〉.

은, 과학과 과학자가 한 사회에서 정상적으로 기능할 때에만, 그 사회가 정상적으로 작동한다는 버널의 사상이 한국사회에서도 받아들여지길 바라는 염원일 것이다.***

유전학자 선언: 사회적 생물학과 인구집단의 개선을 위하여****

"전 세계 '인구 집단을 가장 효율적인 유전적 상태'로 향상시키는 방법은 무엇인가?"라는 의문은 순수하게 생물학적인 문제보다 훨씬 더 광범위한 문제를 제기한다. 생물학자들이 자신의 분야 내에서만 통용되는 원칙을 실천하려고 노력하는 순간, 필연적으로 이 문제와 맞닥뜨리게 된다.

인류의 효율적인 유전적 향상effective genetic improvement을 위해서는, 사회 조건의 중요한 변화는 물론 그에 상응하는 인간적 태도의 변화도 필요하다. 효율적인 유전적 향상을 위한 첫 번

*** 〈유전학자 선언〉 번역은 열정적인 과학 번역가 양병찬 선생님과 필자가 함께했다. 많은 이들이 읽어 과학과 과학자에 대해 새로운 눈을 뜰 수 있기를 바란다.

**** 다음 문헌에서 옮겼다. The Geneticists' Manifesto(1939) or Social Biology and Population Improvement, by H. J. Muller. Crew, F., Haldane, J., Harland, S. & Hogben, L. (1939). MEN AND MICE AT EDINBURGH. J. Hered. 크루는 이 글에서 선언이 이루어지던 상황을 다음과 같이 전한다. "2차 세계대전이 발발하기 불과 사흘 전, 스코틀랜드 에든버러에서 열릴 예정이던 제7차 세계유전학자대회가 연기되었다. 충격이 시작되기 직전, 대회에 참석하기 위해 모인 무리의 유전학자들이 비공식적으로 작성한 〈인간의 유전적 권리에 관한 에든버러 헌장Edinburgh Charter of the genetic rights of man〉을 회고한다는 것은 흥미로운 일이다. 새로운 지평과 네 가지 자유(언론과 표현의 자유, 종교의 자유, 결핍으로부터의 자유, 공포로부터의 자유)에 대한 선언서를 발표하는 이 시점에서, 매우 침통한 시기에 뜻깊은 생각을 가진 유전학계의 지도자들 몇 명이 앞장서 작성하고 서명한, 근본적 내용이 담긴 성명서를 되새겨보는 것도 과히 나쁘지 않을 듯싶다."

째 전제조건은, 모든 사회 구성원들이 태어나면서부터 거의 동일한 경제적·사회적 조건을 갖춰야 한다는 것이다. 만약 상이한 개인들을, 태어나는 순간부터 여러 특권계층으로 나눈다면, 그들의 내재적(유전적) 가치를 평가하고 비교할 수 있는 타당한 기준이 존재할 수 없다.

효율적인 유전적 향상의 두 번째 전제조건은, 상이한 민족·국가·인종 간의 적대감을 조장하는 경제적·정치적 걸림돌을 제거하는 것이다. 전쟁과 경제적 착취로 귀결되는 경제적·정치적 걸림돌을 제거하기 전에는, '좋은 유전자나 나쁜 유전자는 (주어진 형질을 가진) 민족이나 개인의 전유물'이라는 비과학적 교리教理와 인종적 편견을 철폐하는 것이 불가능하다. 이를 위해서는 모든 민족의 공통적 이해관계에 기반한 효과적인 세계 연합이 필요하다.

세 번째로, 모든 부모들이 경제·의료·교육을 통해 자녀를 출산하고 양육할 수 있도록, 상당한 정도로 경제적 안정을 보장해야 한다. 만약 그렇지 않다면 추가 출산의 부담이 과중해지므로, 미래 세대의 가치를 고려한 적극적인 자녀 양육을 기대할 수 없다. 특히 여성은 남성보다 임신과 양육의 영향을 많이 받으므로, 생식 의무가 삶과 사회활동 전반의 참여 기회를 크게 방해하지 않도록 특별히 보호받아야 한다. 만약 소비자와 근로자의 이익을 배려하는 생산조직이 존재하지 않거나, 고용조건이 부모(특히 어머니)의 요구를 수용하지 않거나, 거주지·마을·공동사회의 서비스가 어린이의 복지를 우선적으로 고려하여 재형성되지 않는다면 이러한 목표는 달성될 수 없다.

효율적인 유전적 향상의 네 번째 전제조건은, 좀 더 효과적인 산아 조절birth control 수단을 법제화하고, 보편적으로 전파하며, 과학연구를 통해 더욱 발달시키는 것이다. 산아 조절은 촉진과 억제를 모두 포함하며, 모든 생식 단계에서 효과를 발휘할 수 있어야 한다. 그중에는 자발적인 임시적·영구적 불임, 피임, 유산(3차 방어선), 출산능력과 생리주기 조절, 인공수정 등이 있다. 이와 더불어 자녀출산에 대한 사회적 의식과 책임도 발달해야 한다. 그러나 앞에서 언급한 경제적·사회적 조건이 갖춰지지 않거나, 현재 만연하는 성性과 생식에 대한 미신적 태도가 과학적·사회적 태도로 대체되지 않는다면 이러한 발달을 기대할 수 없다. 이러한 조건들이 모두 충족되면, 양육과 유전적 자질이라는 두 가지 측면에서 가능한 한 최선의 자녀를 보유한다는 일이, 어머니(혼인모와 미혼모를 모두 포함함)와 부모에게 의무가 아니라 명예와 특권으로 간주될 것이다. 늘 자발적인 것은 아니지만, 인위적 요소가 개입된 출산의 경우에도 상황은 다르지 않다.

다섯 번째로, 국가나 전 국민이 합리적인 출산장려 정책을 받아들이기를 기대하기 전에, 생물학적 원칙에 대한 지식을 광범위하게 전파하고 '환경과 유전은 인간의 복지를 지배하는 불가분의 상보적 요소'라는 진실을 널리 인식시켜야 한다.(단, 환경과 유전은 모두 인간의 잠재적 지배하에 있으며, 상호 의존하며 무제한적으로 진보할 수 있다) 환경조건이 개선되면, 위에서 언급한 방식으로 유전적 향상의 기회가 증가한다. 그러나 명심해야 할 것은, 향상된 환경이 생식세포에 직접적인 영향력을 발휘하는 것이 아니기 때문에 라마르크의 주장은 틀렸다는 것이다. 참고로, 라마르크의 주장은 다음과 같다. (1)신체적·정신적 발달 기회가 많은 부모들은 그 결과를 자녀에게 생물학적으로 대물림한다. (2)결과적으로, 지배적인 계층과 집단은 비특권 계층보다 유전적으로 우월하게 된다.

요컨대, 어떤 세대의 내재적(유전적) 특질이 선행세대보다 우월하게 되는 것은, 오로지 선택selection을 통해서만 가능하다. 즉, 선행세대에서 유전적 자질이 우수한 집단은 다른 집단보다 의식적 선택(또는 생활방식의 무의식적 결과)을 통해 자녀를 많이 낳는다. 현대의 문명화된 조건에서는 원시조건에서보다 무의식적 선택의 가능성이 매우 낮으므로, 일종의 의식적인 선택 유도guidance of selection가 필요하다. 그러나 의식적인 선택 유도가 가능하려면, 그에 앞서서 전술한 원칙들의 영향력과 '현명하게 유도된 선택'의 사회적 가치를 평가해야 한다.

여섯 번째로, 의식적 선택은 합의된 방향을 요구하는데, 만약 광범위한 사회적 동기가 존재하지 않는다면 그 방향은 사회적일 수 없으며, 인류 전체의 이익에 도움이 되지 않는다. 그리고 사회적 동기는 사회적 조직화를 의미한다. 사회적 관점에서 볼 때, 가장 중요한 유전적 목표는 (1) 건강, (2) 지능, (3) 기질과 관련된 유전형질을 향상시키는 것이다. 여기서 기질이란 대부분의 현대인들이 높이 평가하는 개인적 성공이 아니라, 동료의

식과 사회적 행동을 선호하는 특질을 말한다.

생물학적 원칙을 좀 더 광범위하게 이해함에 따라, 우리는 '유전적 퇴보genetic deterioration를 방지하는 것' 이상의 목표를 추구해야 함을 깨닫게 될 것이다. 또한 건강, 지능, 기질의 집단 평균을 (현재 고립된 개인에 존재하는) 최고 수준에 가깝도록 상승시킨다는 것은, 순수하게 유전적인 측면만을 고려할 때 비교적 소수의 혈통 내에서 물리적으로 가능한 성과임을 깨닫게 될 것이다. 따라서 모든 사람들은 천재성genius(물론 이것은 안정성stability과 결합된다)을 자신의 생득권birthright으로 간주하게 될 것이다. 그리고 진화과정이 보여주는 것처럼, 이는 최종 단계를 의미하는 게 아니라 미래에 더욱 진행될 것임을 암시하는 징조일 뿐이다.

그러나 그러한 진보의 효율성은 인간 유전학 및 그와 관련된 다양한 분야에서 점점 더 광범위하고 강도 높은 연구를 요구한다. 이를 위해서는 인간의 내적 구조inner constitution를 중심주제로 격상시킴과 동시에, 다양한 의학, 심리학, 화학, 심지어 사회과학 분야 전문가들과의 협동 작업이 요망된다. 인체의 조직은 놀랍도록 복잡하며 유전학 연구에는 각별한 어려움이 내재하므로, 지금껏 생각해왔던 것보다 훨씬 더 정확하고 분석적인 대규모 연구가 필요하다. 그러나 이는 인간의 마음이 전쟁과 미움과 '최저생활을 위한 투쟁'에서 벗어나, 좀 더 커다란 목표를 공동으로 추구할 때 가능하다.

그러한 인간의 힘이 발휘될 수 있는 경제재건economic

reconstruction 단계에 도달한 날은 아직 요원하지만, 그것을 대비하는 것은 우리 세대의 과제다. 그러한 길을 지향하는 모든 발자국은 인류가 지금껏 꿈꾸지 못한 궁극적인 유전적 향상의 가능성에 보탬이 될 뿐 아니라, 좀 더 직접적으로는 현대문명을 위협하고 있는 당면한 인간악human evil을 극복하는 데도 밑거름이 될 것이다.

[원原 서명인]

F. A. E. 크루, J. S. 헉슬리, J. B. S. 홀데인, H. J. 멀러, S. C. 홀랜드, J. 니덤, L. T. 호그벤.

[추가 서명인]

G. P. 차일드, C. L. 허스킨스, P. R. 데이비드, W. 랜다우어, G. 달버그, H. H. 플라우, Th. 도브잔스키, E. 프라이스, R. A. 에머슨, J. 슐츠, C. 고든, A. G. 스타인버그, 존 해먼드, C. H. 와딩턴

박테리오파지에서 초파리로

초파리 유전학은 20세기 초반에 시작해 30년도 안 되어서 미국이 가장 자랑하는 과학으로 성장했고, 1933년 모건이 노벨상을 받은 이후엔, 꽤 잘나가는 과학 분야가 되어 있었다. 젊고 재능있는 과학자들이 모건의 실험실로 몰려들었고, 모건이 칼텍으로 옮긴 후엔 물리학과 화학의 배경을 지닌 막스 델브뤼크와 조지 비들George Beadle 같은 걸출한 과학자들이 모건과 공동연구를 하며, 유전자와 단백질의 상호작용을 연구하고 있었다. 토머스 헌트 모건의 전기를 쓴 갈런드 앨런Garland Allen은 초파리 유전학이 막스 델브뤼크처럼 분자생물학의 태동을 주도했던 학자를 통해 1950년대 시작된 분자생물학 혁명에 기여했다고 말한다. 하지만 그 도움은 간접적이었다.[26]

○ 막스 델브뤼크는 양자물리학에서 생물학으로 건너온, 진정한 융합의 선구자였다. 하지만 그는 모건의 실험실에서 초파리를 연구하다 그만둔 전력도 있다. 그는 물리학의 원자를 찾아 헤맸는데, 초파리는 지나치게 복잡해 보였기 때문이다. 그의 제자 시모어 벤저가, 델브뤼크가 못다 이룬 꿈을 이룬다.

오히려 고전유전학과 진화유전학은 분자생물학의 시대를 맞아 처음엔 휘청거렸다. 어찌 됐든 두 생물학은 전적으로 생물학적 개념과 생물학적 기법들—비록 베르나르의 실험생리학이 물리화학적 설명을 선호했지만—로 이루어져 있었는데, 이제 정말 물리학자들과 화학자들이 주도하는, 분자 수준의 설명이 가능한 혁명적인 과학이 등장하고 있었기 때문이다. 마치 1980년대 한국에서 스터티번트와 도브잔스키의 연구 프로그램에 익숙하던 유전학자들이 조용히 사라지듯, 미국에서도 1970년대까지 초파리 유전학자들은 왓슨과 델브뤼크의 파지 그룹을 중심으로 하는 새로운 실험기법과 연구 프로그램으로 무장한 젊은 생물학자들 때문에 주목받지 못했다. 기회는 1971년 호그네스 David Hogness가 연속적으로 겹치는 DNA 절편들을 이용해서 초파리 염색체를 분자 수준으로 해독하자는 제안을 하면서 시작됐다.* 이후 호그네스와 에드 루이스Ed Lewis 등의 학자들의 노력으로 고전유전학은 분자생물학과의 동거에 성공한다. 핵심은 초파리 유전학자들 사이에 이미 분자생물학의 전통에 익숙한 이들이 존재했고, 그들이 DNA 수준에서 초파리를 연구할 도구들을 갖추고 있었기 때문이다. 1980년대가 되면 유전공학을 이용한 대단위 초파리 돌연변이들이 만들어지기 시작하고, 자넬리아의 수장 게리 루빈은 바로 그 시기에 초파리 유전학에 발을 디딘다.

그리고 또 한 사람, 초파리 행동유전학을 창시했던 시모어 벤저는

* 다음 논문을 참고할 것. Arias, A. (2008). "Drosophila melanogaster and the development of biology in the 20th century", *Drosophila*.

이 시기에 분자생물학자로 경력을 시작했다. 그의 스승은 막스 델브뤼크로** 이미 언급되었듯이 양자역학을 연구하던 물리학자였다.*** 고전유전학의 시대에서 멈춰 있던 초파리 유전학을 행동유전학으로 끌어올려 다시 초파리의 전성시대를 만든 인물이 분자생물학의 전통에서 등장했다는 사실에 주목할 필요가 있다. 바로 이 사실이 초파리 행동유전학의 연구 프로그램이 여전히 도브잔스키의 제자들의 진화유전학과 깊이 상호작용하지 못하고, 똑같은 교미시간을 연구하는 두 실험실 간에 대화가 없는 이유이며, 로마네스가 다윈의 약점을 발견하고, 베르나르가 자연사 연구를 경멸하고, 도브잔스키와 스터티번트가 갈라섰으며, 그럼에도 불구하고 초파리 유전학이 두 생물학의 교점에서 언제나 다리를 열어줄 수 있는 이유다. 그것이 바로 진사회성의 유전학적인 이해를 위한 연구 프로그램이, 에드워드 윌슨의 사회생물학과 다를 수밖에 없는 이유기도 하다. 꿀벌의 유전체를 편집하고, 초파

** 필자의 멘토 유넝은 막스 델브뤼크에게서 박사학위를 받고 시모어 벤저 실험실에서 박사후연수를 했다.

*** 이 시기의 이야기를 다룬 필자의 글들은 모두 〈사이언스타임즈〉의 〈미르 이야기〉와 〈꿈의 분자〉에 저장되어 있다. 이 책은 초파리 유전학의 관점에서 분자생물학과의 연결점만을 다루고, 분자생물학이라는 학문 자체의 발전과정은 다루지 않는다. 미셸 모랑주의 《분자생물학》과 필자의 졸고들을 참고하면, 분자생물학이라는 거대한 혁명이 어떻게 일어났는지 알게 될 것이다. 다만, 모랑주는 그의 책에서 실험생리학이 어떻게 분자생물학과 만나게 되는지 다루지 않았다. 단순히 생화학과 유전학의 만남으로 분자생물학을 설명한다면, 그건 반쪽짜리 설명이 될 뿐이다. 분자생물학과 생화학의 지적 사유와, 그 두 상호 갈등하던 전통이 실험생리학과 연결되는 지점과 이후 벌어진 생화학과 분자생물학의 융합에 관해서는 스콧 길버트의 다음 논문이 참고가 될 것이다. Gilbert, S. F. (1982). "Intellectual traditions in the life sciences: Molecular biology and biochemistry", *Perspectives in Biology and Medicine*, 26(1), 151-162.

리에 꿀벌의 유전자를 도입하는 연구는, 자연사 전통에서 정상적으로 진화를 연구하는 방식이 아니기 때문이다.

두 생물학은 이미 이 책에서 설명한 것보다 훨씬 복잡한 양상으로 다양한 분야에 걸쳐 반목하고 상호작용하며 몇 세기를 지속해온 생물학의 두 전통이다. 다만, 초파리라는 동물이 다윈과 멘델의 공통적인 관심 분야인 유전의 원리를 연구하는 모델생물이 되었고, 여기에 실험생리학의 전통이 합쳐질 수 있었기 때문에, 두 생물학은 완전히 이혼한 상태가 아닌 별거의 상태라도 유지할 수 있었다.

도브잔스키는 이후 진화의 근대종합의 한 기수가 되고* 다윈의 종 분화를 자신이 설명해냈다는 독단을 서슴지 않게 된다. 특히 그는 분자생물학의 패러다임을 가지고 진화생물학에 입문한 분자진화의 연구자들에게 독설을 퍼부었고, 진화라는 현상을 생물학의 도그마로 만드는 선언까지 만들기에 이른다. 바로 이 지점이 진화생물학의 이론 중심주의가 실험생물학자들의 겸손함과 부딪히는 지점이다. 실험가는 섣부른 일반화에 언제나 조심스럽다. 실험은 실험가의 의지대로 흘러가지 않기에, 실험은 언제나 겸손을 배우는 과정이기 때문이다. 진화생물학의 대중화 기수들은 마치 생물학이 하나인 듯이, 생물학으로 세상 모두를 설명할 수 있을 듯이, 학문 밖의 테두리에서 너무 많은 장난을 쳤다. 생물학이 제자리를 찾는다는 것은, 진화생물학만으로 생물학의 과학 대중화를 주도해, 다른 생물학의 전통을 잊게 만든 그 길을 제

* '분자전쟁: 다윈에서 황교주까지'(heterosis.net/archives/1260)와 마틴 브룩스의 《초파리》를 다룬 서평 '진화분자의 두 생물학 전통위에 초파리 날다'(〈한겨레 사이언스온〉, 2010) 참고.

자리로 돌리는 일이다. 과학이론의 수명이 마치 자연계의 종처럼 멸종한다는 사실은, 이미 과학자들에겐 상식과 같은 일이다. 자신의 이론을 도그마로 만드는 일은, 그것이 아무리 이론 중심적인 과학의 운명일지라도 바람직한 일은 아니다. 실험과학은 그 미덕을 가르치는 전통이다. 과학은 철학적 사변이 아니다. 한국 과학교양 도서 시장이, 생물학의 일부에 불과한 진화생물학 교양서들과, 과학적으로 제대로 검증되지 않은 진화심리학 류의 자극적인 소재들로 가득 찬 건 슬픈 일이다. 생물학은 하나가 아니다. 실험과학자들은 진화생물학자들처럼 화려하고 매력적인 이론을 만들지도 못할뿐더러, 대중서를 쓰는 데는 더 수줍다. 그렇다고 해서, 생물학이 가령 진화생물학으로 통일된다고 생각해선 안 된다. 진화생물학만 존재한다면, 그 생물학은 오래가지 못해 스스로 자멸하거나 종교가 될지도 모른다. 바로 클로드 베르나르는 그런 종합을 우려했다.

> "오늘날 생물학 전체의 종합을 기도하려 하는 무리들은 자신들이 이러한 과학의 현 상태에 대한 정확한 인식을 가지고 있지 못함을 스스로 증명하고 있다. 오늘날에는 겨우 생물학의 문제가 막 제안되었을 뿐이다. 기념비를 세울 것을 생각하기 전에 우선 돌을 모으고 그것을 필요한 크기로 자르지 않으면 안 되듯이, 먼저 생물과학을 구성할 사실들을 수집하고 준비하지 않으면 안 된다. 이 역할의 수행은 실험의 임무이다. 방법은 이미 확립되어 있다. 그러나 분석하지 않으면 안 될 현상이 지극히 복잡하기 때문에, 현재로서는 과학의 참다운 선구자는 분석 조

작에 어떠한 단순한 원리를 부여해줄 수 있는 사람, 혹은 실험 도구를 발명해내는 사람일 것이다. 또 사실이 극히 명료하게 실증되고, 또 충분히 많이 존재하고 있을 때에도 종합은 결코 쉽게 완수되지 못할 것으로 생각된다. 진보의 도상에 있는 실험과학, 그중에서도 생물학과 같은 복잡한 과학에 있어서는 새로운 관찰도구나 실험기구의 발명이 많은 체계적 혹은 철학적 논의들보다 훨씬 공헌하는 바가 크다고 나는 확신한다."[27]

하지만 베르나르가 실험실을 차리고 사색적인 생리학에서 벗어나 실험생리학의 방법론을 정초하게 된 장소가 자연사박물관이라는 사실은 재미있는 교훈이다.* 두 생물학은 서로 아무리 미워하고 반목해도, 함께할 수밖에 없는 적대적 공생의 운명을 지닌 학문인 셈이다.

* 한국에서 공룡박사로 통하는 이정모 서울시립과학관장이 생화학을 전공했다는 것도 즐거운 일이다. 그는 실험생물학의 전통에서 진화생물학을 연구하고 알리는 것이 가능하다는 것을 온몸으로 보여주고 있다.

화이부동의 과학

과학철학의 시작은 물리학이라는 과학이 어떻게 그렇게 정확하게 세상을 설명할 수 있는지에 놀란 철학자들의 반응이었다. 과학철학자 고인석은 물리학과 생물학에서 인과causation, 즉 "사건 A의 원인은 무엇인가?"라는 개념이 어떻게 서로 다른지를 분석하며 다음과 같이 말한다.

> "생물학적 인과와 물리학적 인과의 차이는 무엇인가?…… 궁극인과(진화론적 인과)는 물리적 인과의 범주로 환원 가능한 근접인과(기능적 인과)의 누적을 통해 형성되지만, 전자는 후자로 환원되지 않는다. 근접인과는 그 출발점을 현재 시점의 물리적 환경과 해당 유기체의 그 유전체에 들어 있는 정보, 즉 유전 프로그램에 두는 반면, 궁극인과는 그런 유전 프로그램이 형성된 진화의 역사 전체를 필수적 배경으로 끌어들인다. 궁극인과의 요소를 포함하는 생물학적 인과는 존재론적 기억과 역사의 누적을 중요한 특성으로 포함하며, 이 점에서 오로지 최근의 작용이 낳은 결과만을 기억하는 물리학적 인과와 차별된다."[28]

철학의 용어는 명료하다. 생물학은 하나의 현상을 두 가지 다른 방식으로 설명할 수 있다. 그 하나가 진화론적 설명(궁극인과)이고, 다른 하나가 기능적 혹은 생리학적 설명(근접인과)이다. 예를 들어 "저 나

무의 잎은 왜 초록색인가?"라는 질문에 대한 진화론적 설명은 기나긴 진화의 과정에서 엽록체를 지닌 식물이 살아남아 더 많은 자손을 만들었다는 것이 될 수 있다. 하지만 기능적 설명은, 엽록체의 기능과 왜 초록색이 지구에서 태양빛을 받아 전자전달계를 통해 에너지를 만드는 데 가장 유리한지에 대해 말할 것이다.*

과학철학자들도 오래전부터 생물학의 질문이 뚜렷하게 두 영역으로 구분되며, 그에 따라 두 생물학이 존재한다는 걸 알고 있었다. 과학사가들 중 일부도, 이 질문을 추적하며 분자생물학의 등장으로 진화생물학자들이 적대적으로 변하던 역사적 순간과[29] 야외와 실험실로 나뉘어 진행된 생물학의 여정을 그리고 있었다.[30] 하지만 그들은 과학현장에서 그 두 질문과 분야가 초파리 유전학처럼 양팔을 넓게 뻗어 둘 모두를 포용할 수 있는 분야에 의해, 때론 상호작용하고 반목하며 진행될 수 있다는 사실을 알지 못한다. 어쩌면 바로 그 점이 과학철학과 과학사가 현장의 과학자와 함께 작업해야 하는 이유인지 모른다.**

과학철학은 과학이 한 종류밖에 없다고 생각해왔다. 과학은 하나이

* 두 가지 생물학에 대한 이론은 필자의 공부와 경험에 의해 만들어진 것이다. 산발적으로 이에 대한 이야기들을 해왔고, 아직 그 철학적/역사적 세밀함을 준비하지 못했다. 초파리에 대한 연구경험과 그 역사에 대한 공부는, 그 두 생물학의 중간 지점에 초파리 유전학이 놓여 있음을 상기시켜준다. 이 책은 바로 그 지점에 관한 공부의 과정이다. 분자생물학자의 관점에서 바라본 두 생물학에 대한 글은 다음을 반드시 참고할 것. 김우재. (2008). 두 가지 생물학. 〈사이언스타임즈〉. 필자의 블로그 글, 생물학의 두 전통(revoltscience.wordpress.com/2012/07/13/생물학의-두-전통/)도 도움이 될 것이다.

** 한국 과학사/과학철학/과학사회학계도 더는 과학자들과 반목하지 말고, 적극적으로 협업을 했으면 한다.

며, 복수의 과학은 존재하지 않는다. 이런 관점은 물리학을 과학의 여왕으로, 화학, 생물학, 심리학, 지질학 등의 과학을 줄 세운다. 따라서 과학철학은 자신들이 모델로 삼았던 물리학의 이론과 실험을 분석하는 것으로 학문을 건설해왔고, 물리학이라는 학문을 벗어나는 과학은 과학이 아니라는 편리한 방식으로 과학의 다양성을 재단해왔다.*** 가장 큰 문제 중 하나는, 과학철학자들이 그려놓은 그런 과학이 실재하느냐는 것과, 과학자들이 그런 과학철학자들의 주장에 쉽게 수긍하지 못한다는 현장과의 괴리다.

두 생물학이 존재한다는 건, 그 두 생물학 모두를 경험해온 과학자에겐 너무나 자명한 사실이다. 그렇다고 해서 그 과학자가 과학철학자들처럼 정밀하고 명료한 언어로 두 생물학의 존재를 철학적으로 설명하려면—아마도 과학철학자가 초파리 유전학을 공부해 논문을 내는 것보다는 짧게 걸리겠지만—오랜 시간이 필요할 것이다.**** 하지만 과학자들조차 토머스 쿤이 만들어놓은 덫에 걸려, 과학을 물리학을 중심으로 바라보는 관점을 갖게 되는 건 불행한 일이다. 대부분의 생물

*** 생물학이 과학철학으로 편입된 건 그다지 오래되지 않았고, 그마저도 진화생물학을 중심으로 한 철학적 분석에 그친다. 고인석. (2010). 빈 학단의 과학사상: 배경, 형성과정 그리고 변화, 〈과학철학〉, 13(1), 53-82.
최종덕. (2002). 생물학과 철학의 만남. 〈과학철학〉, 5 (2), 159-165.
여영서. (2012). 통일과학과 지식융합. 〈과학철학〉, 15(2), 209-232.
정광수. (1996). 과학철학의 의미와 역사-The Meaning and History of Philosophy of Science. 〈범한철학〉, 13, 251-299.
물론 이상하 박사처럼 물리학 위주의 과학철학 내부에서도 다원주의적 잔재를 발견하려는 노력도 있다. 이상하. (2004). 《과학철학》. 철학과현실사.

**** 그리고 대부분의 과학자는 그런 작업에 관심이 없다.

학자가—예를 들어 에른스트 마이어—쿤의 원리가 생물학엔 적용되지 않는다고 말해왔다. 즉, 서로 다른 과학이 존재하는 것이다. 물리학과 생물학은 다르다. 그 다름의 정도가 과학과 비과학을 나눌 정도로 크지는 않지만, 그렇다고 그 차이가 결코 작은 것도 아니다. 심리학도 마찬가지다.

두 생물학이 있다. 그리고 그 둘을 지탱하는 연구 프로그램과 지침서, 문화와 스타일은 모두 다르다. 하지만 둘 다 생물학이다. 진화생물학의 이론이 분자생물학의 모든 발견을 정당화하지 못한다. 분자생물학의 발견이 진화생물학의 이론을 모두 정당화하지 못하는 것과 마찬가지다. 하지만 그 둘의 이론과 발견은 마치 이중나선의 양 가닥처럼 상호보완적이다. 바로 그 이유 때문에, 분자생물학의 발견들이 진화생물학을 창조과학자들로부터 보호할 수 있고, 진화생물학의 이론이 분자유전체학을 가이드할 수 있는 것이다. 그리고 이제야, 과학철학자들은 생물학의 이론이 다원론적 측면을 지니고 있으며, 하나의 생물학이 존재하지 않는다는 점을 철학적으로 논증하기 시작했다.[31] 생물학은 두 날개로 난다.

분자진화를 둘러싼 20세기 중반 구세대 진화생물학자들과 분자진화론자들의 대결은, 이들이 설명하고자 하는 현상과 설명력의 수준에 따라 생물학의 완전히 상반되는 것처럼 보이는 이론이 공존할 수 있음을 보여준다. 나아가, 진화의 근대적 종합이라는 것이 단지 다윈의 이론에 유전학과 통계적 기법이 접목되는, 다른 학문에서도 자연스러운 현상이었을 뿐, 진화생물학의 절대적인 원리로 모든 생물학의 통일 이론이 만들어진 것이 아니라는 사실을 아는 것도 중요하다. 생물학의 이론들은 물리학의 이론들과는 달리 통일되지 않고 그저 융합integration 되거나 따로 공존할 수도 있다. 쿤이 틀린 것이다. 마치 물리학의 양자역학이 거둔 승리처럼, 통일장 이론을 추구하던 20세기 중반의 주류 진화생물학자들은 두 생물학의 반대편에서 습격해온 생물학자들에 의해 찾아온 엄청난 반격을 마주해야 했다. 그리고 결국, 진화의 근대종합은, 불과 몇 년을 버티지 못하고 분자생물학의 지식을 흡수해 재정립되어야 했다.*

디트리히가 그의 논문에서 주장했듯이, "복잡한 현상을 설명하는 생물학은 반복적으로 다양한 수준에서 발견된 현상들을 융합하며 나아간다." 그리고 이러한 생물학 이론의 융합적인 특성은 생물학에는 통일된 하나의 이론이 필요하지 않으며—물리학처럼—통일장 이론에 대한 추구 없이도 왜 생물학이 계속해서 혁신적이고 놀라운 결과들을 생산해내는지를 설명한다. '다양성 속의 조화', 즉 화이부동和而不同이라는 말처럼, 생물학은—물리학과는 다르게—여러 상충하는 이론들의 틈바구니 속에서도, 조화를 이루어 과학의 면모를 지켜나가는, 그런 학문인지 모른다.

마지막으로, 바로 이런 생물학의 특성은 과학의 다원주의적 측면을 재고할 필요를 알려준다. 과학은 하나가 아닐지 모른다. 우리는 빈 학단의 논리실증주의가 추구했던 물리학을 중심으로 한 과학철학의 통일이론이 실패했다는 걸 잘 알고 있고, 칼 포퍼의 반증주의가 설명하

* 그런 땜질tinkering이 1990년대에 들어 마이크로RNA의 발견에 의해 또 일어난다. 필자의 졸고 〈미르 이야기〉 시리즈 참고.

지 못하는 수많은 현상과, 쿤의 이론이 포착하지 못하는 다양한 과학의 대폭발을 목도하고 있다. 철학은, 결코 역동적으로 진화하는 과학의 모든 모습을 설명할 수 없다. 그리고 바로 그 점 때문에, 철학자들은 겸손해야 한다. 현장의 과학자들은, 과학철학의 주장을 이해하지 못하기 때문에 무시하는 것이 아니라, 그 주장들이 허무맹랑한 경우가 너무 많기 때문에 관심을 두지 않는 것인지도 모른다. 특히, 현장의 과학자들과 점점 괴리되어 스스로를 고립시키는 과학철학의 존립은 위태로울 수 있다.*

어쩌면 실험과학자이면서 드물게 대중을 위한 저술을 했던 베르나르는, 그래서 철학을 과학으로부터 몰아내려 했는지 모른다.**

* 당장 과학철학 분야가 얼마나 줄어들고 있는지만 봐도 알 수 있다. 한국 과학학 분야가 쿤의 영광을 재현하는 방법은, 과학자들과 협업하는 방법 이외에는 없다. 외국 이론과 외국 과학자들을 연구하던 습관을 버리고, 이제 한국의 과학을 함께 연구할 시기가 됐다.

** 베르나르는 역사학과 철학을 추방하기 위해 치열하게 노력한 학자다. 그는 '과거를 살해'하고 싶어 했다. 하지만 역설적으로 '과거 살해'를 위해 과거를 알아야 했다. 그는 과학과 철학의 관계에 대해 급진적인 관점을 가진 인물이었다. 다음은 그의 철학과 역사학에 대한 인용을 모은 것이다. 모든 인용은 《실험의학방법론》에서 찾을 수 있다.
"철학은 간단없이 향상하려 하면서, 과학으로 하여금 물건의 원인 혹은 기원을 향하여 거슬러 올라가게 한다. 철학은 또 과학 외에도 인류를 괴롭히는 문제가 있다는 것, 과학이 아직 해결하지 않는 문제가 있다는 것을 과학에게 가르친다. 과학과 철학의 이와 같은 확고한 악수는 약자에게 유익하다. 서로 향상을 격려하고 서로 껴안는다. 그렇지만 철학과 과학을 결부하고 있는 이 연락이 끊어진다면, 철학은 과학의 지지 혹은 균형을 잃고, 멀리 구름 뒤로 빠져 들어가고, 과학은 이에 반하여 자기의 진로와 향상적 정신을 잃고 타락하여, 정지하거나 또는 정처 없이 방황의 나그넷길을 떠날 것이다."
"나는 지금, 과학자와 실험학자의 교육은 각각 연구하려 하는 과학의 전문 실험실에서만 이루어진다는 것 그리고 유익한 교훈은 철학적 서적에서가 아니라, 일정한 과학의 실습의 기미機徽에서 생긴다고 말했다. 나는 또 본 저서에서 생리학과 실험의학의 되도록 정확한 개념을 주고자 생각했다. 그러나 나는 실험학자가 절대로 지켜야 할 규칙이나 교훈을 주었다고 믿을 만큼의 자만심은 조금도 가지고 있지 않다. 나는 다만, 각자가 생리학에 속하는 과학적 문제를 이해하고, 아울러 이 연구에 필요한 수단을 알도록 실험적 생물과학의 문제의 본질을 음미하려고 생각했을 뿐이다. 나는 연구의 실례를 인용했다. 그러나 불필요한 설명을 하지 않도록, 또 절대적 유일 규칙을 정하지 않도록 주의했다. 왜냐하면 교사의 역할은 학생에게 과학이 제출하는 목적들을 명료하게 제시하고, 이에 도달하기 위해 사용할 수 있는 모든 방법을 그에게 지적해주는 데 그치지 않으면 안 된다고 나는 생각하고 있기 때문이다. 교사는 학생으로 하여금 그가 제시한 목적에 도달하도록, 학생이 쓰는 방법과 학생의 본성에 따라서 자유롭게 활동시키지 않으면 안 된다. 다만 그가 갈피를 잡지 못하는 것을 보았을 때, 원조하러 가면 된다. 한마디로 말하면, 참다운 과학적 방법이란 정신을 질식시킴이 없이, 이것을 포용하고, 또 되도록 단독으로 해놓고, 가장 귀중한 성질인 창조적 독창력과 자발성을 존중하면서, 정신을 지도하는 방법이라고 믿는다. 과학은 새로운 사상과 독창적 사고력에 의해서만 진보한다. 따라서 교육에 있어서도 예지를 무장할 지식이 자기의 중압에 의해 뭉개지지 않도록 정신이 박약한 반면을 똑바로 유지하도록 정해진 규칙이 강장强壯 풍요한 다른 반면을 위축 질식시키지 않도록, 주의하지 않으면 안 된다. 나는 여기서 다른 논의에 들어갈 필요는 없을 것이라 생각한다. 다만 박학의 과장과 체계의 침입이나 지배에 대하여, 생물학과 실험의학을 경계시키는 데 그치지 않으면 안 되겠다. 왜냐하면, 이들 체계 아래 종속되는 과학은, 이에 의해 자기의 풍요성을 잃고, 또한 인류의 모든 진보의 본질적 조건인 정신의 독립과 자유를 잃기 때문이다."

그렇다고 베르나르가 철학자들을 무시하기만 한 것은 아니다. 그리고 이미 언급했듯이 실험실의 경험을 강조하기 위해 그리고 청년들을 이러한 경험으로부터 유리시키는 현란한 철학으로부터 잠시 격리시키기 위해 베르나르는 역설적으로 철학자들과 교류하고 철학을 공부해야만 했다. 그는 이렇게 말한다.

"내가 의학의 체계에 관하여 지금 말한 것은, 그대로 옮겨서 이것을 철학의 체계에도 응용할 수가 있다. 실험의학은(다른 모든 자연과학과 마찬가지로) 어떠한 철학 체계에도 구애할 필요를 느끼지 않는다. 생리학자의 역할은 다른 과학자의 역할과 마찬가지로, 이러이러한 철학체계의 증명 역할을 시키려는 것이 아니고, 진리를, 진리를 위해 구하지 않으면 안 되는 것이다. 자연과학자가 어떤 철학체계를 기초로 하여 과학적 연구를 추구해갈 때는 현실에서 너무 동떨어진 지역에서 방황하거나 혹은 또 실험학자가 연구에 즈음하여 항상 유지하고 있지 않으면 안 되는 자유굴신自由屈伸의 정신과 조화하기 어려운 일종의 허위의 보증이나 완고를, 체계에서 감득하게 된다. 따라서 주의하여 모든 종류의 체계를 극력 피하지 않으면 안 된다. 내가 이렇게 우려하는 것은, 체계는 자연 속에 없고, 다만 사람의 정신 속에 있기 때문이다. 과학의 이름으로 철학체계를 배척하는 실증철학도 마찬가지로 하나의 체계라고 하는 불합리를 면치 못하고 있다. 그래서 진리를 발견하기 위해서는, 과학자는

"그런데 만일 철학이 이 형제적 악수에 만족하지 않고, 과학 내의 문제에까지 간섭해서, 과학의 활동을 독단적으로 지도하려 한다면, 그때는 이미 어떤 일치도 발견할 수 없을 것이다. 사실 과학의 특수한 의견을 어떤 철학체계를 위해 이용하고자 요구한다는 것은, 하나의 망상이다. 과학의 관찰, 실험 또는 발견을 하기 위해서 철학적 방법이나 조작은 너무나 막연해서 소용이 없다. 실제로 일정한 과학을 다루고 있는 실험과학자만이 알 수 있는 극히 특수한 과학적 방법 내지 조작에 의하지 않으면 안 된다. 만약 과학이 진보의 요소를 지니고 있지 않다면, 개개인의 영향만으로 인간의 지식을 진보시키는 방법은 도저히 불가능할 것이다. 내가 대학자의 우월함을 전적으로 인정하면서도, 역시 그들이 과학에 대하여 미치는 특수한 영향 혹은 일반

자연에 직면하여, 실험의학에 따르면서, 완비되어 가는 탐구방법의 도움으로, 자연에 질문을 해보면 그것으로 충분하다. 이 경우에 있어서의 최선의 철학체계는, 전혀 철학을 갖지 않는 것이라고 나는 믿고 있다."

"따라서 나는 실험학자로서는 철학체계를 피하고 있다. 그러나 그 때문에 철학적 정신까지도 배척할 수는 없다. 이 철학적 정신은 도처에 있고, 어떠한 체계에도 속함이 없이 다만 일체의 과학뿐 아니라 일체의 인지를 지배하지 않으면 안 되는 것이다. 내가 철학적 체계에서는 완전히 멀어지면서도 철학자를 크게 애호하고, 그들과의 교제에서 무한한 기쁨을 맛보고 있는 이유는 이것이다. 사실 또 과학적 견지에서 보아도, 철학이라는 것은 미지의 사상을 인식하려 하는, 인간 이성의 영원한 동경을 나타내고 있다. 그 때문에 철학자는 항상 이설이 분분한 문제라든지, 과학의 고상한 부분, 상급의 한계 등에 관계하고 있다. 그리고 거기에서 과학적 사상을 향하여 이것에 활기를 불어넣고, 고상하게 하는 운동을 전한다. 철학자는 또 일반적인 지적 훈련에 의하여 정신을 함양하면서 이것을 강건하게 하고, 그와 동시에 도저히 다 설명할 수 없는 대문제의 해결에, 정신을 끊임없이 접촉시키고 있는 것이다. 이렇게 해서 철학자는, 미지에 대한 일종의 갈증 혹은 연구의 성화—학자에 있어서는 이것이 결코 사라져서는 안 된다—를 유지하고 있다."

적 영향이, 그들이 처해 있는 시대의 작용에 의해 제한된다고 생각하는 이유도 바로 그 때문이다. 철학자도 마찬가지다. 그들 또한 인간정신의 진행에 따를 따름이다. 그리고 그들이 인류 지식의 발달에 공헌하는 것은, 아마도 많은 사람들이 인정하지 않으리라고 생각되는 진보의 길을, 모든 사람들에게 아낌없이 열어주는 데에만 있다. 그렇지만 철학에 있어서도 역시 그들은 그 시대의 표현이다. 따라서 어떤 철학자가, 마침 과학이 유망한 방향을 취하고 있는 시대에 조우했을 때, 이 과학의 진보와 조화되는 체계를 만들어놓고 이어 그 시대의 모든 과학적 진보는 그의 체계의 영향에 의하는 것이라고 쓰는 것은, 도리에 어긋나는 일이다.* 한마디로 말하면, 설사 과학자가 철학자에게 유익하고 동시에 철학자는 과학자에게 유익하다 하더라도, 과학자는 그 자신에 대하여 자유이며, 주인공이다. 내 생각으로는, 과학자는 철학자가 없더라도 자기의 발견/학설/과학을 만들 수 있다. 이 점에 대해 신용을 하지 않는 사람을 만난다면, '과학에 있어서 최대의 발견을 한 사람은 베이컨을 가장 몰랐던 사람들이다. 이에 반하여 베이컨의 책을 읽고, 이것을 묵상한 사람들은—베이컨 그 자신도 그랬지만—아무런 성공을 하지 못했다'고 조제프 드 매틀이 말한 것처럼, 그 증명은 간단하다.** 요컨대, 실험학자가 자연계의 문제를 처리할 때, 과학적 조

* 이미 위에서 과학철학이 그런 일을 해왔다고 말했다.

** 베이컨은 과학철학을 만들었지만 과학자는 아니었다는 뜻이다.

작이나 방법은 실험실 속에서만 습득된다는 것을 의미하고 있다. 청년을 우선 인도해가지 않으면 안 되는 것은 이 실험실을 향해서이다. 박학이나 과학적 비판은 성인의 일이다. 청년은 과학의 참다운 전당인 실험실에서 과학과 한패가 되기 시작해야만 성과도 얻을 수 있다. 또 실험학자라고 통틀어 말해도, 추리의 방법은 여러 가지 과학에 따라, 또 이것을 응용하는 다소 곤란한 경우나 복잡한 경우에 따라, 무한히 변화하지 않으면 안 된다. 그리고 과학자, 아니 각 과학의 전문가만이 동류의 문제에 관여할 수가 있는 것이다. 왜냐하면 박물학자의 정신은 이미 생물학자의 정신이 아니고* 화학자의 정신 또한 물리학자의 정신과는 다르기 때문이다. 베이컨과 같은 철학자, 혹은 또 근대의 철학자가 과학적 연구에 대하여 과학자가 지켜야 할 훈칙을 일반적 체계로 만들어내려 했을 때, 과학을 먼발치로 보고만 있던 사람들에게는 이것은 확실히 매력이 풍부한 것처럼 보였다. 그렇지만, 이러한 저서는 이미 다 되어버린 과학자에게는 아무 소용도 없다. 또 앞으로 과학의 연구에 몸을 맡기려 하고 있는 사람들에 대해서도, 사물의 그릇된 단순화에 의하여 그들을 미혹하게 할 뿐이다. 그 위에 나쁜 것은, 수많은 막연한 훈계, 또는 실제로 응용할 수 없는 훈계를 정신에 짊어지게 함으로써, 그 자유를 방해하는 것이다. 그런데 실제에 있어서는, 과학의 연구에 종사하여 참다운 실험과학자가 되려고 한다면,

* 다시 한 번 말하지만, 이미 베르나르의 시대에 두 생물학은 다른 길을 걷고 있었다.

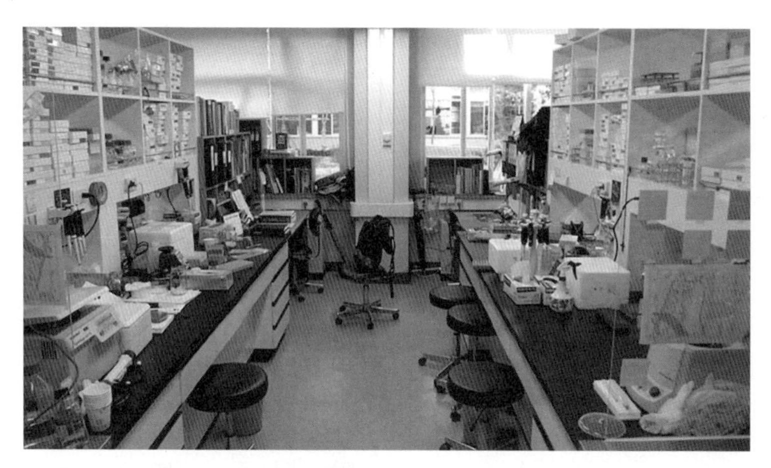

ㅇ 실험실은 과학이 탄생하는 장소다. 표준화된 생물학 실험실의 모습은 이제 어디서나 찾아볼 수 있다. 과학을 사랑하는 사람은, 실험실을 길게 방문해볼 필요가 있다.
출처 | 서울대학교 분자신호전달 연구실 홈페이지

이런 훈계는 하루 빨리 잊어버리지 않으면 안 되는 것이다."**

실증주의자의 영향을 받았으면서도, 그 실증주의라는 철학체계마저 부정했던 100여 년 전의 어떤 과학자는 시대를 넘어 모든 실험과학자들이 하고 싶어 했던 말을 이렇게 아름다운 언어로 말한다. 물론 시대는 변했고, 베르나르의 시대, 즉 자연철학이 과학을 지배하려던 시기를 넘어 이제 과학이 철학을 공격하는 그런 시대가 되었지만, 베르나르의 말은 여전히 의미있다. 실험실은 과학자가 잉태되는 곳이다. 과학은 그곳에서 스스로 진보한다. 그 사실을 모르는 철학자는 과학의 절반도 알지 못하는 셈이다.

** 원문은 대광문화사의 《실험의학방법론》을 참고했고, 현대어에 맞게 각색했다.

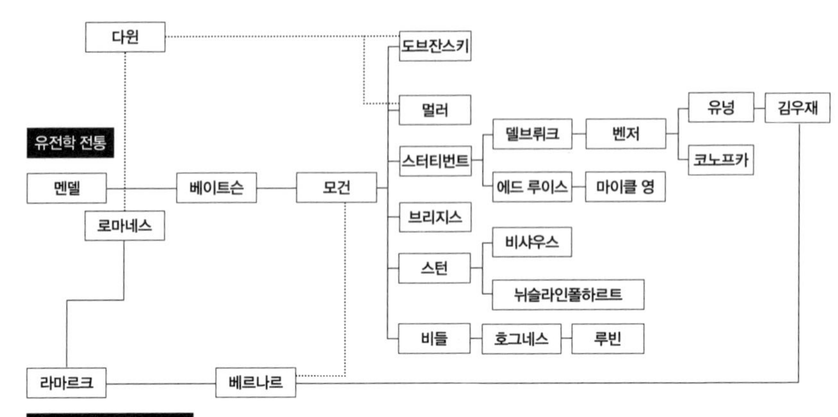

○ 간략하게 그려본, 유전학을 중심으로 한 두 생물학 학자들의 계보도. 점선은 간접적인, 약한 연결고리이다. 물론 여기 적지 못한 학자들이 더 많다. 모건에서 시작된 행동유전학의 계보는 다음 주소에서 확인할 수 있다. http://flyroom.net/skin/page/research001.html

죽지 않는 동물

모건의 실험실에서 흰눈 초파리가 발견된 지 100년이 지났고, 초파리가 생물학의 모델생물이 된 건 120년 정도 지났다. 그동안 초파리 유전학이 계속해서 성공을 거둔 건 아니다. 그리고 오히려, 전 세계적으로 보면 초파리 유전학자의 숫자는 줄어들고 있는 추세다. 주변에서도 초파리를 연구하고 나중에 생쥐나 다른 모델생물로 옮겨가는 경우를 자주 볼 수 있다. 그래도 초파리 유전학은, 생물학이 존속하는 한 살아남을 것이다.

초파리는 유전학의 모델생물로 실험실에 들어왔다. 모건의 실험실에서, 초파리는 염색체에 유전자가 존재한다는 확실한 증거를 보여주

ㅇ 필자의 실험실에는 철로 만든 초파리 조형물이 있다. 예술가이기도 한 제자 엘시Elsie가 만들어주고 간 선물이다. 초파리 유전학의 운명은 위태롭지만, 초파리는 과학의 역사에서 사라지지 않을 것이다.

었고, 그 후 몇 개의 노벨상을 받으며 크게 성장했다. 20세기 초반은 초파리가 다윈과 멘델을 잇는 가장 유명한 유전학과 진화생물학의 모델생물이었고, 신흥강국이었지만 과학의 전통이 약했던 미국의 제도적 지원 덕분에 초파리는 미국의 과학으로 정착했다.* 바로 그 미국에서 초파리 유전학은 다시 실험생리학과 진화생물학으로 나뉘어 각자의 영토를 만든다. 그것이 바로 스터티번트와 도브잔스키가 고전유전학과 진화유전학의 시대를 열며 초파리라는 동물을 사용한 방식이다. 초파리라는 중계자의 존재 때문에, 두 생물학은 동거하고 싸우고 이별하면서도 공존할 수 있었다.

20세기 중반은 DNA의 시대였다. 그리고 바로 그 DNA의 발견이 20세기를 생물학의 시대로 만들었다. 다시 유전학이 주인공이 될 수 있었고, 대장균과 암세포에 밀려 사라질 뻔했던 초파리는 유전자 시대에 잘 적응하며 살아남았다. 분자생물학의 실험기법과 사유는 초파리 유전학자들과 잘 어울렸다. 독일에선 초파리 배아를 이용한 발생학 연구가 활발했고 크리스티아네 뉘슬라인폴하르트Christiane Nüsslein-Volhard와 에릭 비샤우스Eric F. Wieschaus는 에드 루이스와 함께 초기 배아 발생의 유전학적 조절을 발견한 공로로 1995년 노벨상을 수상한다. 초파리는 분자생물학 기법을 빠르게 받아들인 발생학 분야에서 큰 공헌을 했고, 지금도 발생학 교과서의 초반부엔 언제나 초파리 배아의 사진을 볼 수 있다.

* 미국의 과학인 초파리 유전학은 질병 위주의 연구로 축소되거나 국가의 지원이 줄고 있다. 김우재. (2018). 미국의 과학, 미국식 과학. 〈한겨레〉.

초파리 연구는 1990년대 후반에 다시 흥행을 맞게 되는데, 기존의 유전체 돌연변이로 연구하던 구세대 유전학적 도구들이, 효모yeast에서 유래한 유전학적 도구들로 대체되었기 때문이다. 이 방법은 효모의 전사인자transcription factor인 GAL4와 그 전사인자가 결합하는 염기서열인 UASupstream activation sequence로 이루어진 이진법 시스템으로, GAL4를 원하는 프로모터promoter**를 클로닝해서 원하는 세포조직에서만 UAS 뒤의 유전자를 발현하게 만들 수 있다. 이 시스템이 강력한 이유는, 초파리의 유전체가 효모의 GAL4/UAS와 전혀 반응하지 않기 때문이다. 따라서 초파리 유전학자들은 이제 개체 전체에 돌연변이가 생겨 해로운 누적효과를 걱정해야 하는 돌연변이 방법 외에, 정확한 장소에 정확하게 단백질을 배달할 수 있는 유전학적 도구를 갖게 된 셈이다.[32] 이 도구가 만들어진 후에, 초파리 유전학자들은 마치 기다리기라도 한 듯, 정말 엄청난 종류의 초파리 계통을 생산하기 시작했다. 신경세포에서만 발현하는 GAL4, 수컷 초파리에서만 발현하는 GAL4, 세포를 죽이는 단백질, 신경세포의 활성을 켜고 끌 수 있는 스위치, 원하는 단백질만 없앨 수 있는 꼬마RNA 그리고 자넬리아의 체계적인 GAL4 초파리 계통들까지, 초파리 유전학자들은 모건의 유언처럼 자신이 만든 초파리 계통은 언제나 공동체와 공유하는 정신을 여전히 지키며 살고 있다.[33] 수십만 종에 이르는 서로 다른 노랑초파리 계통은, 다른 모델생물 연구자들이 엄두도 낼 수 없는 노아의 방주다. 초파리는 죽지

** 단백질을 코딩하는 유전자 염기서열 근처에 존재하는 전사인자가 결합하는 염기서열을 말한다. 오페론이나 UAS 모두 이런 프로모터 서열이다.

않는다.

인간유전체 계획보다 먼저 유전체 해독이 이루어졌고[34] 초파리 기지flybase[35]와 같은 큐레이션 플랫폼이 열리고, 다양한 배경을 지닌 과학자들이 초파리로 진입했다. 그중 일부는 인간의 질병을 초파리에서 모델링하고 싶은 의학의 전통에서 온 이들이었다.[36] 초파리는 유전학의 모델생물이었다는 점과 인간에겐 많은 유전병이 있다는 점[37] 그리고 초파리와 인간의 유전자가 진화적으로 보존되어 있다는 점을 더하면, 인간의 질병과 관련된 유전자의 기능을 초파리에서 연구하는 건 어불성설이 아니다. 실제로 이제 초파리 연구자의 대부분이 인간질병 모델을 가지고 연구한다. 치매를 일으키는 파킨슨 유전자의 기능은 실제로 초파리에서 가장 먼저 밝혀졌고,* 헌팅턴 병,[38] 루게릭병** 등 인간 유전병 중 초파리에 그 기능이 보존되어 있는 유전병은 모두 초파리에서 연구하고 있다고 생각해도 된다.[39] 독자들도 이제 눈치를 챘겠지만, 초파리로 인간질병을 연구하는 건 초파리라는 모델생물이 두 생물학

* 그것도 한국인 과학자에 의해 발견되었다. Park, J., Lee, S. B., Lee, S., Kim, Y., Song, S., Kim, S., ... & Chung, J. (2006). "Mitochondrial dysfunction in Drosophila PINK1 mutants is complemented by parkin", *Nature*, 441(7097), 1157.
Clark, I. E., Dodson, M. W., Jiang, C., Cao, J. H., Huh, J. R., Seol, J. H., ... & Guo, M. (2006). "Drosophila pink1 is required for mitochondrial function and interacts genetically with parkin", *Nature*, 441(7097), 1162.

** 루게릭병의 정식 명칭은 'amyotrophic lateral sclerosis, ALS'로, 초파리 모델로 최근 다양한 연구가 이루어지고 있는 분야다. 필자의 실험실에서도 C9orf72라는 유전자를 이용한 ALS 연구를 진행 중이다. Casci, I., & Pandey, U. B. (2015). "A fruitful endeavor: Modeling ALS in the fruit fly", *Brain Research*, 1607, 47-74. doi.org/10.1016/j.brainres.2014.09.064

모두를 품고 있는 한, 아무런 충돌도 문제도 없다.[40] 아마도 초파리는 생쥐, 물고기zebra fish와 함께 질병 모델로 가장 각광을 받는 종일 것이다.

자넬리아의 경우에서 보듯, 초파리는 현재 신경생물학neuroscience[41]의 가장 뜨거운 감자다. 그건 전적으로 초파리 유전학의 도구들과 HHMI의 지원 그리고 게리 루빈과 다른 초파리 연구자들이 공유의 정신을 지키며 초파리 공동체 전체의 연구역량을 생각해왔기 때문이다. 오바마 정부가 2013년 미국 연구비의 상당수를 인간두뇌연구Brain Intiative를 위해 사용하겠다고 발표했을 때,[42] 초파리와 선충연구자들이 그 안에 들어가 있었던 건 우연이 아니다. 인간 커넥텀connectome을*** 바로 연구하는 건 불가능에 가깝고, 선충은 이미 커넥텀이 완성되어 있었다.**** 초파리는 게리 루빈의 자넬리아 연구소의 프로젝트와 함께 이 계획에 참여했고, 초파리 행동을 신경회로의 관점에서 지도화하고 그 기능을 정밀하게 배열하는 것이, 초파리 행동유전학이 오바마 대통령의 인간두뇌연구계획과 함께하는 이유다. 초파리의 신경회로의 비밀을 벗기면, 그 원리를 인간의 신경회로와 인간의 행동을 이해하는 데 사용할 수 있다. 자넬리아는 21세기 인간두뇌의 비밀을 이해하는 거대한 프로젝트에 초파리를 동승시킨 것이다.

예쁜꼬마선충*Caenorhabditis elegans*은 초파리의 사촌동생쯤 되는 모델 생물이다. 초파리 유전학에서 사용하는 도구와 방법론 연구 프로그램

*** 인간의 뇌지도를 의미한다.

**** 선충의 행동유전학 권위자인 코리 바그먼이 이 프로젝트를 이끌었던 건 우연이 아니다. Bargmann, C. I. (2012). "Beyond the connectome: how neuromodulators shape neural circuits", *Bioessays*, 34(6), 458-465.

모두를 공유하고, 심지어 공유의 문화까지 닮았기 때문이다. 그건 시드니 브레너처럼 과학정신을 수호하는 과학자가 그 분야를 정초했기 때문이기도 하지만, 종이 다르다는 점을 제외하곤, 이미 초파리 유전학이 정립해놓은 도구와 연구 분야들이 너무 확고했기 때문에, 선충유전학자들이 아주 쉽게 새로운 생물학의 모델생물을 궤도 위에 올릴 수 있었기 때문이다.* 선충 유전학과 초파리 유전학은 완전히 호환 가능한 분야다. 실제로 그 두 분야를 오가는 과학자는 정말 많다. 초파리 유전학이 발전하면서, 어떤 생물학자들은 초파리를 인간질병의 모델로만 사용하지 말고, 모든 곤충의 모델로 사용하면 어떻겠는가 하는 생각을 했다.[43] 그리고 초파리 외에 다른 곤충을 택해 초파리 유전학의 도구들을 모두 옮겨갈 생각도 했다. 모기 아노펠레스 감비아이*Anopheles gambiae*는 그렇게 초파리 유전학자들에게 선택된 생물이다. 초파리 유전학의 도구들이 모기로 그대로 옮겨간 지 벌써 15년이 넘었고, 이제 인간을 괴롭히는 희대의 곤충 모기의 모든 것이 유전학을 통해 드러나는 중이다.[44] 모기는 초파리 유전학이 창조한 새로운 유전학 모델생물이다.**

초파리라는 모델생물은 진화와 분자 두 날개로 날아왔고, 또 그렇게

* 필자의 졸고를 참고할 것. 김우재. (2008). 시드니 브레너의 벌레. 〈사이언스타임즈〉.

** 게다가 레슬리 보셜Leslie B. Vosshall처럼 유능한 초파리 행동유전학자가 자신의 실험실을 통째로 모기 유전학 실험실로 바꾸는 일도 일어났다. Matthews, B. J., McBride, C. S., DeGennaro, M., Despo, O., & Vosshall, L. B. (2016). "The neurotranscriptome of the Aedes aegypti mosquito", *BMC genomics*, 17(1), 32.

난다. 초파리 유전체가 해독되고, 유전체 해독의 비용이 낮아지고, 유전체 정보를 이해하는 다양한 수학적 기법들과 컴퓨터 기능이 발달할수록, 기존에는 생물학으로 진입하지 않았던 컴퓨터 과학자, 물리학자, 통계학자, 수학자들이 초파리 유전학 분야로 진입하기 시작했다. 생물정보학bioinformatics의 발달은 필연적으로 진화생물학과 만난다. 왜냐하면 자연선택의 단위가 유전자로 좁혀지고, 분자생물학과 생물정보학의 발달로 지구상의 모든 종의 유전체를 해독하고 있는 시대가 되었기 때문이다. 이제 하나의 종은 눈으로 구별할 수 있는 표현형이나 제한적으로 접근할 수 있었던 유전형이 아니라, 전체 유전체의 관점에서 비교할 수 있는 시대가 되었다. 게다가 컴퓨터 과학의 눈부신 발전으로 인공지능과 머신러닝 등의 분야가 발전하면서, 전통적인 비교 유전체학은 이제 엄청난 규모의 시장으로 발전하고 있다. 특히, 피 한 방울로 수백 가지의 질병을 치료할 수 있다고 선전하며 수조원의 투자금을 모집했던 사기꾼 엘리자베스 홈스의 테라노스의 사례에서 알 수 있듯이,[45] 유전체학은 인간유전체 계획이 의도했던 인간질병의 종말이라는 인류의 욕망과 맞물려 엄청난 투자자들이 몰리고 있는 생물학의 가장 활발한 분야가 되었다. 자본이 몰리는 곳에 과학자도 몰리는 시대다. 도브잔스키의 까망초파리와[46] 노랑초파리 그리고 초파리 종의 대부분이 유전체 해독과 분석기술이라는 도구를 이용한 진화생물학 연구의 흥미로운 모델생물이 된 지 오래다. 다윈과 도브잔스키의 꿈은, 여전히 초파리를 통해 이루어지고 있다.*** 특히 새롭게 등장해 생

*** 자넬리아의 학회를 참석하면서 알게 된 한 가지 더 놀라운 점은, 자넬리아의 젊

물학의 혁명을 이끌고 있는 유전체편집 도구인 CRISPR/Cas9은, 생물학의 두 날개가 다시 만나는 현장의 중심에 있다. 이제 어떤 종이든 유전체를 편집해 돌연변이를 만들 수 있고, 이론적으로는 어떤 종이든 유전학 연구를 할 수 있다.[47] 최근 개미의 후각 관련 유전자를 편집해 유전자교정 개미를 만든 논문이 〈셀CELL〉지를 장식했다.[48] 이제 유전학은 초파리를 넘어 생물학의 모든 종을 통합할 도구를 지니게 된 셈이다.*

이제 이야기를 마무리해야 할 때가 됐다. 길고 지루한 이야기의 끝도 그다지 재미있고 화려하고 마냥 즐겁지만 않은 이야기들을 해야겠다. 자넬리아의 화려한 연구들과 초파리를 이용한 다양한 연구들에도

고 유능한 신경과학자들이, 구세대 진화생물학과 다른 곤충연구자들을 아주 빈번하게 초청해서, 비교행동학 연구를 통한 진화생물학 연구를 진행하고 있다는 점이다. 실제로 자넬리아의 데이비드 스턴은 지금까지는 실험실 유전학의 재료가 아니었던 다양한 초파리 종들을 위한 유전학적 도구를 만드는 중이다. Stern, D. L., Crocker, J., Ding, Y., Frankel, N., Kappes, G., Kim, E., ... & Picard, S. (2017). *Genetic and Transgenic Reagents for Drosophila simulans;* D. mauritiana, D. yakuba, D. santomea, and D. virilis. G3: Genes, Genomes, Genetics, 7(4), 1339-1347.

* CRISPR 연구를 이끄는 세계적 연구 그룹 중 하나가 한국의 김진수 박사를 중심으로 하는 연구 그룹이다. 하지만 한국의 CRISPR 연구가 추구하는 연구 방향은, 지극히 제한적이고 폭이 좁은 연구들뿐이다. 황우석의 망령이 다 지나지도 않았는데, 한국의 CRISPR 연구자들은 여전히 인간질병 치료만을 향해 달리고 있다. 세상엔 더 재미있고 유익한 생물학도 많다. 당장 미국에선 모기를 이용한 gene drive 기술을 개발했다. Sinkins, S. P., Gould, F. (2006). "Gene drive systems for insect disease vectors", *Nature Reviews Genetics*, 7(6), 427. IGTRCN이라는 단체는 곤충학 연구자들에게 CRISPR를 가르치고 있다.(igtrcn.org) 학풍이 없는 국가의 과학적 상상력이란 이렇게 빈약하거나, 혹은 매머드를 복제한다는 식의 허풍으로 점철될 뿐이다. 황우석이 아니라 김진수 박사 같은 세계적 수준의 과학자가 멸종된 동물을 복원하는 일에 뛰어드는 것이 어쩌면 더 자연스러운 일이다.

불구하고, 미국이 만든, 미국의 과학 초파리 유전학에 대한 미국의 지원은 줄고 있다.** 초파리만이 아니라, 생쥐를 제외한 대부분의 모델생물에 대한 미국 국립보건원과 미국과학자연맹NSF의 지원은 줄어들고 있다.[69] 심지어 초파리 기지에 대한 지원이 끊겨 이제 초파리 기지는 기부가 없으면 운영이 불가능한 상황이 됐다.*** 이건 초파리나 다른 모델생물이 못나서가 아니라, 1장에서 이미 언급했듯이 정부 주도의 과학이 지닌 구조적인 한계 때문에 생기는 것이다. 특히 미국이나, 미국에서 모든 걸 영향받은 한국처럼 기초과학에 대한 이해가 경제와 국가발전이라는 패러다임에 갇힌 국가에선 더욱 그렇다. 그런 국가에선 경제가 어려워지면 기초과학에 대한 지원이 가장 먼저 끊기게 마련이고, 권력을 쥐는 쪽의 취향에 따라 기초과학 연구비는 언제나 풍

** 김우재. (2018). 미국의 과학, 미국식 과학. 〈한겨레〉; Wangler, M. F., Yamamoto, S., Bellen, H. J. (2015). "Fruit flies in biomedical research", *Genetics*, 199(3), 639-653. 다음 인터넷 페이지도 참고할 것. www.researchgate.net/figure/Funding-for-Drosophila-research-is-in-decline-A-The-total-number-of-NIH-funded-R01_fig1_271595258
이런 상황에서 NIH는 성난 모델생물 연구자들을 달래기 위해 멍청한 통계학으로 모델생물 지원이 줄지 않고 있다고 보고했다. nexus.od.nih.gov/all/2016/07/14/a-look-at-trends-in-nihs-model-organism-research-support/

*** 이 책을 쓰기 불과 얼마 전에, GAL4/UAS 시스템을 만들어 초파리 유전학을 한 단계 진보시킨 노버트 페리몬 교수가 링크된 편지를 초파리 공동체 모두에 보냈다. 미국 국립보건원은 초파리 큐레이션을 담당하던 'flybase'의 예산을 깎기 시작했고, 이제 더는 초파리 기지는 예전처럼 활발하지 못할 것이다.
초파리 기지는 유전체학과 생물정보학의 발달로 잘 정립된 데이터베이스가 과학의 도구로 정립하는 과정에서 아주 중요한 역할을 했던 역사적 유물이다. Hine, C. (2006). "Databases as scientific instruments and their role in the ordering of scientific work", *Social Studies of Science*, 36(2), 269-298.

전등화의 위기를 맞게 마련이다. 그것이 1장에서 초파리 유전학이 새로운 방식의 생존을 모색해야 할 시기라고 한 이유다.

영원한 것은 없다. 초파리도 마찬가지다. 120년 동안 생물학의 중심에서 생물학의 거의 모든 분야에 기여해왔지만, 초파리는 이제 사람들에게서 잊히고 있는 존재다. 2017년 초파리 유전학자들이 노벨생리의학상을 수상한 건 초파리 유전학의 희망이 아니라, 어쩌면 마지막 숨이었을지도 모른다. 1970년대, 초파리 유전학이 전성기를 구가하던 시기의 연구가 지금 노벨상을 탔다는 건, 결코 행복한 일은 아니다.* 초파리 유전학자들은 살아남기 위해 발버둥을 치고 있다. 이미 앞에서 이야기했듯이 초파리 연구자들은 아주 빠르게 인간질병 연구 분야로 뛰어들어 점점 더 질병을 중심으로 치우치고 있는 연구비 전쟁에서 살아남으려고 한다. 그중 일부는 모기처럼 그 연구가 인류의 건강과 생존에 도움이 된다고 생각하는 쪽으로 움직이고 있다. 그렇게 젊고 총명한—하지만 약삭빠른—과학자들이 모두 초파리를 응용과학의 도구로만 사용하게 된다면, 자넬리아처럼 부유한 일부 영역을 제외하고 초파리 연구자들을 볼 수 있는 기회는 이제 사라지게 될 것이다.**

* 초파리가 노벨생리의학상을 탔고, 필자의 학과를 비롯해서 오타와에 초파리 유전학자라곤 필자밖에 없지만, 축하한다는 말은커녕, 초파리가 노벨상을 탔는지 기억조차 하지 못하는 동료와 학생이 대부분이다. 그러니 일반 시민은 어떻겠는지, 물어보나마나이다.

** 이제 심지어 그 부유한 미국에서, 초파리가 아닌 다른 분야에서조차, 의생명과학 연구자들의 경제적 처지는 처참한 상황이다. Alberts, B., Hyman, T., Pickett, C. L., Tilghman, S., · Varmus, H. (2018). "Improving support for young biomedical scientists", *Science*, 360(6390), 716-718. 특히 〈네이처〉지에 출판되어 이슈가 되었던 '학위공장'이라는 글을 읽어볼 것. Kitazawa, K., · Zhou, Y. (2011). "The PhD

그것이 운명이라면 그 운명 또한 받아들여야 할지 모른다. 그리고 어쩌면—미래는 불확실해서 연구가 지속가능할지 전혀 알 수 없지만—바로 이 초파리 유전학의 위기가, 꿀벌처럼 인류에게 유익한 곤충의 진사회성을 연구하기 위해 움직일 최적의 기회일 수도 있다. 원래 꿈이란 시련 없이 이루어지지 않는 법이라니 말이다. 물론, 여기까지 읽고 기초과학자의 꿈을 꾸는 과학도에게 해주고 싶은 말은 없다.*** 선택했다면 걸어야 할 뿐이다. 동료들과 함께 걷는다면 좋을 것이다. 사회를 위해 걷는다면 가장 좋을 것이다. 하지만 바보 같은 니체가 말했듯이, 웃고 춤추며 걸을 필요는 없다.**** 그리고 걷지 않는 편이 건강에 좋다. 특히 등산은 인간에게 익숙한 운동은 아니다. 진화생물학의 원리를 이해한다면 쉽게 추론할 수 있다. 인간은 아프리카 초원에서 진화했으니 산에 오를 일이 없었다. 그러니 기초과학이라는 이 험난한 피라미드에 들어서지 말 것.

factory", *Nature* 472, 276-279. doi.org/10.1038/472276a

*** 굳이 해야 한다면 꿈은 꾸지 않는 것이 가장 좋다,라고 말해주고 싶다. 꿈꾸는 사람이 바보가 되는 세상이다.

**** 니체의 《차라투스트라는 이렇게 말했다》에 나오는 구절이다. "모든 좋은 것들은 웃는다. 어떤 사람이 정말로 자신의 길을 걷고 있는지는 그 걸음걸이를 보면 알 수 있다. 그러므로 내가 걷는 것을 보라. 자신의 목표에 다가서는 자는 춤을 춘다."

책을 쓰고 출판을 준비하던 시기에, 나는 내 인생을 뒤바꿀 결심을 했다. 학위과정을 통해 분자생물학 실험실에 들어선 것이 2000년, 그 이후 연구자로 살아가겠다는 꿈 외에는 아무런 생각도 해본 적이 없었다. 내가 실험생물학자의 인생을 시작했을 때, 세상은 인간유전체 계획으로 시끄러웠고, 2005년엔 황우석 사태가 터졌으며, 꼬마 RNA인 미르miR의 발견과 CRISPR로 생물학은 혁명적 변화를 겪었다. 하지만 그것보다 더 급격한 변화는, 생물학계를 둘러싼 사회경제적인 구조에서 왔다. 생물학계의 인력구조는 심각할 정도로 위기에 처해 있다. 박사학위 과정이 길어지고, 박사후연구원이라는 비정규직을 거친 후에도, 제대로 된 연구직을 꿈꾸는 건 거의 불가능해졌기 때문이다. 그와 동시에 생물학을 둘러싼 연구환경도 급격하게 변했다. 이제 질병이나 인간의 건강과 연관되지 않은 생물학 분야에 대한 정부의 지원은 거의 없다시피 하다. 다윈과 같은 기초생물학 연구자는, 이제 거의 등장하기 어려울지 모른다. 그래서 대학을 그만두고 밖으로 나가기로 했다. 대학 밖에서도 기초생물학자로 살아갈 수 있고, 실험실을 운영할 수 있다는 확신이 들었기 때문이다. 어쩌면 그것이 과학자로서 내가 평생을 걸고 마지막으로 이루어야 할 목표일지 모른다. 이제 곧 교수라는 직책을 버리게 될 것이다. 하지만 초파리 유전학자라는 정체성은 사라지지 않는다. 그리고 그것이 과학자의 본질이라고 믿는다.

우연인지 필연인지 진화생물학자를 꿈꾸던 과학자의 삶이, 분자생물학을 거쳐 행동유전학이라는 분야로 움직여왔다. 특히 초파리 유전학은 정말로 박사를 마칠 때까지 진지하게 고민해보지 않은 분야였다. 지난한 박사과정에서도, 남들보다 늦은 박사후연구 과정에서도 그리고 또 언제나 터무니없이 늦깎이 교수로 사는 지금까지도, 언제나 먼저 선택하고 적응했던 것 같다. 영민하지 못해, 남들처럼 영리한 선택을 하지 못하고 그 많은 과학 분야들 중에서 돈이 안 되는 몇 안 되는 분야로 들어와, 연구비 경쟁에서 뒤처지고 사회에서 대접도 받지 못하는 기초과학자가 된 건, 다양한 선택지를 면밀히 살펴보고 돈과 명예를 비롯한 다양한 가능성을 타진한 뒤, 조금은 정치적으로 윗사람들에게 잘 보여 작은 이익을 얻는 일들에 무심했기 때문이 아니라, 조금은, 아주 조금은 어린 시절 매일 곤충을 채집하며 시간을 보내던 북한산 자락에서 막연하게 그리던 곤충학자의 꿈이, 그 많고 다양하고 영리한 선택지들을 보지 못하게 내 눈을 가렸기 때문일지 모른다. 물론, 책의 말미에 말했듯이, 기초과학자가 되겠다는 꿈은 위험하다. 권하지 않는다. 차라리 돈을 버는 데 재주가 있다면, 낭비되는 세금을 막고 부자들의 주머니로만 흘러들어가는 돈을 잘 빼내서, 기초과학을 지원하는 일에 쓸 줄 아는 정치인, 기업가, 활동가가 되어주길 바란다. 훌륭하고 재주 있는 사람들이 굳이 우울한 굴에 찾아들어올 필요는 없다. 그 굴에 지상의 빛을 쐬어주는 일을 해주면 좋을 것이다. 한국사회가 기초과학을 원하지 않는다면 굳이 그걸 유지할 필요는 없다. 기초과학이 없어도—대부분의 과학자들이 난리를 치는 것처럼—금방 나라가 망하지 않는다. 아마 한 백년쯤 걸릴 것이다, 과학 없는 나라가 망하려면.

이제 한국에도 대중적으로 유명한 과학자들이 많이 등장했다. 미디어에 자주 얼굴을 내비치는 과학자들은 연구실을 넘어 이제 예능 프로그램에도 심심찮게 등장하곤 한다. 과학자라고 사회 모든 분야에 진출하지 말라는 법은 없다. 의사나 변호사 출신의 인물들이 사회 모든 영역에 관여하고, 정치인 대부분이 법조인인 한국처럼 이상한 나라도 없을 것이다. 과학자도 TV에 나올 수 있고, 그걸 이상하게 생각해선 안 된다. 문제는 한국사회에서 과학이 그리고 과학자가 사회에서 소비되는 방식이, 지나치게 가볍고 한국의 과학을 위해 별 도움이 되지 않는다는 데 있다.

과학자가 사회에 대해 발언하기 시작할 때, 그는 이미 과학으로'만' 사회에 접근하지 않는다. 왜냐하면 사회적 현상을 과학자의 전문영역으로만 접근한다면, 그는 사회에 대해 아주 제한적이고 무의미한 결론만 이야기할 수 있기 때문이다. 과학자가 책, 인터뷰, 지면, 강연 등을 통해 전문가 동료들이 아닌 불특정 다수 앞에 나설 때, 그는 이미 철학자, 사회과학자, 혹은 선동가로 활동하고 있는 것이다. 따라서 심지어 서평을 쓸 때조차, 과학자의 서평이란 이미 과학은 아닌 것이다.

바로 그 대중이 접근하는 곳에, 대중서, 대중강연 등의 시장이 있다. 과학계에선 그 분야를 과학대중화 시장이라고 부른다. 내 주변엔 다양한 스펙트럼으로 과학에 걸친 사람들이 있다. 어떤 이는 과학자로 훈련받은 적조차 없는데, 한국사회에서 과학전문가로 소개되고 대중을 상대로 과학에 대한 이야기를 재치있게 풀어낸다. 그 반대편엔 사회야 어떻게 되든 말든 자신의 연구에만 관심을 가진 상아탑의 과학자도 있다. 그 중간에, 과학자로 살면서 대중적 활동을 병행하는 과학자들이 있고, 연구보다 과학대중화에 더 열정을 지닌 과학자도 있다.

스펙트럼은 다양하고, 어느 한 양태를 옳다 그르다 말하기 어렵다. 과학자로 살면서 다양한 스펙트럼으로 과학에 접근하는 사람들을 만나다 보니, 어느새 기준도 생겨났지만, 그 기준조차 일반화하긴 어려운 것이다. 상아탑 과학자들을 만나면 과학대중화로 이름이 알려진 과학자에 대한 험담이 오간다. 그의 연구역량에 대한 이야기가 대부분이다. 과학사, 과학철학, 과학사회학을 연구하는 학자들은 과학자들의 이기적인 행태, 즉 사회에 대한 무관심과 정권에 아부하는 행태를 욕한다. 어떤 이들은 과학인 한에서, 모든 것을 관용하기도 한다. 한국의 과학교양 도서 시장이 비약적으로 성장하고 과학자들이 대중에게 친숙해지는 과학대중화에 대한 내 생각을 짧게 도식화하면 아래와 같다.

과학자의 대중적 강연이 나쁜가? 아니다.
과학자가 연구보다 인기에만 관심 있는 태도는 옳은가? 잘 모르겠다.
과학을 책으로만 접근하려는 태도는 좋은 방식인가? 아니다.
그렇다면 모두가 실험실에서 과학자가 되어야 하는가? 아니다.

과학을 대중화하려는 노력 자체에는 잘못이 없다. 그 방식이 진화하지 않기 때문에 문제가 된다. 반대로 과학의 대중화를 욕하기만 하는 태도에도 문제가 있다. 과학을 사회에 자리잡게 하려는 하나의 시도로, 과학대중화는 분명 한국사회에 기여한 바가 있기 때문이다. 아마도 문제는 균형에 있을 것이다.

앨런 오어Allen Orr는, 제리 코인Jerry Coyne과 《종분화Speciation》라는[1] 기념비적인 책을 저술한, 집단유전학계에서는 잘 알려진 초파리 유전학자다. 그는 대중강연을 하지 않는다. 아마도 학회에서 학문적 동료들에게 하는 강연 이외의 대중강연엔 나서지 않는 듯하다. 내가 그를 알게 된 건 굴드, 도킨스, 데닛, 핑커 등 국내 과학교양서 시장을 장악하던 이들에 대해 그가 쓴 비평들을 읽고 번역하면서부터다. 그는 1년에 겨우 한 편 혹은 2년에 한 편 정도 〈보스턴 리뷰〉나 〈뉴욕 타임스〉 서평란에 꽤 긴 내용으로 서평을 쓴다. 그 서평이 워낙 촌철살인이고 가끔은 책에 대한 완벽한 비판이라, 그가 서평을 쓸 때마다 많은 이들이 그 글을 읽고, 그 글이 회자된다. 아마도 앨런 오어가 대중과 접하는 유일한 통로가 바로 그 두 서평란을 통해서일 것이다.*

지금의 내게, 앨런 오어 정도의 스탠스가 연구에 매진해야 하는 과학자로 살면서도 대중과 소통하는 균형 잡힌 태도가 아닐까 하는 생각이 든다. 혹은 연구자로 살면서 가끔 TV에 등장하는 과학자처럼 되고 싶어서 몸부림을 치는 후학들이 있다면, 앨런 오어를 하나의 가능성으로 삼아보는 것도 나쁘지 않을 듯하다. 물론 TV에 나오는 과학자

* 앨런 오어 〈보스턴 리뷰〉 페이지(bostonreview.net/author/h-allen-orr)와 〈뉴욕 타임스〉 서평 페이지(www.nybooks.com/contributors/h-allen-orr/).

들을 이유 없이 비난하고 폄하하는, 내 눈에는 그들보다도 나을 것 없는 상아탑 과학자들도 앨런 오어에게서 배울 게 많으리라. 적어도 앨런 오어의 글쓰기는 페이스북이나 트위터에서나 떠들어대는 짧은 호흡의 그런 글들과는 격이 다르니 말이다.

이제 '변화를 꿈꾸는 과학기술인 네트워크 ESC' 등을 통해 과학자가 한국사회에서도 변화의 목소리를 내기 시작했지만, 여전히 한국의 과학자 사회는 대중활동은 물론 정치활동에서도 스스로의 정체성을 찾지 못하고 있다. 책에도 썼지만, 과총과 같은 박정희 시대의 어용단체는 이제 과학자 개인을 회원으로 하는 제대로 된 과학자 단체로 거듭나야 하며, 더 이상 정당에 비례대표를 구걸하는 방식의 정치활동도 그만해야 한다. 1920~40년대 영국에서, 과학의 성자라고 불리는 J. D. 버널을 중심으로 한 일련의 과학자들은 기꺼이 좌파 과학자로 자신의 정체성을 선언하고, 과학과 사회의 관계에 대한 적극적 대중 홍보에 나섰다. 그들을 버널주의자라고도 부르지만, 게리 워스키 같은 역사가는 '보이는 대학visible college'의 구성원들이라고도 부른다. 17세기 로버트 보일이 만든 '보이지 않는 대학invisible college'이 정치적 활동에는 일절 관여하지 않고 오로지 과학적 연구에만 몰두한 것을 비판하기 위한 작명이다.[2] 한국에도 이제 대중과학자들이 많은데, 과학이 사회에 정치적으로 그다지 큰 영향을 미치지 못하는 이유는 그 대중적인 과학자들이 여전히 과학자의 정치적 활동에 대한 생각을 갖고 있지 않기 때문이다. 어쩌면 그들은 과학자가 원래 자신의 작업을 통해 적극적으로 사회 속으로 나아가, 사회와 교류하고, 사회를 변화시키며, 사회로부터 영향을 받는 지식인 계층이었음을 잊고, 단지 한 분야의 전문가로 스스로를 생각하고 있을 것이다. 이제 한국사회의 일류 과학자들이 대중 앞에 그리고 당당하게 과학자의 권리를 주장하는 정치활동에 나설 때가 되었다. '보이는 대학'의 구성원 모두가, 당대 영국사회의 일류 과학자였다. 그리고 '보이는 대학'의 구성원들은, 더 많은 과학은 더 많은 민주주의를 의미한다는 신념을 지니고 있었다. 한국사회의 민주주의가, 과학자들에 의해 개선될 여지는 무한하다. 바로 그만큼, 과학자들이 적극적으로 사회 속에서 발언하고 스스로를 낮춰야 한다는 뜻이기도 하다. 이제 이기적인 과학자의 이미지를 벗을 때가 됐다. 아마도 아래 인용한 글은, 한국 과학대중화가 겉돌고 있는 현상에 대한 좋은 설명이 될 것이다. 우리에겐 필요한 건 쉽게 과학을 설명해주는 과학자가 아니라, 자신의 과학을 만들어가는 사람이다.

> "그러나 이 그룹이 자기 밑에 있는 학생이나 동료 과학자 사이에서 두각을 나타내고 효과적이면서 설득력 있는 모습을 갖게 된 열쇠는 성공한 과학자-활동가의 역할 모델을 만들어낸 데 있다. 또한 과학에서 높은 지위와 성취를 달성했으면서도 자신들이 '건전한' 인물로서 가진 명성을 위태롭게 만들 수 있는 일을 결코 회피하지 않았다. 과학 노동자들이 시민이자 전문가로서 훌륭한 일을 하고 사회에 혜택을 줄 기회를 확대하기 위해서라면 말이다. 레비를 뺀 다른 사람들은 모두 왕립학회 회원이었다. 심지어 1930년대 초에도 (나중에 노벨상을 받는) 블래킷과 (전후 분자생물학의 대부로 널리 인정받은) 버널은 홀데인과 함께 일급 과학자이자 아마도 천재로 대접받았다. 전문가

로서 누린 이런 명성은 이 그룹이 공유한 정치적 견해에도 커다란 무게를 실어줬는데, 학계의 일부 영역을 넘어 심지어 일반 대중에게도 영향을 미쳤다."*

나는 초파리 유전학자다. 언젠가 프랑스 철학을 연구하는 한 잘나가는 인문학자는, 자신에 대한 나의 비판에 대해, 초파리 연구나 잘하라는 비난을 한 적이 있다. 종편을 비롯한 TV프로그램에 자주 얼굴을 비치는 그 철학자의 말처럼, 초파리 연구자가 초파리만 연구할 수 있는 세상이면 좋을 일이다. 연구의 대상이 인간 혹은 사회현상인 학자들이 사회에 대해 발언하는 건 어려운 일이 아니다. 오히려 그런 학자들이 사회에 대해 발언하지 않는다면, 그건 학자의 윤리에 어긋나는 일일지 모른다. 그리고 경제학, 사회학, 의학, 법학, 인문학 분야의 학자들이 자신의 학문을 사회와 연결하는 건 정말 쉬운 일이다. 사회 약자들이 처한 상황을 연구하는 사회역학자에게, 대중서란 곧 자신의 연구이기도 하다. 그에게 연구논문이란, 한글로 쓰인—조금은 전문적인—이

* 게리 워스키. (2014). 《과학 좌파》. 김명진 옮김. 이매진. 다음 인용 역시 같은 책에서 옮긴 것이다. "물론 과학자들의 이런 적극적이고 급진적인 정치활동을 반기지 않는 과학자들도 많았다. 당연히 버널은 위협적인 존재였고, 러더퍼드처럼 유명한 물리학자는 버널이라면 질색을 했다. 그리고 과학사가로도 유명해진, 버널주의자 조지프 니덤은 보이는 대학 활동으로 인해 자신의 생화학 연구에 매진하지 못했음을 토로하기도 했다. 그는 계속해서 정치가 연구에 끼어들었음을 고백했다. 하지만 버널이 자신의 친구 랑주뱅의 입을 통해 말했듯이, 그들의 정치적 열정은 과학 때문에 불타올랐다. 내가 할 수 있는 과학 연구는 다른 사람들이 할 수 있고 또 할 것이다. 머지않아 그렇게 될 수도 있고, 한동안 시간이 걸릴 수도 있다. 그러나 정치적 활동이 없다면 미래에 과학은 아예 존재할 수 없을 것이다."

미 대중에 공개되어 큰 설명이 필요 없는 책의 일부가 될 수 있다. 그런 학자들이 관심을 더 넓혀 지식인의 비판정신을 드높이는 것, 그것이 한국사회의 지식인이 자신의 작업을 통해 사회를 변화시키는 방식일 것이다.

과학기술인에게 그런 작업은 어렵다. 지나치게 좁은 분야의 일에 전문가가 된 과학기술인은 사회를 연구대상으로 삼는 경우도 거의 없고, 그 발견과 기술이 사회와 연결되는 지점을 찾기 위해 스스로 노력해야 한다. 그리고 이미 델브뤼크가 말했듯이, 과학자는 자신의 작업을 통해 은거할 수도, 사회와 만날 수도 있는 직업이다. 그리고 복잡한 현대사회에서, 특히 한국처럼 과학자라는 직업이 지식인으로 인식되지 않는 곳에서, 과학자 대부분은 자신의 작업 속으로 은거하게 마련이다. 한국사회의 오피니언은, 지나치게 많은 인문사회계열의 지식인들로부터 나온다. 그건 큰 문제다. 현대사회에서 과학기술을 제거하고 나면 우린 다시 원시시대로 돌아가야만 하는데, 현대문명과 현대지식의 대부분을 이루는 과학기술의 전문가들의 의견을 제외하고 사회를 이끌어가는 방식이 정상적일 수 없다. 한국사회엔 더 많은 과학자, 엔지니어, 프로그래머의 의견이 필요하다. 그것이 조선시대로부터 이어지는 인문국가의 이미지를 벗고, 과학을 새로운 인문학으로 포용해 당당하게 선진국의 대열에 이르는 길이다.

초파리를 연구하는 학자는 자신의 작업을 통해 사회와 연결되기 위해 다양한 과정과 단계를 거쳐야 한다. 초파리는 혐오동물이고, 아무도 초파리 연구에 관심이 없으며, 그것이 왜 중요한지 이해하지 못한다. 따라서 초파리 연구자는 자신의 작업을 사회적 맥락 위에서 다시 재조립하고, 쉬운 설명을 위해 역사와 철학과 사회를 공부해야 한다. 그런 작업 후에도, 그는 자신의 작업의 정당성을 시민사회에 당당하게 주장하지 못하고, 고민해야 한다. 과학이 중요하다는 의미 없는 구호는 이제 그만했으면 좋겠다. 그리고 과학자들도 정책관료들도 또 시민들도, 과학이 중요하다는 의미 없는 구호 말고, 정말 과학이 처해 있는 현실과, 과학자들이 살아가는 방식을 공부하고—필요하다면—실천했으면 좋겠다. 이 책은 기초과학의 위기를 살아가는 과학자가 한국사회에 던지는 절규이기도 하다.

내 글은 친절하지도 않고, 한국사회의 표준화된 글의 형식을 갖추지도 못한 어중간한 작품이다. 실은 얼마나 많은 독자들이 이 책을 읽을 수 있을지 장담하지 못한다. 하지만, 현장 과학자가 없는 시간을 쪼개 현장의 지식을 전하려고 치열하게 노력한 수고는 위로받았으면 한다. 책을 쓰면서, 페이스북에 니체에 관한 글을 올린 적이 있다. 거기서 난, 내가 글을 피로 쓰고 있다고 말했다.

> "니체를 제대로 읽지 않았다. 정돈되지 않은 그 문장들이 내게 익숙하지 않았다. 아리스토텔레스의 글은 여전히 명료하며 철학은 논증의 학문임을 잘 보여주는 원형이다. 하지만 플라톤에서 니체로 이어지는 그 전통은, 포스트모더니즘의 그 지저분한 문장들이 한국 강단 철학자들을 오염시킨 이후, 내게 언어도단 이상이 아니었다.
>
> 아마도 10여 년 전쯤, 우연히 읽은 문장에서 힘을 느꼈다. 그 문장을 니체가 썼다고 했다.

'모든 좋은 것들은 웃는다. 어떤 사람이 정말로 자신의 길을 걷고 있는지는 그 걸음걸이를 보면 알 수 있다. 그러므로 내가 걷는 것을 보라. 자신의 목표에 다가서는 자는 춤을 춘다.'

그 후, 이 문장은 내 삶의 태도가 되었다. 언젠가 이 문장의 앞뒤를 원문을 찾아 읽은 적이 있다. 명료하지 않았다. 나는 명료하게 읽히는 이 글에 반응하기로 했다.

내 글은 거칠다. 거칠기 때문에 그 반응도 극명하게 나뉜다. 적과 아군이 분명하며, 가끔 글이 지나치게 직선적이라는 말을 듣는다. 간지러운 시로 시작했던 글이, 어느새 권력을 겨누는 칼이 된 것이다. 의도하지는 않았다. 황우석, 광우병, 천안함, 박근혜, 박성진, 일련의 사태들에 대해 글을 써야 한다고 느꼈고, 그때마다 글에 날이 섰다. 그래서 존댓말로 쓴 글에 열렬히 반응하는 독자들, 무슨 스님이나 작가가 이야기하는 달콤한 글에 익숙한 이들에게, 내 글은 없는 것이다. 날선 글은 그들의 마음을 불편하게 한다.

니체는 읽기와 쓰기에 대해 무슨 말을 했을지 찾아본다. 《차라투스트라는 이렇게 말했다》에는 '읽기와 쓰기에 대하여'라는 장이 있고, 그는 글을 피로 쓴다고 했단다.

'나는 모든 글 가운데서 피로 쓴 것만을 사랑한다. 피로 써라. 그러면 그대는 피가 곧 정신임을 알게 되리라. 다른 사람의 피를 이해하기란 쉬운 일이 아니다. 그래서 나는 책을 읽는 게으름뱅이들을 미워한다. 독자를 잘 아는 자라면 독자를 위해 더 이상 아무것도 하지 않으리라. 독자가 백 년을 산다면, 정신 그 자체가 썩은 냄새를 풍기리라. 모든 사람이 읽는 것을 배우게 된다면, 결국에는 쓰는 것뿐만 아니라 생각 자체도 썩고 말리라. 한때 정신은 신이었다가, 다음에는 인간이 되었고, 이제는 마침내 천민이 되었다. 피와 잠언으로 쓰는 자는 읽히기를 원하는 것이 아니라 암송되기를 바란다.'

가끔 내 글이 더 많은 이들에게 읽히기를 분명히 바랐고, 그런 의도가 보이는 내 글을 다시 읽으며 스스로 반성했다. 대중을 편안하게 하는 글을 쓰기보다, 불편하게 하는 글을 쓰겠다. 당장 널리 읽히고 쉽게 팔리는 글보다, 한 줄이라도 역사에 남는 글을 쓰겠다. 그 다짐은 어렵다. 분명 내가 선택해 읽지 않을 책들이 한국에서 가장 잘 팔리는 책이라고 소개되는 일들이 계속될 때는 더더욱. 이제 겨우 쓰기 시작한 내 책은 10여 년 연구한 초파리의 역사에 관한 책이다. 재미없고, 지루하고, 독자가 스스로 공부하지 않으면 읽지 못할 그런 책이 될 것이다.

칼럼과 기고문을 엮어 책으로 내자는 제안을 몇 번 거절했다. 내게 책이란 완결성이다. 그 기준을 잃지 않겠다. 사람들은 점점 더 책을 읽지 않는다. 하지만 책이라는 정보의 형식은 사라지지 않을 것이다. 그 본질을 잊지 말아야 한다. 물론 쉽지 않은 일이다. 하지만 글은, 피로 쓰는 것이다. 피로 쓴 글이 쉽게 읽히진 않을 것이다. 모두가 쉬운 글을 원할 때, 나는 불편하고 치열한 글을 써낼 것이다."

이 책은 피로 쓴 글이다. 후학들이 과학자로, 특히 기초과학자로 사는 꿈을 꾸지 않길 바라지만, 나에겐 아직 아주 소박한 꿈이 있다. 동물들이 어떻게 시간을 인지하는지 조금이나마 이해하고 싶다. 그런 연구가 초파리로 가능할 것 같다. 이런 연구에 조금이라도 연구비가 지원되길 바란다. 그리고 나를 믿고 찾아오는 많은 학생들에게 과학자의 꿈이 가진 진정성을 말이 아닌 실천으로 교육하고 싶다. 그렇게 실험실이 계속될 수 있다면, 진사회성 곤충들이 이룬 이 거대한 초유기체의 내부를 유전학적 도구들로 들여다보고 싶다. 아주 조금이라도 그 내부에 놓인 법칙을 알아낼 수 있다면, 평생 과학자로 살아간 보람이 있겠다. 그런 내 연구의 피인용지수citation index가 몇천이 될지 나는 잘 모르겠다. 하지만 과학자의 꿈까지 정량적 지표로 평가되는 그 세상에 적응하기엔, 내가 참 많이 순진하다. 나는 그냥 이 길을 걷겠다. 항상 웃고 춤출 수 있을지는 모르지만, 다시 돌아가 다른 선택을 하고 싶지는 않으니까, 그냥 이 길을 걷겠다. 그리고 함께 걸을 수 있다면 참 좋겠다.

후 주

머리말

1. Keller, A. (2007). "Drosophila melanogaster's history as a human commensal", *Current Biology*, 17(3), R77-R81.

2. Powell, J. R. (1997). *Progress and prospects in evolutionary biology: the Drosophila model*, Oxford University Press. Chicago.

3. 김우재. (2010). 작은 초파리 연구에 숨은, 큰 울림의 이야기. 〈한겨레 사이언스온〉.

1장

1. Waldrop, M. M. (2011). "Research at Janelia: life on the farm", *Nature News*, 479(7373), 284.

2. 김상현. (2018). 기초과학연구원, 한 연구단장 개인에 우왕좌왕. 〈시사저널〉.

3. Ashburner, M., Ball, C. A., Blake, J. A., Botstein, D., Butler, H., Cherry, J. M., ... & Harris, M. A. (2000). "Gene Ontology: tool for the unification of biology", *Nature genetics*, 25(1), 25.

4. "I consider myself to be a tool builder the thing I'm most proud of in my scientific career is the development of tools and methods from Building genetic tools"(in *Drosophila* research: an interview with Gerald Rubin. 2016. *Disease Models & Mechanisms*, *9*(4), 361364. http://doi.org/10.1242/dmm.025080)

5. "It took us less than a year to have initial success and we reported our work in two articles in Science in the fall of 1982. We did all the experiments ourselves because it was a high-risk 'nutty' experiment! from Building genetic tools"(in *Drosophila* research: an interview with Gerald Rubin. 2016. *Disease Models & Mechanisms, 9*(4), 361364. http://doi.org/10.1242/dmm.025080)

6. Kohler, R. E. (1994). *Lords of the fly: Drosophila genetics and the experimental life*. University of Chicago Press.

7. Rubin, G. M. (2015). "FlyBook: A Preface". *Genetics*, 201(2), 343.

8. When Choppin came to HHMI in 1985, first as vice president and chief scientific officer and then, since 1987, as president, there were 96 Institute scientists, a number that has grown to 330.

During Choppin's tenure, the annual budget of the Institute has grown from $77 million to $556 million, with a total of $4.8 billion either expended or committed. In addition, Choppin oversaw the construction of the Institute's campus headquarters and conference center in Chevy Chase, Maryland, just outside of Washington, D.C.

https://www.hhmi.org/news/purnell-w-choppin-announces-his-retirement

9. Robert Tjian. Supporting Biomedical Research Meeting Challenges and Opportunities at HHMI. JAMA. 2015;313(2):133-135. doi:10.1001/jama.2014.16543

10. Ziman, John. (2003). "Non-Instrumental Roles of Science", *Science and engineering ethics*, 9(1): 17-27.

11. Kitazawa, Koichi, and Yongdi Zhou. (2011). "The PhD Factory", *Nature*, 472: 276-279.

12. 이태수. (2011). 권두언—박사학위 양산 체제의 문제점. 〈지식의 지평〉 472: 10-23.

13. 김우재. (2017). 기초라는 혁명. 《4차 산업혁명이라는 유령》. 휴머니스트.

14. 김인춘. (2014). 제3섹터의 개념, 구성요소, 역할: 서구와 한국의 비교. 연세대학교 동서문제연구원.

15. 김인춘. (2014). 제3섹터의 개념, 구성요소, 역할: 서구와 한국의 비교. 연세대학교 동서문제연구원.

16. 김석현. (2005). 새로운 과학기술 투자주체 비영리민간재단. 과학기술정책연구원.

17. 김석현. (2005). 새로운 과학기술 투자주체 비영리민간재단. 과학기술정책연구원.

18. 이상민. (2012). 한국 공익재단의 사회적 구성: 역사적 발전과정을 중심으로. 〈시민사회와 NGO〉 10(2): 191-219.

19. 이상민, 이상수. (2012). 국내 민간 공익재단 기초연구. 〈아름다운북〉. 아름다운재단.

20. 이상민, 이상수. (2012). 국내 민간 공익재단 기초연구. 〈아름다운북〉. 아름다운재단.

21. 김석현. (2005). 새로운 과학기술 투자주체 비영리민간재단. 과학기술정책연구원.

22. http://www.businessinsider.com/mark-zuckerberg-cure-all-disease-explained-2016-9

23. https://www.nobelprize.org/nobel_prizes/medicine/laureates/1933/morgan-article.html

24. 정혜경. (2005). 록펠러 재단을 통해 본 미국의 과학기술후원. 〈사이언스타임즈〉.

25. 임희섭. (2003). 과학기술의 문화적 함의—Cultural Implications of Science and Technology. 〈과학기술학연구〉(5): 117.

26. Hall, J. C. (2015). "Ronald J. Konopka". *Journal of Biological Rhythms*, 30(2), 71-75. http://doi.org/10.1177/0748730415579136

27. "Thomas H. Morgan—Biographical", nobelprize.org. Les Prix Nobel. T. H. Morgan's Nobel Prize biography mentioning C. W. Woodworth's suggestion and W. E. Castle's use of Drosophila.(From Nobel Lectures, Physiology or Medicine 1922-1941, Elsevier Publishing

Company, Amsterdam, 1965.) Retrieved May 14, 2018.

28. Castle, W. E., Carpenter, F. W., Clark, A. H., Mast, S. O., & Barrows, W. M. (1906, May). "The effects of inbreeding, cross-breeding, and selection upon the fertility and variability of Drosophila. In Proceedings of the American Academy of Arts and Sciences",(Vol. 41, No. 33, pp. 731-786). *American Academy of Arts & Sciences*.

29. Wald, C.,Wu, C. (2010). "Of mice and women: the bias in animal models.", *Science*, 327

European Commission Workshop (2010). "Of mice and men are mice relevant models for human disease?".

Mestas, J., & Hughes, C. C. (2004). "Of mice and not men: differences between mouse and human immunology", *The Journal of Immunology*, 172(5), 2731-2738.

30. Dietrich, M. R., Ankeny, R. A., & Chen, P. M. (2014). "Publication trends in model organism research", *Genetics*, 198(3), 787-794.

31. http://www.slate.com/content/dam/slate/articles/health_and_science/the_mouse_trap/2011/part_1/111108_LabExperimentsChart02.gif.CROP.article568-large.gif

32. Erick Peirson, B. R., Kropp, H., Damerow, J., & Laubichler, M. D. (2017). "The diversity of experimental organisms in biomedical research may be influenced by biomedical funding", *BioEssays*, 39(5).

33. 김우재. (2018). 미국의 과학, 미국식 과학. 〈한겨레〉.

Hayden, E. (2016). "Funding for model-organism databases in trouble", *Nature*.

34. Funding decline for the Model Organism Research Paradigm in the USA. https://amaral.northwestern.edu/blog/funding-decline-model-organism-research-paradigm-u

35. Fields, S., & Johnston, M. (2005). "Whither model organism research?", *Science*, 307(5717), 1885-1886.

Bellen, H. J., Tong, C., & Tsuda, H. (2010). "100 years of Drosophila research and its impact on vertebrate neuroscience: a history lesson for the future", *Nature Reviews Neuroscience*, 11(7), 514-522.

Ankeny, R. A., & Leonelli, S. (2011). "What's so special about model organisms?", *Studies in History and Philosophy of Science Part A*, 42(2), 313-323.

36. Organizers of The Allied Genetics Conference 2016. Meeting Report: The Allied Genetics Conference 2016. G3: Genes|Genomes|Genetics, 6(12), 37653786. http://doi.org/10.1534/g3.116.036848

37. Do we have evidence that research & development helps our economy? https://sciencepolicyivh.wordpress.com/2015/02/28/why-do-basic-research-why-do-scientists-study-model-organisms/

38. Petsko, G. A. (2011). "In praise of model organisms", *Genome biology*, 12(5), 115.

1. Delbrück, M. (1970). "A physicist's renewed look at biology: twenty years later", *Science*, 168(3937), 1312-1315.

2. Yang, C.-H., Belawat, P., Hafen, E., Jan, L. Y. & Jan, Y.-N. (2008). "Drosophila egg-laying site selection as a system to study simple decision-making processes", *Science*, 319(5870), 1679-1683. http://doi.org/10.1126/science.1151842

3. Robert P. Wagnera and James F. Crow. (2001) "The Other Fly Room: J. T. Patterson and Texas Genetics", *Genetics*, Vol.157, 1-5.

4. Muller, H. J. (1918). "Genetic variability, twin hybrids and constant hybrids, in a case of balanced lethal factors", *Genetics*, 3(5), 422-499.

5. Zheng, B., Sage, M., Cai, W. W., Thompson, D. M., Tavsanli, B. C., Cheah, Y. C., & Bradley, A. (1999). "Engineering a mouse balancer chromosome", *Nature genetics*, 22(4), 375.

6. Lpold, S., Manier, M. K., Puniamoorthy, N., Schoff, C., Starmer, W. T., Luepold, S. H. B., Pitnick, S. (2016). "How sexual selection can drive the evolution of costly sperm ornamentation", *Nature*, 533, 535. Retrieved from http://dx.doi.org/10.1038/nature18005

7. Isaac, R. E., Li, C., Leedale, A. E., & Shirras, A. D. (2010). "Drosophila male sex peptide inhibits siesta sleep and promotes locomotor activity in the post-mated female", *Proceedings of the Royal Society of London B: Biological Sciences*, 277(1678), 65-70.

8. Wigby, S., & Chapman, T. (2005). "Sex peptide causes mating costs in female Drosophila melanogaster", *Current Biology*, 15(4), 316-321.

9. Wigby, S., & Chapman, T. (2005). "Sex peptide causes mating costs in female Drosophila melanogaster", *Current Biology*, 15(4), 316-321.

10. Hsemeyer, M., Yapici, N., Heberlein, U., & Dickson, B. J. (2009). "Sensory neurons in the Drosophila genital tract regulate female reproductive behavio", *Neuron*, 61(4), 511-518.

Yang, C. H., Rumpf, S., Xiang, Y., Gordon, M. D., Song, W., Jan, L. Y., & Jan, Y. N. (2009). "Control of the postmating behavioral switch in Drosophila females by internal sensory neurons", *Neuron*, 61(4), 519-526.

11. Beaver L. M., Giebultowicz J. M. (2004). "Regulation of copulation duration by period and timeless in Drosophila melanogaster", *Current Biology*, 14(16), 1492-1497.

12. Konopka, R. J., & Benzer, S. (1971). "Clock mutants of Drosophila melanogaster", *Proceedings of the National Academy of Sciences*, 68(9), 2112-2116.

13. Kim, W. J., Jan, L. Y., & Jan, Y. N. (2012). "Contribution of visual and circadian neural circuits to memory for prolonged mating induced by rivals", *Nature Neuroscience*, 15(6), 876-883. http://doi.org/10.1038/nn.3104

14. Kim, W. J., Jan, L. Y., & Jan, Y. N. (2013). "A PDF/NPF neuropeptide signaling circuitry of male Drosophila melanogaster controls rival-induced prolonged mating", *Neuron*, 80(5), 1190-1205. http://doi.org/10.1016/j.neuron.2013.09.034

15. http://rayspace.tistory.com/543

16. http://www.injurytime.kr/archives/3685?ckattempt=1

17. Kim, W. J., Lee, S. G., Schweizer, J., Auge, A.-C., Jan, L. Y., & Jan, Y. N. (2016). "Sexually experienced male Drosophila melanogaster uses gustatory-to-neuropeptide integrative circuits to reduce time investment for mating. bioRxiv", http://biorxiv.org/content/early/2016/11/23/088724.abstract

18. Nowak, M. a., Tarnita, C. E., & Wilson, E. O. (2010). "The evolution of eusociality", *Nature*, 466(7310), 1057-1062. http://doi.org/10.1038/nature09205

19. 에드워드 윌슨 · 베르트 횔도블러. (1996). 《개미 세계 여행》. 이병훈 옮김. 범양사.

20. Robinson, G. E., Grozinger, C. M., & Whitfield, C. W. (2005). "Sociogenomics: social life in molecular terms", *Nature Reviews Genetics*, 6(4), 257.

Smith, C. R., Toth, A. L., Suarez, A. V., & Robinson, G. E. (2008). "Genetic and genomic analyses of the division of labour in insect societies", *Nature Reviews Genetics*, 9(10), 735.

21. Grondin, S. (2010). "Timing and time perception: a review of recent behavioral and neuroscience findings and theoretical directions", *Attention, Perception & Psychophysics, 72*(3), 56182. http://doi.org/10.3758/APP.72.3.561

22. Hancock, P. A. (1993). "Body temperature influence on time perception", *The Journal of General Psychology*, 120(3), 197-216.

23. https://scholar.google.ca/citations?user=0DNkodMAAAAJ&hl=ko

24. Robie, A. A., Hirokawa, J., Edwards, A. W., Umayam, L. A., Lee, A., Phillips, M. L. ... & Reiser, M. B. (2017). "Mapping the neural substrates of behavior", *Cell*, 170(2), 393-406.

25. Pfeiffer, B. D., Jenett, A., Hammonds, A.S., Ngo, T. T. B., Misra, S., Murphy, C., Scully, A., CARLSON, J. W., Wan, K. H., Laverty, T. R., Mungall, C., Svirskas, R., Kadonaga, J. T., Doe, C. Q., Eisen, M. B., Celniker, S. E., Rubin, G.M. (2008). "Tools for neuroanatomy and neurogenetics in Drosophila", *Proc. Natl. Acad. Sci. U.S.A.* 105(28): 9715-9720.

26. Nagel, G., Szellas, T., Huhn, W., Kateriya, S., Adeishvili, N., Berthold, P. ... & Bamberg, E. (2003). "Channelrhodopsin-2, a directly light-gated cation-selective membrane channel", *Proceedings of the National Academy of Sciences*, 100(24), 13940-13945.

27. Chen, T. W., Wardill, T. J., Sun, Y., Pulver, S. R., Renninger, S. L., Baohan, A. ... & Looger, L. L. (2013). "Ultrasensitive fluorescent proteins for imaging neuronal activity", *Nature*, 499(7458), 295.

28. Aso, Y., Hattori, D., Yu, Y., Johnston, R. M., Iyer, N. A., Ngo, T. T. ... & Rubin, G. M. (2014). "The neuronal architecture of the mushroom body provides a logic for associative learning", *Elife*, 3.

29. 이원호, 박형식(Won Ho Lee, Hyung Shik Park), 초파리 두 동포종간同胞種間의 잡종 생재력에 대한 온도의 영향에 관한 연구

백용균(Yong Kyun Paik), 초파리 자연집단의 염색체 다형현상.

30. 김용성 · 성기창. (1984). 한국유전학회 제7회 대회강연 및 발표논문요지(The 7th Annual Meeting of the Genetics Society of Korea): 논문발표요지(한국 Drosophila immigrans에 있어서의 활동주기 및 분산율에 관한 연구). 〈Genes & Genomics〉(구 한국유전학회지), 6(3), 144-144.

31. 백용균. (1979). 초파리 자연집단의 염색체 다형현상. 〈Genes & Genomics〉, 1(1), 18-27; Paik, Y. K. (1960). Genetic variability in Korean populations of Drosophila melanogaster. Evolution, 14(3), 293-303.

32. Arias, A. M. (2008). "Drosophila melanogaster and the development of biology in the 20th century", *Methods in Molecular Biology*, (Clifton, N. J.), 420, 125. http://doi.org/10.1007/978-1-59745-583-1_1

33. http://heterosis.net/archives/1373

34. Kim, J., Chung, Y. D., Park, D. Y., Choi, S., Shin, D. W., Soh, H., ... & Kernan, M. J. (2003). "A TRPV family ion channel required for hearing in Drosophila", *Nature*, 424(6944), 81.

35. Min, K. T., & Benzer, S. (1997). "Wolbachia, normally a symbiont of Drosophila, can be virulent, causing degeneration and early death", *Proceedings of the National Academy of Sciences*, 94(20), 10792-10796.

36. Kang, H. L., Benzer, S., & Min, K. T. (2002). "Life extension in Drosophila by feeding a drug", *Proceedings of the National Academy of Sciences*, 99(2), 838-843.

37. 김우재. (2018). 학문의 수준. 〈BRIC〉.

38. 김우재. (2010). 노벨상과 경제발전 그리고 박정희의 유산. 〈새사연 칼럼〉.

김우재. (2017). 마지막 과학세대. 〈한겨레〉.

39. 김근배. (2016). 《한국 과학기술혁명의 구조》. 들녘.

40. Crombie, A. C. (1994). *Styles of scientific thinking in the European tradition: The history of argument and explanation especially in the mathematical and biomedical sciences and arts,* Vol. 2. Duckworth.

41. Varien, M. D., & Roth, B. J. (1998). "Book Reviews", Kiva, 63(3), 303309. http://doi.org/10.1080/00231940.1998.11758358

Stein, O. L. (2010). "Review: A National Approach to Doing Science Author(s)": Otto L . Stein. University of California Press on behalf of the American Institute of Biological Sciences Stable. Sciences-New York, 44(9), 623-626.

Hopwood, N. (1994). "Genetics in the Mandarin style", *Studies in History and Philosophy of Science*, 25(2), 237-250.

42. Nye, M. J. (1993). "National Styles? and English and French Chemistry in the Nineteenth and Early Twentieth Centuries", *Osiris*, 8(1993), 30-49.

43. 김우재. (2018). 일본의 '위대한' 과학. 〈한겨레〉.

44. Onaga, L. (2012). "Silkworm, Science, And Nation: A Sericultural History Of Genetics In Modern Japan."

3장

1. Forsdyke, D. (2008). "Romanes". *Treasure Your Exceptions*(111-146). Springer.

2. 올리버 색스. (2018). 《의식의 강》. 양병찬 옮김. 알마.

3. Romanes, G. J. (1886). "Physiological Selection; an Additional Suggestion on the Origin of Species", *Zoological Journal of the Linnean Society*, 19(115), 337-411.

4. Forsdyke, D. R. (2010). "George Romanes, William Bateson, and Darwin's weak point", *Notes and Records of the Royal Society*, 64(2), 139-154. http://doi.org/10.1098/rsnr.2009.0045

5. 에른스트 마이어. (2016) 《이것이 생물학이다》 최재천 · 고인석 옮김. 바다출판사.

6. 정혜경. (2003). 미국 과학이 오늘에 이르기까지, 1800~1900. 〈담론〉 201, 6(1), 216-246.

7. 정혜경. 미국 생물학의 제도적 발달과 그 사회/문화적 함의, 1870-1980s. 〈브릭바이오웨이브〉.

8. 에른스트 마이어. (2016). 《이것이 생물학이다》. 최재천 · 고인석 옮김. 바다출판사.

9. 김우재. (2005). 구체적 사례를 통해 본 진화의학의 가능성. 〈과학과 철학〉 10월호.
김우재. (2009). 암의 진화발생생물학 (4) 진화의학의 가능성을 찾아라. 〈사이언스타임즈〉.
김우재. (2009). 암의 진화발생생물학 (3) 알러지와 아토피. 〈사이언스타임즈〉.
김우재. (2009). 암의 진화발생생물학 (7) 진화의학이 넘어야 할 장벽이 가파른 이유. 〈사이언스타임즈〉.
김우재. (2009). 암의 진화발생생물학 (9) '정신적 웰빙'을 위한 진화의학의 충고. 〈사이언스타임즈〉.

10. 장 바티스트 라마르크. (2009). 《동물 철학》. 이정희 옮김. 지식을만드는지식.
다음 논문도 참고할 것. 이정희. (2003). 라마르크 사상의 이해. 〈Bio Wave〉 5(1), 112.

11. 한기원. (2010). 클로드 베르나르의 일반생리학. 〈의사학〉 19(2), 507-552에서 인용함.

12. Strasser, B. J. (2002). "Institutionalizing molecular biology in post-war Europe: A comparative study", *Studies in History and Philosophy of Science Part C :Studies in History and Philosophy of Biological and Biomedical Sciences*, 33(3), 533-564. http://doi.org/10.1016/S1369-8486(02)00016-X

13. Kohler, R. E. (1991). "Drosophila and evolutionary genetics: the moral economy of scientific practice", *History of science*, 29(4), 335-375.

14. 리처드 도킨스. (2017). 《눈먼 시계공》. 이용철 옮김. 민음사.

15. Gilbert, S. F., Opitz, J. M., & Raff, R. a. (1996). "Resynthesizing evolutionary and developmental biology", *Developmental Biology*, 173(2), 357-372. http://doi.org/10.1006/dbio.1996.0032

16. Goldschmidt, R. (1938). *Physiological genetics*, McGraw-Hill Book Company; New York.

17. Goldschmidt, R. B. (1958). *Theoretical genetics*, Univ of California Press.

18. Goldschmidt, R. B. (1958). *Theoretical genetics*, Univ of California Press.

19. "Hermann J. Muller-Nobel Lecture: The Production of Mutations", Nobelprize.org. Nobel Media AB 2014. Web. 10 June 2018. http://www.nobelprize.org/nobel_prizes/medicine/laureates/1946/muller-lecture.html

20. Crow, J. (2005). "Hermann Joseph Muller, Evolutionist", *Nature Reviews Genetics*, 6(December), 941-945.

21. Darwin, L. (1940). "The geneticists' manifesto", *The Eugenics Review*, 31(4), 229-230.

22. CARLSON, E. A. (2009). "Hermann Joseph Muller: Biographical Memoir", *Biographical Memoirs*, 91, 189.

23. Werskey, P. G. (1971). "British Scientists and 'Outsider' Politics, 1931-1945", *Science studies* 1(1), 67-83.

24. Haldane, J. B. S. (1938). *Heredity and politics*. George Allen and Unwin.

25. Bernal, J. D. (1939). "The social function of science", *The Social Function of Science*.

26. Dietrich, M. R. (Ed.). (2016). *Revisiting Garland Allen's Views on the History of the Life Sciences in the Twentieth Century*. Springer.

27. 한희진. (2010). 프랑스 생명과학철학의 전통과 정상성의 문제. 〈철학과 현실〉 133-144.

28. 고인석. (2009). 생물학적 인과와 물리학적 인과의 거리-Causation in Biology and Physics: Are There Two Different Kinds? 〈철학연구〉 111, 79-98.

29. Dietrich, M. R. (1998). "Paradox and persuasion: negotiating the place of molecular evolution within evolutionary biology", *Journal of the History of Biology*, 31(1), 85-111.

30. Kohler, R. E. (2002). *Landscapes and labscapes: Exploring the lab-field border in biology*, University of Chicago Press.

31. Mitchell, Sandra D, and Michael R Dietrich. (2006). "Integration without Unification: An Argument for Pluralism in the Biological Sciences", *The American naturalist*, 168 Suppl (december): S7379.

32. Brand, A. H. & Perrimon, N. (1993). "Targeted gene expression as a means of altering cell fates and generating dominant phenotypes", *development*, 118(2), 401-415.

33. Venken, K. J. T., Simpson, J. H. & Bellen, H. J. (2011). "Genetic Manipulation of Genes and Cells in the Nervous System of the Fruit Fly", *Neuron*, 72(2), 202-230. http://doi.org/10.1016/j.neuron.2011.09.021

34. Adams, M. D., Celniker, S. E., Holt, R. A., Evans, C. A., Gocayne, J. D., Amanatides, P. G., ... &

George, R. A. (2000). "The genome sequence of Drosophila melanogaster", *Science*, 287(5461), 2185-2195.

35. flybase.org

36. Bilen, J., & Bonini, N. M. (2005). *Drosophila as a model for human neurodegenerative disease*, Annu. Rev. Genet., 39, 153-171.

37. Bier, E. (2005). "Drosophila, the golden bug, emerges as a tool for human genetics", *Nature Reviews Genetics*, 6(1), 9.

38. Muqit, M. M., & Feany, M. B. (2002). "Modelling neurodegenerative diseases in Drosophila: a fruitful approach?", *Nature Reviews Neuroscience*, 3(3), 237.

39. McGurk, L., Berson, A., & Bonini, N. M. (2015). "Drosophila as an In Vivo Model for Human Neurodegenerative Disease", *Genetics*, 201(2), 377-402. http://doi.org/10.1534/genetics.115.179457

40. Wangler, M. F., Yamamoto, S., & Bellen, H. J. (2015). "Fruit flies in biomedical research", *Genetics*, 199(3), 639-653.

41. Bellen, H. J., Tong, C., & Tsuda, H. (2010). "100 years of Drosophila research and its impact on vertebrate neuroscience: a history lesson for the future", *Nature Reviews Neuroscience*, 11(7), 514-522.

Pandey, U. B., & Nichols, C. D. (2011). "Human disease models in Drosophila melanogaster and the role of the fly in therapeutic drug discovery", *Pharmacological reviews*, 63(2), 411-436.

42. Insel, T. R., Landis, S. C., & Collins, F. S. (2013). "The NIH brain initiative", *Science*, 340(6133), 687-688.

43. Schneider, D. (2000). "Using Drosophila as a model insect", *Nature Reviews Genetics*, 1(3), 218.

44. Blandin, S., Moita, L. F., Kcher, T., Wilm, M., Kafatos, F. C., & Levashina, E. A. (2002). Reverse genetics in the mosquito Anopheles gambiae: targeted disruption of the Defensin gene. EMBO reports, 3(9), 852-856.

45. 김환표. (2017). 엘리자베스 홈스: 희대의 사기꾼으로 전락한 바이오 신데렐라. 〈인물과사상〉 226, 82-99.

46. Bargmann, C. I. (2012). "Beyond the connectome: how neuromodulators shape neural circuits", Bioessays, 34(6), 458-465.

47. Warren, G. (2015). *In praise of other model organisms;* Rine, J. (2014). "A future of the model organism model", *Molecular biology of the cell*, 25(5), 549-553.

48. Friedman, D. A., Gordon, D. M., & Luo, L. (2017). "The MutAnts Are Here", *Cell*, 170(4), 601-602; Yan, H., Opachaloemphan, C., Mancini, G., Yang, H., Gallitto, M., Mlejnek, J., ... · Perry, M.

(2017). "An engineered orco mutation produces aberrant social behavior and defective neural development in ants", *Cell*, 170(4), 736-747; Trible, W., Olivos-Cisneros, L., McKenzie, S. K., Saragosti, J., Chang, N. C., Matthews, B. J., ... · Kronauer, D. J. (2017). "Orco mutagenesis causes loss of antennal lobe glomeruli and impaired social behavior in ants", *Cell*, 170(4), 727-735.

49. Nicols Pelez. (2015). Funding decline for the Model Organism Research Paradigm in the USA. https://amaral.northwestern.edu/blog/funding-decline-model-organism-research-paradigm-u

꼬리말

1. Coyne, J. A., Orr, H. A. (2004). *Speciation*, Sunderland, MA.

2. Werskey, G. (1979). *The Visible College: The Collective Biography of British Scientific Socialists in the Thirties*, New York: Holt Rinehart and Winston.